普通高等教育"十一五"国家级规划教材

机械工业出版社精品教材

U0662782

变频器原理及应用

第4版

主　　编　王廷才　王崇文

副主编　王　淼　黄生江

参　　编　韩艳赞　赵　阳　杜轶琛

机械工业出版社

本书深入浅出地介绍了变频器的基础理论、组成原理、控制技术，以及电动机变频调速的机械特性等。同时，详细讨论了变频器的常见控制电路设计、变频调速系统中主要电器的选择方法，以及变频器的安装、调试、运行、维护和抗干扰措施等。

本书内容实用，避开了复杂的理论分析，更加注重于实际应用的展示，具有较高的参考和实用价值。为了更好地服务教学和学习，本书设计了多个便于操作的实训并单独装订成册。

本书可作为高等职业院校机电类专业的教材，对于从事机电技术和电气技术的专业人员也有很好的参考作用。

为方便教学，本书配有电子课件、电子教案、课程教学大纲、模拟试卷及答案等，凡选用本书作为授课教材的教师，均可来电（010-88379375）索取或登录机工教育服务网（www.cmpedu.com）注册后下载。

图书在版编目（CIP）数据

变频器原理及应用／王廷才，王崇文主编 . -- 4 版.
北京：机械工业出版社，2025.5. -- （普通高等教育
"十一五"国家级规划教材）（机械工业出版社精品教材）.
ISBN 978-7-111-78191-2

Ⅰ．TN773

中国国家版本馆 CIP 数据核字第 2025MF5146 号

机械工业出版社（北京市百万庄大街 22 号　邮政编码 100037）
策划编辑：王宗锋　　　　　　　责任编辑：王宗锋
责任校对：贾海霞　王　延　　　封面设计：马若濛
责任印制：常天培
河北虎彩印刷有限公司印刷
2025 年 6 月第 4 版第 1 次印刷
184mm×260mm · 15.5 印张 · 382 千字
标准书号：ISBN 978-7-111-78191-2
定价：49.00 元（含实训）

电话服务　　　　　　　　网络服务
客服电话：010-88361066　　机　工　官　网：www.cmpbook.com
　　　　　010-88379833　　机　工　官　博：weibo.com/cmp1952
　　　　　010-68326294　　金　书　网：www.golden-book.com
封底无防伪标均为盗版　　机工教育服务网：www.cmpedu.com

前　言

　　为更好地适应高等职业院校教学改革的需要，我们综合各院校使用本书提出的建议，结合最新的变频器技术资料，编写本书。本书不仅吸纳了最新的技术发展动态，还特别加强了对实践技能培养的关注。新版中加入了更多的实际案例分析、实验操作指导和问题解决策略，旨在进一步强化读者的实际操作能力和问题解决能力。我们还对教材的结构和内容进行了全面的优化，以确保其更加符合当前和未来的教学和工业应用需求。

　　本书主要内容有：变频器的认识，变频器常用电力电子器件，变频器组成原理，电动机变频调速机械特性，变频器的控制方式，变频器常用控制电路，变频调速系统主要电器的选用，变频器的操作、运行、安装、调试、维护及抗干扰，变频器在风机、水泵、中央空调、空气压缩机和物料传送等方面的应用实例。本书还配有单独装订成册的变频器技术实训。

　　本书由河南工业职业技术学院王廷才教授和北京理工大学王崇文教授任主编，北京理工大学王淼及佛山市三邦机电设备有限公司黄生江任副主编，河南工业职业技术学院韩艳赞、赵阳、杜轶琛参编。其中第1、2章由赵阳编写，第3～5章由王廷才编写，第6、7章由韩艳赞编写，第8、9章由王崇文编写，第10章由王淼编写，附录由杜轶琛编写，单独装订成册的"变频器技术实训"由黄生江编写，全书由王廷才统稿。作者编写中参考了希望森兰科技股份有限公司和山东新风光电子科技发展有限公司等变频器制造企业以及佛山市三邦机电设备有限公司等变频器维修企业提供的产品资料，在此一并表示诚挚谢意。

编　者

目　　录

第1章
变频器的认识

知识目标

1. 掌握变频器的基本概念，了解其将固定电压、固定频率的交流电转化为可调电压、可调频率交流电的工作原理。

2. 熟悉变频器的发展历程及其智能化、专门化、一体化、环保化的趋势。

3. 理解变频器的主要分类方式，包括按工作原理、控制方式及用途的分类。

4. 掌握异步电动机变频调速的理论依据及其表达式的含义。

5. 理解变频器的主要技术参数，如输入电压、输出电压、额定电流等。

能力目标

1. 能够根据变频器的分类特点，分析其在不同应用场景中的选型依据。

2. 能够从节能、自动化系统和工艺优化角度，分析变频器在工业生产中的应用价值。

3. 初步具备对变频器参数进行评估和选择的能力，能够为实际设备配置适合的变频器。

素质目标

1. 提高对电力电子技术、自动控制技术和节能环保技术发展的关注与认知。

2. 培养在工程实践中发现问题、解决问题的思维习惯，增强实践应用能力。

3. 树立节能环保意识，理解变频器在绿色生产中的重要性。

变频器是将固定电压、固定频率的交流电变换为可调电压、可调频率交流电的装置。变频器的问世，使电气传动领域发生了一场技术革命，即交流调速取代直流调速。交流电动机变频调速技术具有节能、改善工艺流程、提高产品质量和便于自动控制等诸多优势，被公认为是最有发展前途的调速方式。

1.1 变频器概述

变频器是组成变频调速系统的核心部件。变频调速系统具有调速精度高、动态响应快、运行效率高、节约能源、调速范围广和便于自动控制等诸多优势。近年来，变频调速系统已广泛应用于工业生产和日常生活的许多领域中。

1.1.1 变频器的发展

变频器是随着微电子学、电力电子技术、计算机技术和自动控制理论等的不断发展而发展起来的。

1. 电力电子器件是变频器发展的基础

变频器的主电路不论是交-直-交变频形式还是交-交变频形式，都是采用电力电子器件作为开关器件。变频器问世于20世纪80年代，初期的变频器主电路由晶闸管等分立电子元器件组成，可靠性差、频率低，而且输出的电压和电流的波形是方波。随着电力晶体管（GTR）和门极关断（GTO）晶闸管的出现并成为逆变器的功率器件，脉宽调制（PWM）技术也进入到应用阶段，这时的逆变电路能得到相当接近正弦波的输出电压和电流，同时8位微处理器成为变频器的控制核心，按压频比（U/f）控制原理实现异步电动机的变频调速，在工作性能上有了很大提高。后来，人们又陆续研制出绝缘栅双极晶体管（IGBT）和集成门极换流晶闸管（IGCT），以及性能更为完善的智能功率模块（IPM），使得变频器的容量和电压等级不断扩大和提高。

2. 变频器的发展得益于计算机技术和自动控制理论的支持

变频器的发展得益于计算机技术的支持。自20世纪80年代以来，计算机制造技术一直处于突飞猛进的发展阶段，变频器的中央处理单元从采用8位微处理器迅速升级为16位乃至32位微处理器，有的还使用了DSP系统，使变频器的功能从单一的变频调速发展为包含算术运算、逻辑运算及智能控制的综合功能。

自动控制理论的发展使变频器在改善压频比控制性能的同时，推出了能实现矢量控制、直接转矩控制、模糊控制和自适应控制等多种模式。现代的变频器已经内置有参数辨识系统、PID调节器、PLC控制器和通信单元等，根据需要可实现拖动不同负载、宽调速和伺服控制等多种应用。

3. 市场需求是变频器发展的动力

直流调速系统具有良好的调速性能，因此在过去很长一段时间内被广泛使用。直流调速系统的优点主要表现在调速范围广、性能稳定和过载能力强等技术指标上，特别是在低速时仍能得到较大的过载能力，是其他调速方法无法比拟的。但直流调速系统也有着不可回避的弱点，主要表现在直流电动机结构复杂，要消耗大量有色金属，且换向器及电刷维护保养困难、寿命短、效率低等。

交流电动机结构简单，造价低廉，运行控制比较方便，在工农业生产中得到广泛应用。但在过去很长一段时间内，由于没有变频电源，异步电动机只能工作在不要求调速或对调速性能要求不高的场合。

变频器的问世为交流电动机调速提供了契机，不仅可以取代结构复杂、价格昂贵的直流电动机调速，而且原来由交流电动机拖动的负载实现变频调速后能节省大量的能源。

据调查统计，我国各类电动机耗电量约占全国发电量的70%左右。其中80%左右为异步电动机，大多数电动机长时间处于轻载运行状态，特别是风机、泵类负载的电动机。在此类负载上使用变频调速装置，可节电30%以上。

4. 变频器的发展趋势

进入21世纪后，电力电子器件的基片已从硅（Si）变换为碳化硅（SiC），使电力电子新器件进入到高电压、大容量化、高频化、组件模块化、微型化、智能化和低成本化，多种适宜变频调速的新型电气设备正在开发研制之中。IT技术的迅猛发展以及控制理论的不断创新，这些与变频器相关的技术的发展将影响其发展趋势。

（1）智能化　智能化的变频器安装到系统后，不必进行太多的功能设定，就可以方便地操作使用，有明显的工作状态显示，而且能够实现故障诊断与故障排除，甚至可以进行部件自动转换。利用互联网可以遥控监视，实现多台变频器按工艺程序联动，形成最优化的变频器综合管理控制系统。

（2）**专门化** 根据某一类负载的特性，有针对性地制造专门化的变频器，这不但有利于对负载的电动机进行经济有效的控制，而且可以降低制造成本。例如：风机、水泵用变频器、起重机械专用变频器、电梯控制专用变频器、张力控制专用变频器和空调器专用变频器等。

（3）**一体化** 变频器将相关的功能部件，如参数辨识系统、PID 调节器、PLC 控制器和通信单元等有选择地集成到内部组成一体化机，不仅使功能增强，系统可靠性增加，而且可有效缩小系统体积，减少外部电路的连接。现在已经研制出变频器和电动机的一体化组合机，使整个系统体积更小，控制更方便。

（4）**环保化** 保护环境，制造"绿色"产品是人类的新理念。今后的变频器将更注重于节能和低公害，即尽量减少使用过程中的噪声和谐波对电网及其他电气设备的污染干扰。

总之，变频器技术的发展趋势是朝着智能、操作简便、功能健全、安全可靠、环保低噪、低成本和小型化的方向发展。

1.1.2 变频器的分类

变频器的种类很多，下面根据不同的分类方法进行简单介绍。

1. 按原理分类

变频器按工作原理分类如下：

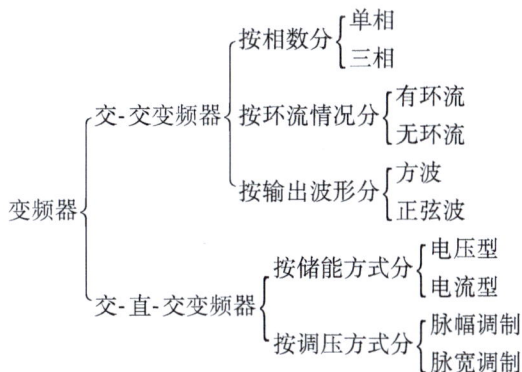

（1）**交-交变频器** 交-交变频器只有一个变换环节，即把恒压恒频（CVCF）的交流电源转换为变压变频（VVVF）电源，称为直接变频器，或称为交-交变频器。

（2）**交-直-交变频器** 交-直-交变频器又称为间接变频器，它是先将工频交流电通过整流器变成直流电，再经逆变器将直流电变成频率和电压可调的交流电。图 1-1 所示为交-直-交变频器的原理框图。

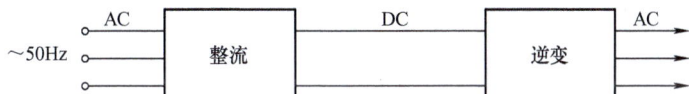

图 1-1 交-直-交变频器的原理框图

1）根据直流环节的储能方式不同，交-直-交变频器又分为电压型和电流型两种，如图 1-2 所示。

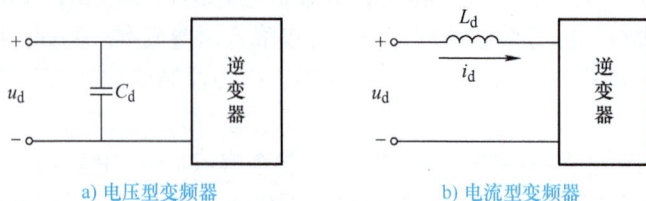

a) 电压型变频器　　　　　　　b) 电流型变频器

图1-2　电压型和电流型变频器的主电路结构

① 电压型变频器。在电压型变频器中，整流电路产生的直流电压，通过电容进行滤波后供给逆变电路。由于采用大电容滤波，故输出电压波形比较平直，在理想情况下可以看成一个内阻为零的电压源，逆变电路输出的电压为矩形波或阶梯波。电压型变频器多用于不要求正反转或快速加减速的通用变频器中。电压型变频器的主电路结构如图1-2a所示。

② 电流型变频器。当交-直-交变频器的中间直流环节采用大电感滤波时，直流电流波形比较平直，因而电源内阻很大，对负载来说基本上是一个电流源，逆变电路输出的交流电流是矩形波。电流型变频器适用于频繁可逆运转的变频器和大容量的变频器。电流型变频器的主电路结构如图1-2b所示。

2）根据调压方式的不同，交-直-交变频器又分为脉幅调制和脉宽调制两种。

① 脉幅调制（PAM）。PAM（Pulse Amplitude Modulation）方式，是一种改变电压源的电压 E_d 或电流源的电流 I_d 的幅值进行输出控制的方式。因此，在逆变器部分只控制频率，整流器部分只控制输出电压或电流。采用PAM调节电压时，变频器的输出电压波形如图1-3所示。

② 脉宽调制（PWM）。PWM（Pulse Width Modulation）方式，指变频器输出电压的大小是通过改变输出脉冲的占空比来实现的。目前使用最多的是占空比按正弦规律变化的正弦波脉宽调制，即SPWM方式。用PWM方式调压输出的波形如图1-4所示。

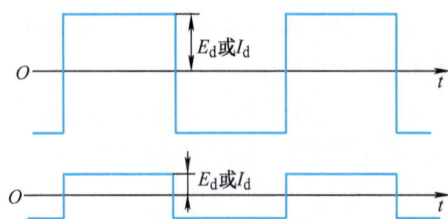

图1-3　用PAM方式调压

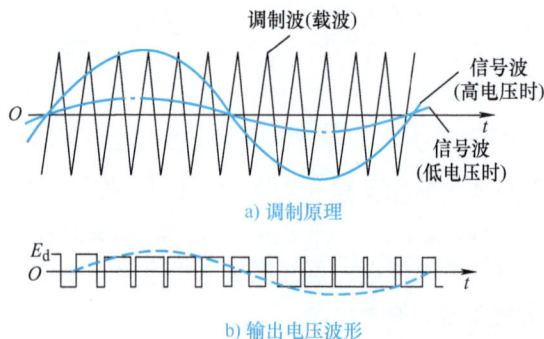

a) 调制原理

b) 输出电压波形

图1-4　用PWM方式调压输出的波形

2. 按控制方式分类

（1）*U/f*控制变频器　*U/f*控制又称压频比控制。它的基本特点是对变频器输出的电压和频率同时进行控制。在额定频率以下，通过保持*U/f*恒定使电动机获得所需的转矩特性。这种方式的控制电路成本低，多用于精度要求不高的通用变频器。

（2）转差频率控制变频器　转差频率控制也称SF控制，是在*U/f*控制基础上的一种改进方式。采用这种控制方式，变频器通过电动机、速度传感器构成速度反馈闭环调速系统。变频器的输出频率由电动机的实际转速与转差频率之和来自动设定，从而达到在调速控制的同时也使输出转矩得到控制。该方式是闭环控制，故与 U/f 控制相比，调速精度与转矩动特性较好。但是由于这种控制方式需要在电动机轴上安装速度传感器，并需依据电动机特性调节转差，故通用性较差。

（3）矢量控制变频器　矢量控制（Vector Control）简称 VC，是 20 世纪 70 年代由德国人 Blaschke 首先提出来的对交流电动机一种新的控制思想和控制技术，也是异步电动机的一种理想调速方法。矢量控制的基本思想是将异步电动机的定子电流分解为产生磁场的电流分量（励磁电流）和与其相垂直的产生转矩的电流分量（转矩电流），并分别加以控制。由于在这种控制方式中必须同时控制异步电动机定子电流的幅值和相位，即控制定子电流矢量。这种控制方式被称为矢量控制。

矢量控制方式使异步电动机的高性能成为可能。矢量控制变频器不仅在调速范围上可以与直流电动机相匹敌，而且可以直接控制异步电动机转矩的变化，所以已经在许多需精密或快速控制的领域得到应用。

（4）直接转矩控制　直接转矩控制（Direct Torque Control）简称 DTC，它是把转矩直接作为控制量来控制。直接转矩控制的优越性在于：控制转矩是控制定子磁链，在本质上并不需要转速信息；控制上对除定子以外的所有电动机参数变化，有良好的鲁棒性；所引入的定子磁链观测器能很容易估算出同步速度信息，因而能方便地实现无速度传感器化。

3. 按用途分类

对一般用户来说，更为关心的是变频器的用途，根据用途的不同，对变频器进行如下分类。

（1）通用变频器　顾名思义，通用变频器的特点是其通用性。随着变频技术的发展和市场需求的不断扩大，通用变频器也在朝着两个方向发展：一是低成本的简易型通用变频器；二是高性能多功能的通用变频器。它们分别具有以下特点：

简易型通用变频器是一种以节能为主要目的而简化了一些系统功能的通用变频器。它主要应用于水泵、风扇、鼓风机等对于系统调速性能要求不高的场合，并具有体积小、价格低等方面的优势。

高性能多功能的通用变频器在设计过程中充分考虑了在变频器应用中可能出现的各种需要，并为满足这些需要在系统软件和硬件方面都做了相应的准备。在使用时，用户可以根据负载特性选择算法并对变频器的各种参数进行设定，也可以根据系统的需要选择厂家所提供的各种备用选件来满足系统的特殊需要。

（2）专用变频器

1）高性能专用变频器。随着控制理论、交流调速理论和电力电子技术的发展，异步电动机的矢量控制得到发展，矢量控制变频器及其专用电动机构成的交流伺服系统的性能已经达到和超过了直流伺服系统。此外，由于异步电动机还具有环境适应性强、维护简单等许多直流伺服电动机所不具备的优点，因此在要求高速、高精度的控制中，这种高性能交流伺服变频系统正在逐步代替直流伺服系统。

2）高频变频器。在超精密机械加工中常用到高速电动机，为了满足其驱动的需要，出现了采用 PAM 控制的高频变频器，其输出主频可达 3kHz，驱动两极异步电动机时的最高转速为 180000r/min。

3）高压变频器。高压变频器一般是大容量的变频器，最大功率可做到 5000kW，电压等级为 3kV、6kV 和 10kV。

高压大容量变频器主要有两种结构形式：一种是用低压变频器通过升降压变压器构成，称为"高-低-高"式高压变频器，亦称为间接式高压变频器；另一种采用大容量绝缘栅双极晶闸管或集成门极换流晶闸管串联方式，不经变压器直接将高压电源整流为直流，再逆变输出高压，称为"高-高"式高压变频器，亦称为直接式高压变频器。

1.1.3　变频器的应用

变频调速不仅具有卓越的调速性能，还具有显著的节能效果，它广泛应用于电力、石油、化工、建材、冶金、交通车辆、纺织、化纤、造纸及公用工程（供水、水处理、中央空调、电梯）等领域中。

1. 在节能方面的应用

现代变频调速技术在节能方面的应用已经更加广泛和高效。尤其在风机和泵类负载中，先进的变频器不仅可以实现 20% ~60% 的节电率，而且可以通过更智能的流量控制和能源管理系统进一步提高能效。这些系统能够根据实际需求动态调节功率输出，从而在保证性能的同时最大限度地减少能源浪费。

随着技术的发展，对于特定应用（如供水系统、空调等），现代变频器可以集成更先进的控制策略，如预测性维护和自适应控制，以进一步优化能耗。

2. 在提高工艺水平和产品质量方面的应用

在传送、起重、挤压和机床等机械设备控制领域，现代变频器不仅能提高工艺水平和产品质量，还能通过更精细的控制策略和改进的接口与其他智能制造系统集成。例如，变频器可以与工业互联网平台相连，实现远程监控和优化生产流程。

最新的变频技术还能够降低能耗，并通过更精确的速度和扭矩控制减少机械磨损，进一步延长设备使用寿命。

3. 在自动化系统中的应用

现代变频器通常搭载高性能的微处理器（如 64 位或更高），提供更加复杂的算术逻辑运算和高级智能控制功能。这些高性能处理器使变频器可以更好地与复杂的自动化系统集成，如实现与工业 4.0 技术的兼容。

输出频率精度的提高（高达 0.01% 或更高），结合先进的通信协议（如工业以太网），使得变频器在自动化系统中的应用更加高效和可靠。同时，增强的自我诊断和保护功能，如对电网质量的适应性和抗干扰能力的提升，进一步提高了系统的稳定性和可靠性。

1.2　异步电动机变频调速原理

异步电动机结构简单、价格低廉、控制方便，在生产中有着广泛的应用。异步电动机按转子的结构不同，分为笼型异步电动机和绕线转子异步电动机两类；按使用的电源相数不同，分为单相和三相等几类。变频调速主要用于三相笼型异步电动机。

1.2.1 异步电动机变频调速机理

三相交流异步电动机的同步转速（即定子旋转磁场转速）n_0 可表示为

$$n_0 = \frac{60f_1}{p} \tag{1-1}$$

式中，f_1 为定子供电的频率；p 为电动机的磁极对数。

根据异步电动机的工作原理，异步电动机要产生转矩，同步转速 n_0 与转子转速 n 必须有差别。这个转速差（$n_0 - n$）与同步转速 n_0 的比值 s 称为转差率，表示为

$$s = \frac{n_0 - n}{n_0} \tag{1-2}$$

由此，异步电动机的转速 n 的表达式为

$$n = n_0(1 - s) = \frac{60f_1}{p}(1 - s) \tag{1-3}$$

异步电动机在额定状态运行时，转子转速 n 通常与 n_0 相差不大，因此额定转差率 s_N 一般都比较小，其范围在 0.01~0.05 之间。

如果将电源频率调节为 f_x，则同步转速 n_{0x} 也随之调节成

$$n_{0x} = \frac{60f_x}{p} \tag{1-4}$$

异步电动机变频后的转速 n_x 的表达式为

$$n_x = n_{0x}(1 - s) = \frac{60f_x}{p}(1 - s) \tag{1-5}$$

由此式可见，调节电源频率 f_x，可使异步电动机的转速 n_x 得到大范围的调节。这就是异步电动机变频调速的理论依据。

1.2.2 三相异步电动机的机械特性

当加在电动机上的电压 U_1 为额定电压时，电动机的电磁转矩 T 与转子转速 n 之间的关系称为电动机的机械特性，即

$$n = f(T)$$

三相异步电动机的机械特性曲线如图 1-5 所示。下面讨论曲线上几个特殊点的转矩。

1. 起动转矩 T_{st}

在 $n = 0(s = 1)$、$T = T_{st}$ 点，这点的转矩称为起动转矩 T_{st}，也称为堵转转矩。当电动机的负载转矩大于 T_{st} 时，电动机将不能起动。

2. 额定转矩 T_N

在 $n = n_N(s = s_N)$、$T = T_N$ 点，这点的转矩称为额定转矩 T_N。当电动机工作在额定转矩 T_N 时，s_N 通常在 0.01~0.05 之间，转速在很小的范围内变化时，转矩即可在很大的范围内变化，即工作于额定转矩 T_N 时，电动机具有很硬的机械特性。

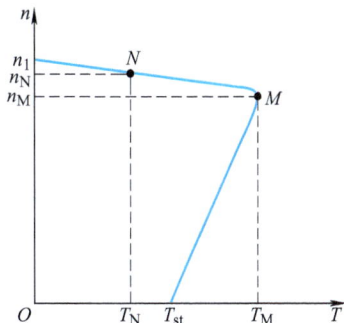

图 1-5 三相异步电动机的机械
特性曲线

3. 最大转矩 T_M

在 $n = n_M(s = s_M)$，$T = T_M$ 点，这点的转矩称为最大转矩 T_M。T_M 的大小象征着电动机的过载能力，用过载倍数 λ 表示，$\lambda = T_M/T_N$。在任何情况下，电动机的负载转矩都不能大于 T_M，否则电动机转速将急剧下降，致使电动机堵转停止，因此，这一点称为临界转速点。临界转速 n_M 的大小决定了 M 点的上下位置，从而反映了机械特性的硬度。

1.2.3 三相异步电动机的变频起动

在拖动系统中，电动机要经常起动和停止（即制动）。从提高劳动生产率的角度看，电动机起动时间、制动时间越短越好，但是由于三相异步电动机的具体特点，起动时间、制动时间又不能太短。

人们希望电动机起动时，起动电流不要太大，而起动转矩要足够大，但是实际情况恰恰相反。在起动瞬间，转子还没转动，$s = 1$，由于转子以较大的转速切割旋转磁场，在转子绕组中产生较大的感应电动势 E_2 和电流 I_2，根据磁动势平衡关系，定子电流随着转子电流改变而改变，所以起动时定子电流 I_{st} 也很大，一般会达到额定电流 I_N 的 $4 \sim 7$ 倍，这样大的起动电流会在电路中产生过大的电压降，从而影响接在同一电网上的其他用电设备的正常运行。

在生产中，除了较小容量的三相异步电动机能直接起动外，一般要采取不同的方法起动，比如自耦变压器减压起动、串电阻或电抗器减压起动、丫-△减压起动等。在变频调速拖动系统中，变频器用降低频率 f_1 从而也降低了 U_1 的方法来起动电动机。图 1-6 所示为低频起动时电动机的机械特性曲线。电动机以很低的频率起动，随着频率的上升，转速上升，直至达到电动机的工作频率后，电动机稳速运行。在此过程中，转速差 Δn 被限制在一定的范围内，起动电流也将被限制在一定的范围内，而且动态转矩 ΔT 很小，起动过程很平稳。

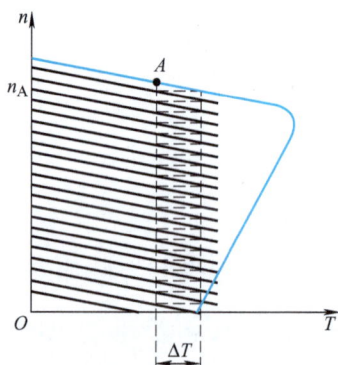

图 1-6 低频起动时电动机的机械特性曲线

1.2.4 三相异步电动机的变频制动

电动机的制动状态是指电磁转矩 T 与转速 n 方向相反的状态。三相异步电动机的制动方式有直流制动、回馈制动和反接制动等。由于反接制动在变频调速系统中禁止使用，所以下面只介绍前两种制动方式。

1. 直流制动

电动机制动时，切断电动机的三相电源，在定子绕组中通入直流电，产生一恒定磁场，如图 1-7a 所示。由于转子在机械惯性作用下仍按原方向旋转，它切割恒定磁场产生感应电流，用左手定则可判断感应电流在磁场中的受力方向，从而可判断电磁转矩方向与转子转速方向相反，即为制动转矩。如图 1-7b 所示，曲线①为原电动运行状态机械特性曲线，曲线②为直流制动运行状态机械特性曲线。直流制动过程是由电动运行状态的 A 点平跳至曲线②的 B 点，在制动转矩和负载转矩共同作用下沿着曲线②减速，直到 $n = 0$，直流制动结束。直流制动的实质是将转子中储存的机械能转换成电能，并消耗在转子电阻上。

2. 回馈制动

由于某些原因，当 $n > n_1$ 时，转子切割旋转磁场的方向和电动运行状态 $n < n_1$ 正好相反，转子中感应电动势和电流的方向也相反，电磁转矩 T 也就和 n 反向，为制动转矩。回馈制动的实质是将轴上的机械能转换成电能，回馈给电源。

如图 1-8 所示，曲线①第一象限部分为电动机电动运行状态的机械特性曲线。下面分析两种不同的回馈制动情况。

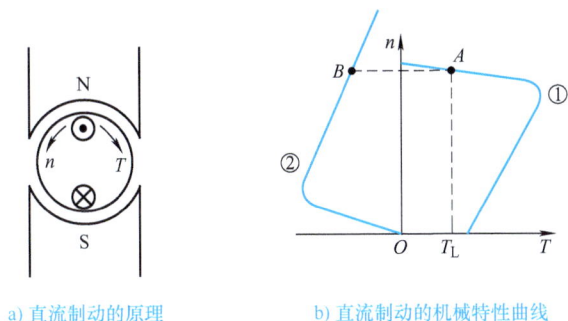

a) 直流制动的原理　　　　b) 直流制动的机械特性曲线

图 1-7　直流制动的原理与机械特性曲线

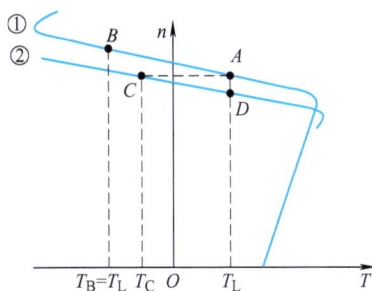

图 1-8　回馈制动的机械特性曲线

1）起重机下放重物时，电动机处于回馈制动状态，曲线①第二象限部分为其机械特性曲线，制动的过程如下：由于重力作用，电动机转速 n 沿曲线①增加，当 $n > n_1$ 时，电磁转矩 T 为制动转矩，直到 $T = T_B = T_L$，工作点由 A 点移至 B 点，重物以 n_B 匀速下放。

2）变频调速时，由于 f_1 降低使电动机处于回馈制动状态，曲线②第二象限部分为其机械特性曲线，制动的过程如下：f_1 降低瞬间，由于机械惯性，电动机转速 n 来不及变化，工作点由 A 点平跳至 C 点，于是得到制动转矩 T_C，使电动机沿着曲线②减速。

1.3　变频器的结构与主要技术参数

1.3.1　变频器的外形

变频器的外形大致可分为挂式、柜式和柜挂式三种，功率小的一般采用挂式，功率大的一般采用柜式，柜挂式是变频器制造企业为方便用户安装推出的一种外形。图 1-9 所示为森兰通用变频器的外形。

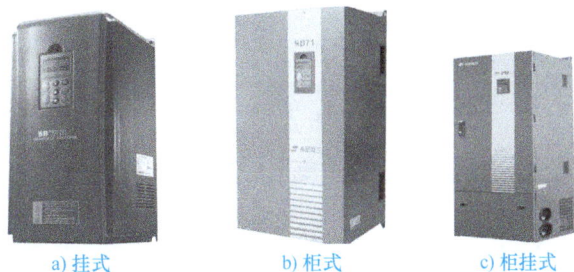

a) 挂式　　　　　b) 柜式　　　　　c) 柜挂式

图 1-9　森兰通用变频器的外形

1.3.2 变频器的基本原理结构

变频器的实际电路相当复杂，图 1-10 所示为变频器的基本原理结构框图。图 1-10 的上半部分是由电力电子器件构成的主电路（整流器、中间环节、逆变器），R、S、T 是三相交流电源输入端，U、V、W 是变频器三相交流电输出端。图 1-10 的下半部分是以 16 位单片机为核心的控制电路。

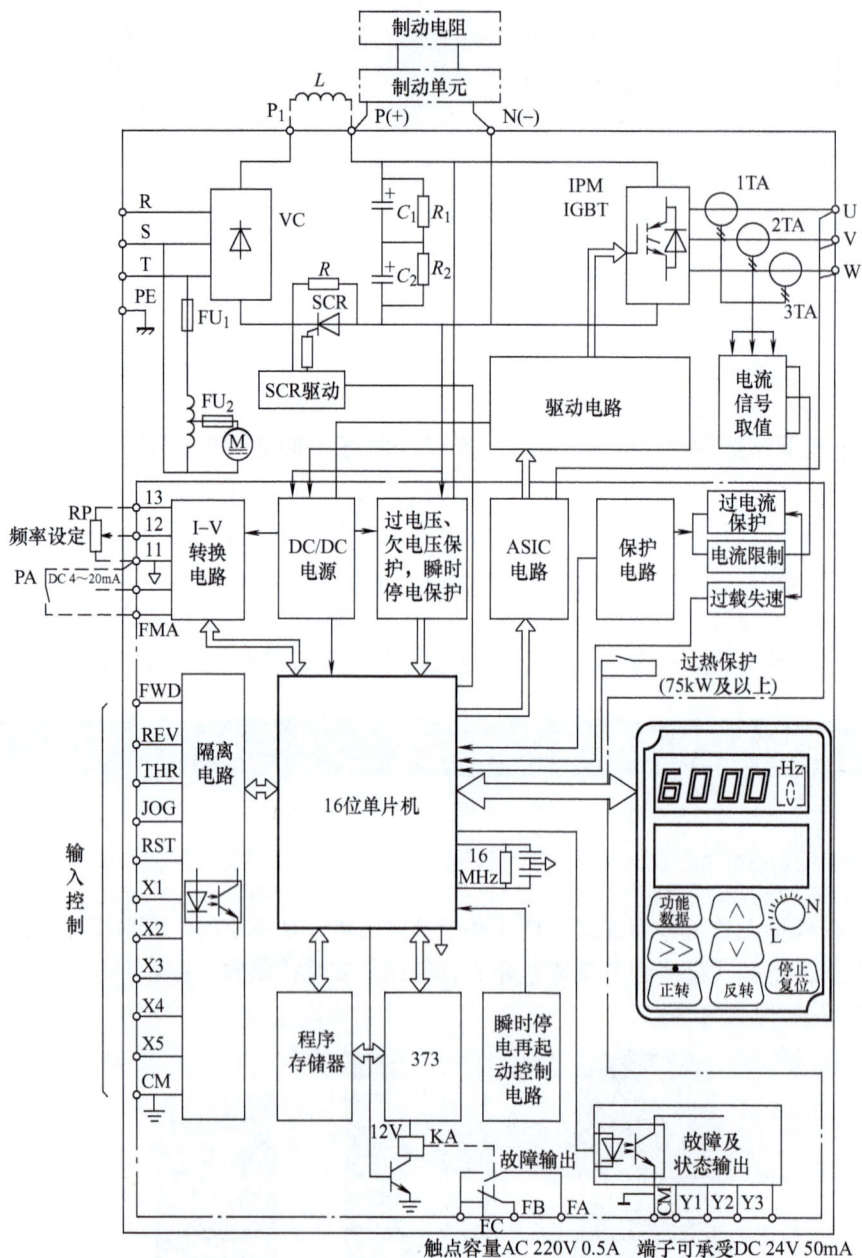

图 1-10　变频器的基本原理结构框图

交-直-交变频器的主电路原理将在本书第 3 章阐述，下面介绍控制电路的结构。

控制电路的基本结构如图 1-11 所示，它主要由主控板、键盘与显示板、电源板、外接控制电路等构成。

1. 主控板

主控板是变频器运行的控制中心，其主要功能有：

1）接受从键盘输入的各种信号。

2）接受从外部控制电路输入的各种信号。

3）接受内部的采样信号，如主电路中电压与电流的采样信号、各部分温度的采样信号、各逆变管工作状态的采样信号等。

4）完成 SPWM 调制，将接受的各种信号进行判断和综合运算，产生相应的 SPWM 调制指令，并分配给各逆变管的驱动电路。

5）发出显示信号，向显示板和显示屏发出各种显示信号。

6）发出保护指令，变频器必须根据各种采样信号随时判断其工作是否正常，一旦发现异常工况，立即发出保护指令进行保护。

7）向外电路发出控制信号及显示信号，如正常运行信号、频率到达信号及故障信号等。

2. 键盘与显示板

键盘是向主控板发出各种信号或指令的，显示板是将主控板提供的各种数据进行显示，两者总是组合在一起。

（1）键盘　不同类型的变频器配置的键盘型号是不一样的，尽管形式不一样，但基本的原理和构成都差不多。通用变频器的键盘配置示意图如图 1-12 所示。

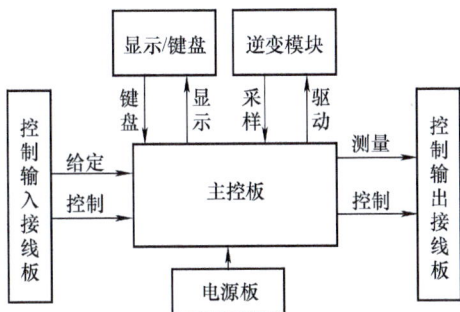

图 1-11　控制电路的基本结构

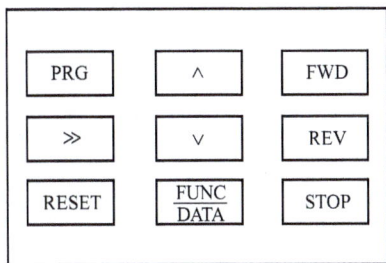

图 1-12　通用变频器的键盘配置示意图

1）模式转换键。变频器的基本工作模式有：运行和显示模式、编程模式等。模式转换键便是用来切换变频器的工作模式的。常见的符号有 PRG、MOD、FUNC 等。

2）数据增减键。用于改变数据的大小，常见的符号有：∧、△、↑、∨、▽和↓等。

3）读出、写入键。在编程模式下，用于读出原有数据和写入新数据。常见的符号有 SET、READ、WRITE、DATA 和 ENTER 等。

4）运行键。在键盘运行模式下，用来进行各种运行操作。主要有 RUN（运行）、FWD（正转）、REV（反转）、STOP（停止）和 JOG（点动）等。

5）复位键。变频器因故障而跳闸后，为了避免误动作，其内部控制电路被封锁。当故障修复以后，必须先按复位键，使之恢复为正常状态。复位键的符号是 RESET（或简写为 RST）。

6）数字键。有的变频器配置了"0~9"和小数点"．"等键，编程时，可直接输入所需数据。

（2）显示屏　大部分变频器配置了液晶显示屏，它可以完成各种显示功能。通用变频器的显示屏示意图如图 1-13 所示。

数据显示主要内容有：

1）在监视模式下，显示各种运行数据，如频率、电流、电压等。

2）在运行模式下，显示功能码和数据码。

3）在故障状态下，显示故障原因的代码。

指示灯主要有：

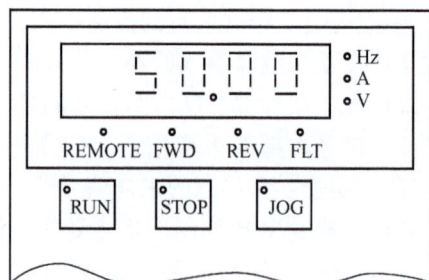

图 1-13　通用变频器的显示屏示意图

1）状态指示。如 RUN（运行）、STOP（停止）、FWD（正转）、REV（反转）和 FLT（故障）等。

2）单位指示。显示屏上数据的单位，如 Hz、A、V 等。

3. 电源板

变频器的电源板主要提供以下电源：

（1）主控板电源　它要求有极好的稳定性和抗干扰能力。

（2）驱动电源　因逆变管处于直流高压电路中，又分属于三相输出电路中不同的相。所以，驱动电源非但和主控板电源之间必须可靠隔离，各驱动电源之间也必须可靠绝缘（和直流高压电源的负极相接的三个驱动电路可以共"地"）。

（3）外控电源　为外接控制电路提供稳定的直流电源。例如，当由外接电位器给定时，其电源就是由变频器内部的电源板提供的。

1.3.3　变频器的铭牌

变频器出厂时都要贴上铭牌，说明变频器的型号和主要技术参数。图 1-14 所示为森兰变频器的铭牌。

图 1-14　森兰变频器的铭牌

变频器型号说明：

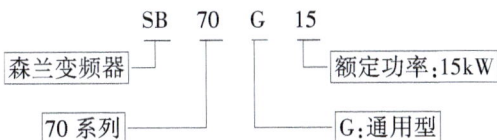

```
            SB  70  G  15
森兰变频器 ─┘   │   │   └─ 额定功率:15kW

      70系列 ─┘         └─ G:通用型
```

1.3.4　主要技术参数

1. 输入电压

主要是指变频器的输入电压的相数、大小和频率，常见的有以下几种：

1）3 相 380V 50/60Hz，绝大多数变频器采用这种规格。

2）3 相 220V 50/60Hz，主要用于某些进口变频器。

3）单相 220V 50/60Hz，主要用于家用小容量变频器。

2. 输出电压

由于变频器在变频的同时也要变压，所以输出电压是指输出电压的相数、电压变动范围和频率变动范围。一般输出电压变动范围为 0V ~ 输入电压，即输出电压的最大值总是和输入电压相等。

3. 额定电流 I_N

通常是指允许长时间输出的最大电流，是用户选择变频器时的主要依据。

4. 输出容量 S_N

S_N 取决于 U_N 和 I_N 的乘积，即

$$S_N = \sqrt{3}\,U_N I_N \tag{1-6}$$

5. 额定功率 P_N

P_N 是变频器说明书中规定的配用电动机容量。

6. 过载能力

过载能力是指变频器输出电流超过额定电流的允许范围和时间。大多数变频器都规定为 $1.5I_N$ 和 60s。

本 章 小 结

变频器是将固定电压、固定频率的交流电变换为可调电压、可调频率交流电的装置。

1. 变频器的发展

变频器是随着微电子学、电力电子技术、计算机技术和自动控制理论等的不断发展而发展起来的。变频器的发展趋势为：智能化、专门化、一体化、环保化。

2. 变频器的分类

1）按变频器的工作原理分类：交-交变频器，交-直-交变频器。

2）按变频器的控制方式分类：压频比控制变频器（U/f）、转差频率控制变频器（SF）、矢量控制（VC）变频器和直接转矩控制变频器等。

3）按用途分类：通用变频器、专用变频器。

3. 变频器的应用

变频器的应用主要在节能、自动化系统及提高工艺水平和产品质量等方面。

4. 表达式 $n_x = n_{0x}(1-s) = \dfrac{60f_x}{p}(1-s)$ 表明调节电源频率 f_x，即可调节异步电动机的转速 n_x，这就是异步电动机变频调速的理论依据。

5. 变频器的主要技术参数：输入电压、输出电压、额定电流、输出容量、额定功率和过载能力等。

习　题　1

1. 什么叫变频器？变频器有哪些应用？
2. 变频器的发展与哪些因素相关？
3. 变频器按工作原理分为哪几类？
4. 异步电动机变频调速的机理是什么？
5. 变频器的主要技术参数有哪些？

第2章

变频器常用电力电子器件

知识目标

1. 理解功率二极管的基本结构及其单向导电性，掌握其不可控特性。
2. 熟悉普通晶闸管的结构与导通条件，了解其半控特性及应用限制。
3. 掌握 GTO 晶闸管的导通与关断原理，了解其全控特性及应用场景。
4. 理解 GTR 的工作原理及其适用场景。
5. 掌握功率场效应晶体管的电压控制特性，理解其在低功耗驱动场景中的优势。
6. 理解 IGBT 的复合型全控特性及其在功率开关电源和逆变器中的优点和广泛应用。
7. 熟悉 IGCT 的结构特点及其在中压开关电路中的适用性。
8. 掌握智能功率模块（IPM）的集成化特点，理解其在智能化、高可靠性系统中的优势。

能力目标

1. 能够根据不同功率器件的特点和参数选择适合的器件用于特定的电路设计。
2. 能够分析功率器件的控制特性（不可控、半控、全控）对电路工作性能的影响。
3. 具备对电力电子系统中功率器件性能进行比较、优化的能力。

素质目标

1. 培养对电力电子技术发展前沿的关注，增强创新意识。
2. 提升对不同功率器件在节能和高效电能转换中的应用价值的认识。
3. 增强综合分析和解决实际工程问题的能力，树立高效节能的设计理念。

电力电子器件是组成变频器的关键器件，表 2-1 列出了变频器常用电力电子器件。

表 2-1　变频器常用电力电子器件

类型		器件名称	简称
不可控器件		功率二极管（Diode）	D
半控器件		晶闸管（Thyristor），旧称可控硅（Silicon Controlled Rectifier）	T，SCR
全控器件	电流控制器件	双极型晶体管（Bipolar Junction Transistor），电力晶体管（Grant Transistor）	BJT，GTR
		门极关断晶闸管（Gate Turn-Off Thyristor）	GTO 晶闸管
	电压控制器件	功率场效应晶体管（Power MOS Field-Effect Transistor）	P-MOSFET
		绝缘栅双极晶体管（Insulated Gate Bipolar Transistor）	IGBT
		集成门极换流晶闸管（Integrated Gate Commutated Thyristor）	IGCT
电力电子模块		智能功率模块（Intelligent Power Module）	IPM

2.1 功率二极管

功率二极管是指可以承受高电压大电流具有较大耗散功率的二极管。功率二极管与普通二极管的结构、工作原理和伏安特性相似，但它的主要参数和选择原则等不尽相同。

2.1.1 功率二极管的结构与伏安特性

1. 结构

功率二极管的内部是 PN 或 PIN 结构，是通过扩散工艺制作的。功率二极管引出两个极，分别称为阳极 A 和阴极 K。功率二极管和普通二极管一样，具有单向导电性。图 2-1a 所示为功率二极管的电路符号，图 2-1b 为常见的功率二极管外形。

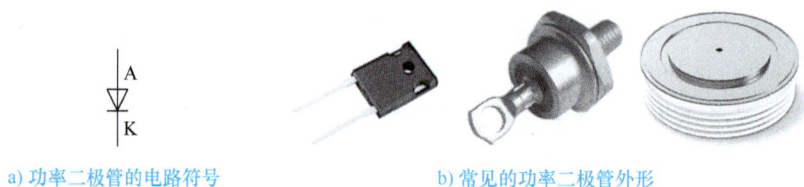

a) 功率二极管的电路符号　　　　　b) 常见的功率二极管外形

图 2-1　功率二极管的电路符号和外形

2. 伏安特性

功率二极管的阳极和阴极间的电压和流过管子的电流之间的关系称为伏安特性，其伏安特性曲线如图 2-2 所示。

当从零逐渐增大正向电压时，二极管的正向特性表现为起始阶段阳极电流很小，特性曲线几乎贴近横坐标轴。这是因为二极管的 PN 结处于"截止"状态，正向偏置不足以克服 PN 结的内建势垒。当正向电压超过 0.5V（对于硅二极管而言，一般为 $0.6 \sim 0.7V$）时，PN 结内建势垒被完全克服，正向阳极电流急剧上升，二极管进入"导通"状态。如果电路中未接入限流元件（如电阻），正向电流可能超出二极管的额定值，导致二极管因过热而烧毁。

图 2-2　功率二极管的伏安特性曲线

当二极管加上反向电压时，初始阶段的反向漏电流很小，这是由于少量的少子参与导电。随着反向电压逐步增大，反向漏电流略有增加，但总体仍然较小。然而，当反向电压超过二极管的反向不重复峰值电压（Reverse Repetitive Peak Voltage）时，PN 结中的耗尽区被击穿，反向电流会急剧增大，形成击穿电流。如果此时未对反向电压进行限制，二极管将被击穿而损坏。

功率二极管是一种能承受较大电流和电压的二极管，广泛应用于功率电子电路中。它们常用于将交流电变换为直流电的整流电路中，也用于具有回馈或续流功能的逆变电路中。

按功率二极管的关断特性不同，功率二极管可分为普通功率二极管和快速恢复功率二极管。普通功率二极管适用于低频或对关断特性要求不高的电路。快速恢复功率二极管的正向

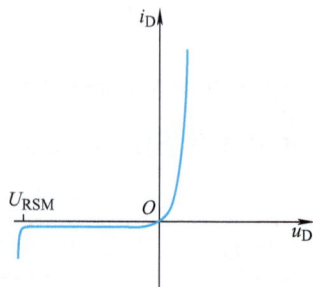

和反向恢复时间较短，显著降低了开关过程中的能量损耗，适用于高频逆变器、高频整流器及缓冲电路中。

快速恢复二极管因其较短的恢复时间，可有效提高高频电路的效率并减小功率损耗，因此在现代高频电力电子设备中应用广泛。

2.1.2　功率二极管的主要参数

1. 额定正向平均电流 I_F

指在规定的环境温度（40℃）和标准散热条件下，器件 PN 结温度稳定且不超过 140℃ 时，所允许长时间连续流过 50Hz 正弦半波的电流平均值。将此电流值取规定系列的电流等级，即为元件的额定电流。

2. 反向重复峰值电压 U_{RRM}

在额定结温条件下，取器件反向不重复峰值电压 U_{RSM} 的 80% 称为反向重复峰值电压 U_{RRM}。将 U_{RRM} 值取规定的电压等级就是该元件的额定电压。

3. 正向平均电压 U_F

在规定的环境温度（40℃）和标准散热条件下，器件通过 50Hz 正弦半波额定正向平均电流时，器件阳极和阴极之间的电压的平均值，取规定系列组别称为正向平均电压 U_F，简称管压降，一般为 0.45～1V。

2.1.3　功率二极管的选用

1. 选择额定正向平均电流 I_F 的原则

在规定的室温和冷却条件下，只要所选的管子额定电流有效值 I_{DN} 大于管子在电路中可能流过的最大电流有效值 I_{DM} 即可。考虑到器件的过载能力较小，因此选择时考虑 1.5～2 倍的安全余量，即

$$I_{DN} = 1.57 I_F = (1.5 \sim 2) I_{DM}$$

所以
$$I_F = (1.5 \sim 2)\frac{I_{DM}}{1.57} \tag{2-1}$$

然后根据上式所得值取相应标准系列值即可。

2. 选择反向重复峰值电压 U_{RRM} 的原则

选择功率二极管的反向重复峰值电压 U_{RRM} 的原则应为管子所工作的电路中可能承受到的最大反向瞬时值电压 U_{DM} 的 2～3 倍，即

$$U_{RRM} = (2 \sim 3) U_{DM} \tag{2-2}$$

然后根据上式所得值取相应标准系列值即可。

3. 功率二极管使用注意事项

必须保证规定的冷却条件，若不能满足规定的冷却条件，则必须降低容量使用。如规定风冷器件使用在自冷条件下时，只允许用到额定电流的 1/3 左右。

2.1.4　功率二极管的分类

功率二极管一般分为三类：标准或慢速恢复二极管，快速恢复二极管，肖特基二极管。慢速和快速恢复二极管都具有 PIN 结构。在快速恢复二极管中，恢复时间缩短，恢复

电荷减少，这是通过加强复合过程控制少数载流子的寿命来实现的，其副作用是导通压降变高。例如，CS340602 型 POWEREX 快速恢复二极管，额定直流电流 $I_F(\text{DC})$ 为 20A，反向重复峰值电压 U_{RRM} 为 600V，导通压降 $U_{FM} = 1.5\text{V}$。标准或慢速恢复二极管用于工频（50Hz/60Hz）大功率整流，它们具有较低的导通压降和较长的恢复时间，这些二极管可以达到数千伏和数千安的额定值。肖特基二极管是一种多数载流子二极管，它具有较低的导通压降（通常为 0.5V）和较短的开关时间，其不足之处是截止电压较低（通常最高为 200V），漏电流较大。肖特基二极管可用在高频电路中。

2.2 晶闸管

2.2.1 晶闸管的结构

晶闸管是四层（$P_1N_1P_2N_2$）三端（A、K、G）器件，其内部结构和等效电路如图 2-3 所示。

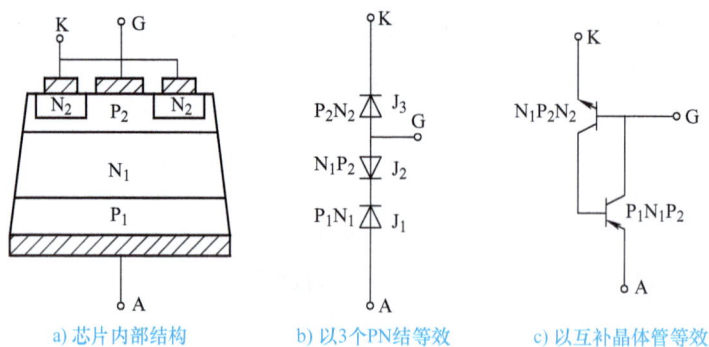

a) 芯片内部结构　　　b) 以3个PN结等效　　　c) 以互补晶体管等效

图 2-3　晶闸管的内部结构和等效电路

晶闸管的图形符号和外形如图 2-4 所示。晶闸管的外形有螺栓式和平板式。螺栓式晶闸管容量一般为 10～200A；平板式晶闸管用于 200A 以上。当晶闸管工作时，由于器件损耗而产生热量，因此需要通过散热器来降低管芯温度。

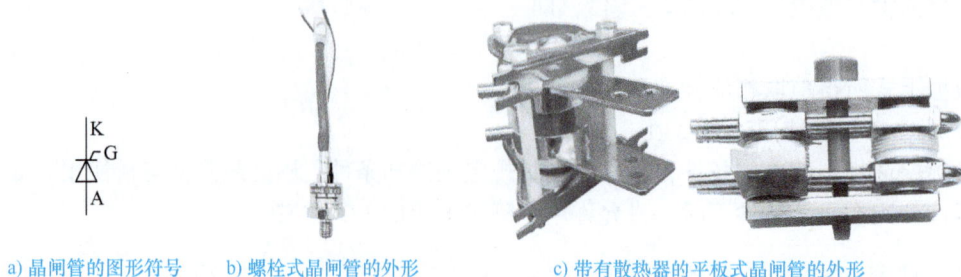

a) 晶闸管的图形符号　　b) 螺栓式晶闸管的外形　　c) 带有散热器的平板式晶闸管的外形

图 2-4　晶闸管的图形符号和外形

2.2.2　晶闸管的导通和阻断控制

晶闸管的导通控制：在晶闸管的阳极和阴极间加正向电压，同时在它的门极和阴极间也加正向电压形成触发电流，即可使晶闸管导通。

晶闸管一旦导通，门极即失去控制作用，因此门极所加的触发电压一般为脉冲电压。晶闸管从阻断变为导通的过程称为触发导通。门极触发电流一般只有几十毫安到几百毫安，而晶闸管导通后，从阳极到阴极可以通过几百安、几千安的电流。要使导通的晶闸管阻断，必须将阳极电流降低到一个称为维持电流的临界极限值以下。

2.2.3　晶闸管的阳极伏安特性

晶闸管的阳极与阴极间的电压和阳极电流之间的关系，称为阳极伏安特性。其伏安特性曲线如图 2-5 所示。

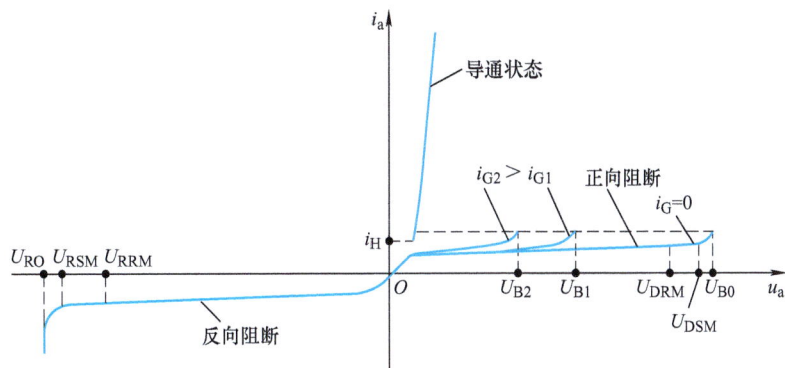

图 2-5　晶闸管的阳极伏安特性曲线

图 2-5 中第 I 象限为正向特性，当 $i_G = 0$ 时，如果在晶闸管两端所加正向电压 u_a 未增到正向转折电压 U_{B0} 时，器件都处于正向阻断状态，只有很小的正向漏电流。当 u_a 增到 U_{B0} 时，则漏电流急剧增大，器件导通，正向电压降低，其特性和二极管的正向伏安特性相仿。通常不允许采用这种方法使晶闸管导通，因为这样重复多次会造成晶闸管损坏。一般采用对晶闸管的门极加足够大的触发电流使其导通，门极触发电流越大，正向转折电压就越低。晶闸管的反向伏安特性曲线如图 2-5 中第 III 象限所示，可见与整流二极管的反向伏安特性相似。处于反向阻断状态时，只有很小的反向漏电流，当反向电压超过反向击穿电压 U_{RO} 后，反向漏电流急剧增大，造成晶闸管反向击穿而损坏。

2.2.4　晶闸管的参数

为了正确选择和使用晶闸管，需要理解和掌握晶闸管的主要参数。

1. 晶闸管的电压参数

（1）断态重复峰值电压 U_{DRM}　指当门极开路，器件处于额定结温时，允许重复加在器件上的正向峰值电压，如图 2-5 所示。重复频率为 50Hz，每次持续时间不大于 10ms。

（2）反向重复峰值电压 U_{RRM}　指当门极开路，器件处于额定结温时，允许重复加在器件上的反向峰值电压，如图2-5所示。重复频率为50Hz，每次持续时间不大于10ms。

通常将 U_{DRM} 和 U_{RRM} 两值中的较小者定义为晶闸管的额定电压 U_{TN}。

（3）通态平均电压 $U_{T(AV)}$　当流过正弦半波的额定电流并达到稳定的额定结温时，晶闸管的阳极与阴极之间电压降的平均值，称为通态平均电压。

晶闸管使用时，若外加电压超过反向击穿电压，则会造成器件永久性损坏；若超过正向转折电压，器件就会误导通，经数次这种导通后，也会造成器件损坏。此外，器件的耐压还会因散热条件恶化而结温升高而降低。因此选择时应注意留有充分的余量，一般应按工作电路中可能承受的通态峰值电压 U_{TM} 值的 $2 \sim 3$ 倍来选择晶闸管的额定电压 U_{TN}，即

$$U_{TN} = (2 \sim 3)U_{TM} \tag{2-3}$$

2. 晶闸管的通态平均电流 $I_{T(AV)}$

在规定环境温度（40℃）和标准冷却条件下，晶闸管在导通角不小于170°的电阻性负载电路中，当不超过额定结温且稳定时，所允许通过的工频正弦半波电流的平均值。将该电流按晶闸管标准电流系列取值，称为该晶闸管的通态平均电流。

在实际应用时，只要遵循下式选择晶闸管的通态平均电流，管子的发热就不会超过允许范围。

$$I_{T(AV)} = (1.5 \sim 2)I_{TM}/1.57 \tag{2-4}$$

式中，I_{TM} 为通态峰值电流。

3. 其他参数

（1）维持电流 I_H　在室温和门极断开时，器件从较大的通态电流降至维持通态所必需的最小电流称为维持电流。它一般为十几到几百毫安。

（2）擎住电流 I_L　晶闸管刚从断态转入通态就去掉触发信号，能使器件保持导通所需要的最小阳极电流。

（3）通态浪涌电流 I_{TSM}　由于电路异常情况引起的，并使晶闸管结温超过额定值的不重复性最大正向通态过载电流，用峰值表示。

（4）断态电压临界上升率 du/dt　在额定结温和门极开路情况下，不使器件从断态到通态转换的最大阳极电压上升率称为断态电压临界上升率。

（5）通态电流临界上升率 di/dt　在规定条件下，晶闸管在门极触发导通时所能承受不导致损坏的最大通态电流上升率称为通态电流临界上升率。

2.2.5　晶闸管的门极伏安特性及主要参数

1. 门极伏安特性

门极伏安特性是指门极电压与电流的关系，晶闸管的门极和阴极之间只有一个PN结，所以电压与电流的关系和普通二极管的伏安特性相似。晶闸管门极伏安特性曲线如图2-6所示。

同一型号的晶闸管门极伏安特性曲线呈现较大的离散性，通常以高阻极限和低阻极限两条特性曲线为边界，划定一个区域，其他的门极伏安特性曲线都处于这个区域内。该区域又分为不触发区、不可靠触发区及可靠触发区。

2. 门极主要参数

（1）门极不触发电压 U_{GD} 和门极不触发电流 I_{GD}　不能使晶闸管从断态转入通态的最大

门极电压称为 门极不触发电压 U_{GD}，相应的最大门极电流称为 门极不触发电流 I_{GD}。显然小于该数值时，处于断态的晶闸管不可能被触发导通，所以应将干扰信号限制在该数值以下。

（2）门极触发电压 U_{GT} 和门极触发电流 I_{GT} 在室温下，对晶闸管加上一定的正向阳极电压时，使器件从断态转入通态所必需的最小门极电流称为 门极触发电流 I_{GT}，相应的最小门极电压称为 门极触发电压 U_{GT}。

需要说明的是，为了保证晶闸管触发的灵敏度，各生产厂家的晶闸管的 U_{GT} 和 I_{GT} 值不得超过标准规定的数值。但对用户而言，设计的实用触发电路提供给门极的电压和电流应适当地大于标准值，才能使晶闸管可靠触发导通。

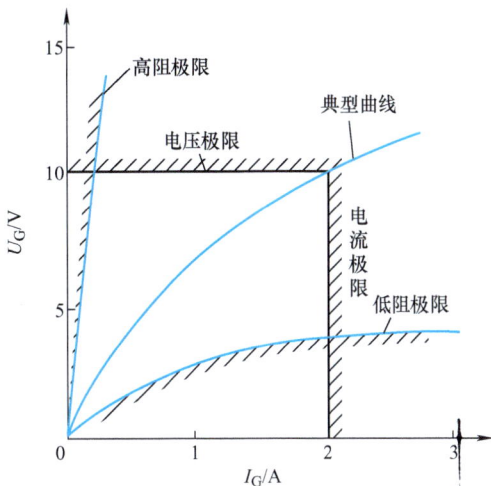

图 2-6　晶闸管门极伏安特性曲线

（3）门极正向峰值电压 U_{GM}、门极正向峰值电流 I_{GM} 和门极峰值功率 P_{GM} 在晶闸管触发过程中，不至造成门极损坏的最大门极电压、最大门极电流和最大瞬时功率分别称为 门极正向峰值电压 U_{GM}、门极正向峰值电流 I_{GM} 和门极峰值功率 P_{GM}。

2.2.6　晶闸管触发电路

1. 晶闸管对触发电路的要求

晶闸管对触发电路的要求主要有：

1）触发脉冲应具有足够的功率和一定的宽度。

2）触发脉冲与主电路电源电压必须同步。

3）触发脉冲的移相范围应满足变流装置提出的要求。

2. 触发电路的分类

触发电路可按不同的方式分类，依控制方式不同可分为相控式触发电路、斩控式触发电路；依控制信号性质不同可分为模拟式触发电路、数字式触发电路；依同步电压形式不同，可分为正弦波同步触发电路、锯齿波同步触发电路等。

2.2.7　晶闸管的保护

晶闸管承受过电流和过电压的能力较差，短时间的过电流和过电压就会使器件损坏，因此，保护就成为提高电力电子装置运行可靠性必不可少的环节。

1. 晶闸管的过电流保护

导致晶闸管过电流的主要因素有：电网电压波动太大、电动机轴上拖动的负载超过允许值、电路中管子误导通以及管子击穿短路等。

由于晶闸管承受过电流能力比一般器件差得多，故必须在极短时间内将电源断开或将电流值降下来。常见的保护有以下几种：

1）快速熔断器保护。熔断器是最简单有效的过电流保护器件。由于晶闸管热容量小、过电流能力差，所以专门为保护大功率电力电子器件而制造了快速熔断器（简称快熔）。它与普通熔断器相比，具有快速熔断的特性，在通常的短路过电流时，熔断时间小于20ms，可保证在晶闸管损坏之前切断短路故障。

图2-7所示为快速熔断器的接法。

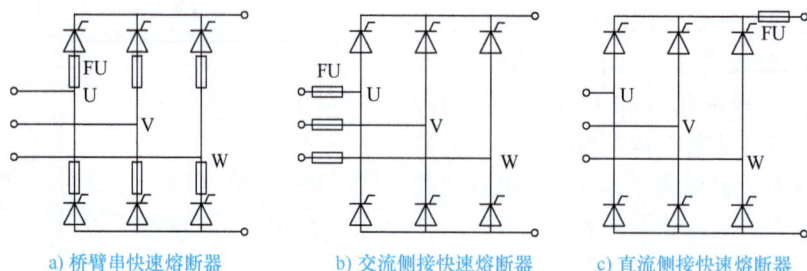

a) 桥臂串快速熔断器　　　b) 交流侧接快速熔断器　　　c) 直流侧接快速熔断器

图2-7　快速熔断器的接法

2）过电流继电器保护。过电流继电器可安装在交流侧或直流侧。

3）限流与脉冲移相保护。

2. 晶闸管过电压保护

晶闸管过电压产生的原因主要有：关断过电压、操作过电压和浪涌过电压等。对过电压的保护方式主要是接入阻容吸收电路、硒堆或压敏电阻等。图2-8所示为交流侧接入阻容吸收电路的几种方法。硒堆或压敏电阻的连接方法与此相同。

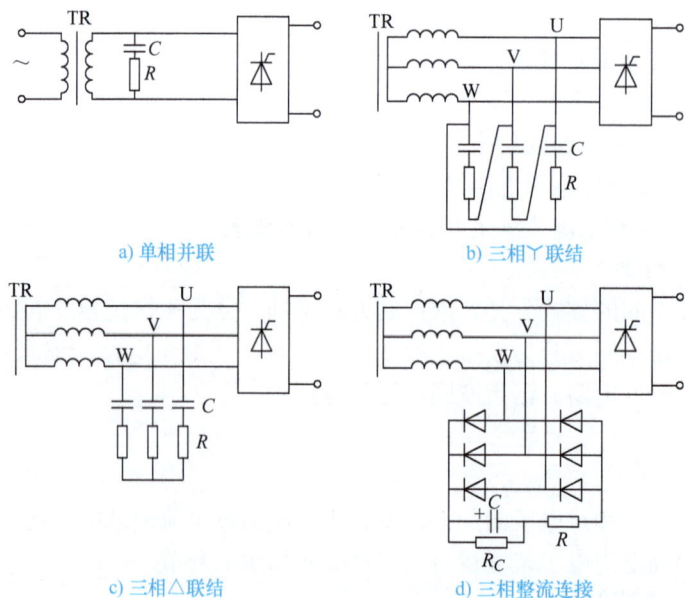

a) 单相并联　　　　　　　　b) 三相丫联结

c) 三相△联结　　　　　　　d) 三相整流连接

图2-8　交流侧接入阻容吸收电路的几种方法

2.3　门极关断（GTO）晶闸管

门极关断晶闸管简称GTO（Gate Turn-off）晶闸管，它具有普通晶闸管的全部优点，如耐压高、电流大、控制功率小、使用方便和价格低等；但它具有自关断能力，属于全控器件。

2.3.1　GTO 晶闸管的结构与工作原理

GTO 晶闸管虽然也是四层三端器件，但其制作工艺与晶闸管不同，图 2-9 所示为 GTO 晶闸管的结构剖面和图形符号。GTO 晶闸管的外形与普通晶闸管一样。

GTO 晶闸管可以实现自关断，为了表征门极对 GTO 晶闸管关断的控制作用，引入门极控制增益 G，当 $I_G < 0$ 时，G 可表示为

$$G = I_A / I_G \qquad (2\text{-}5)$$

式中，I_A 为阳极电流；I_G 为门极电流。

由式（2-5）可见，增大关断增益可以提高关断控制的灵敏度。

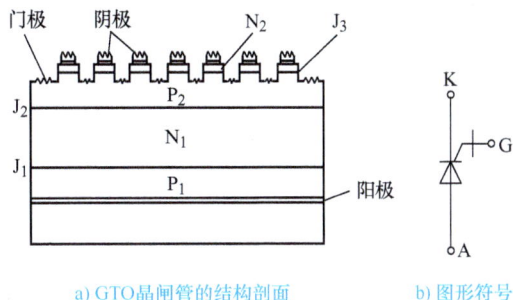

a）GTO晶闸管的结构剖面　　　　b）图形符号

图 2-9　GTO 晶闸管的结构剖面和图形符号

2.3.2　GTO 晶闸管的特性与主要参数

1. GTO 晶闸管的开关特性

图 2-10 所示为 GTO 晶闸管在开通和关断过程中门极电流 i_G 和阳极电流 i_A 的波形。

图中 i_G 是门极电流，i_A 是阳极电流。其开通过程与普通晶闸管相似。关断过程是通过在 GTO 晶闸管的门极施加关断脉冲实现的。如将开通触发时刻定为 t_0，阳极电流上升到稳定电流 I_A 的 10% 时刻定为 t_1，阳极电流上升到稳定电流 I_A 的 90% 时刻定为 t_2，施加关断触发脉冲时刻定为 t_3，阳极电流下降到稳定电流的 90% 时刻定为 t_4，阳极电流下降到稳定电流 10% 时刻定为 t_5，阳极电流下降到漏电流时刻定为 t_6，则 GTO 晶闸管开关时间定义如下：

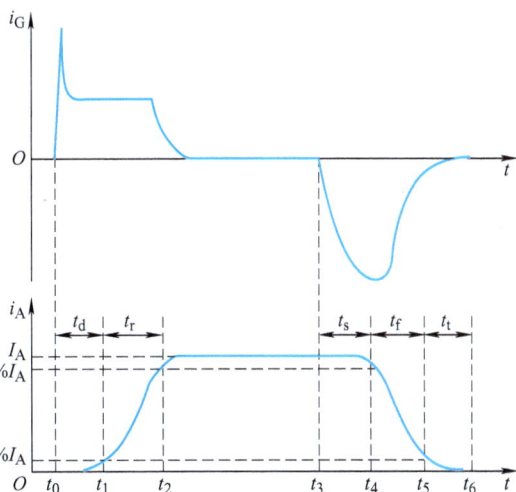

图 2-10　GTO 晶闸管在开通和关断过程中门极和阳极电流的波形

（1）延迟时间 t_d　从施加触发电流时刻起，到阳极电流 i_A 上升到稳定电流的 10% 时刻止，这段时间称为延迟时间，以 t_d 表示，即 $t_d = t_1 - t_0$。

（2）上升时间 t_r　阳极电流 i_A 从稳定值的 10% 增加到 90% 所需的时间称为上升时间，以 t_r 表示，即 $t_r = t_2 - t_1$。

（3）储存时间 t_s　从施加负脉冲时刻起，到阳极电流 i_A 下降到稳定电流的 90% 的时间，称为储存时间，以 t_s 表示，即 $t_s = t_4 - t_3$。

（4）下降时间 t_f　阳极电流 i_A 从稳定电流的 90% 下降到 10% 的时间，称为下降时间，以 t_f 表示，即 $t_f = t_5 - t_4$。

（5）尾部时间 t_t　阳极电流 i_A 从稳定电流的 10% 到 GTO 晶闸管恢复阻断能力的时间，

称为尾部时间，以 t_t 表示，即 $t_t = t_6 - t_5$。

2. GTO 晶闸管的主要参数

GTO 晶闸管的多数参数与普通晶闸管相同，下面讨论一些意义不同的参数。

（1）最大可关断阳极电流 I_{TGQM}　GTO 晶闸管的最大阳极电流有两个方面的限制，一是额定工作结温的限制；二是门极负电流脉冲可以关断的最大阳极电流的限制，这是由 GTO 晶闸管只能工作在临界饱和导通状态所决定的。阳极电流过大，GTO 晶闸管便处于较深的饱和导通状态，门极负电流脉冲不可能将其关断。通常将最大可关断阳极电流 I_{TGQM} 作为 GTO 晶闸管的额定电流。

应用中，最大可关断阳极电流 I_{TGQM} 还与工作频率、门极负电流波形、工作温度以及电路参数等因素有关，它不是一个固定不变的数值。

（2）关断增益 G_{off}　关断增益 G_{off} 为最大可关断阳极电流 I_{TGQM} 与门极负向峰值电流 I_{GM} 之比，其表达式为

$$G_{off} = \frac{I_{TGQM}}{I_{GM}} \tag{2-6}$$

关断增益 G_{off} 比晶体管的电流放大系数 β 小得多，一般只有 5 左右。

2.3.3　GTO 晶闸管的门极控制

GTO 晶闸管的触发导通过程与普通晶闸管相似，关断则完全不同，门极控制技术的关键在于关断。影响关断的因素有哪些呢？主要有被关断的阳极电流、负载阻抗的性质、工作频率、缓冲电路、关断控制信号波形及温度等。造成难以关断的因素可能是：阳极电流大；电感性负载；工作频率高；结温高等。

GTO 晶闸管的门极控制电路包括门极开通电路、门极关断电路和反偏电路，如图 2-11 所示。

1. 开通控制

开通控制要求门极电流脉冲前沿陡、幅度高、宽度大、后沿缓。由于 GTO 晶闸管由多个小型 GTO 晶闸管单元组成，各 GTO 晶闸管单元性能存在分散性，若上升沿不够陡峭，会导致部分 GTO 晶闸管单元先导通

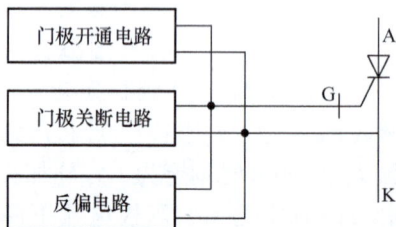

图 2-11　门极控制电路结构示意图

并承担过大的电流密度，从而过热损坏；陡峭的上升沿能使所有 GTO 晶闸管单元几乎同时导通，电流分布更加均匀。此外，门极电压脉冲的幅度和宽度必须足够，否则部分 GTO 晶闸管单元可能在尚未达到擎住电流时门极脉冲就结束，导致这些 GTO 晶闸管单元承受过大的阳极电流而损坏。而缓慢的后沿可有效避免因陡峭后沿引起的振荡现象，进一步提高 GTO 晶闸管的运行稳定性。因此，优化门极电流脉冲的特性是确保 GTO 晶闸管安全可靠工作的关键。

2. 关断控制

GTO 晶闸管的关断控制是靠门极驱动电路从门极抽出 P_2 基区的存储电荷来实现的，门极负电压越大，关断得越快。门极负电压一般要达到或接近门-阴极间雪崩击穿电压值，并要求保持较长时间，以保证 GTO 晶闸管可靠关断。有时甚至在 GTO 晶闸管下一次导通之前，门极负电压都不衰减到零，以防止 GTO 晶闸管误导通。

对关断控制电流波形的要求包括：前沿较陡、脉冲宽度足够、幅度较高以及后沿平缓。陡峭的前沿有助于缩短关断时间，降低关断损耗，但前沿过陡则可能导致关断增益降低，增加阳极尾部电流的不利影响。与此同时，脉冲的后沿需尽量平缓，因为过于陡峭的坡度可能因结电容效应引发负门极电流，这种电流可能导致 GTO 晶闸管误导通。优化门极负电压的波形特性是实现 GTO 晶闸管稳定、可靠关断的关键。

图 2-12 为 GTO 晶闸管桥式门极驱动电路。

GTO 晶闸管桥式门极驱动电路的工作原理是：当 VT_1 与 VT_2 饱和导通时，形成门极正向触发电流，使 GTO 晶闸管导通；当 VTH_1、VTH_2 这两只普通晶闸管触发导通时，会形成较大的门极反向电流，使 GTO 晶闸管关断。

2.3.4　GTO 晶闸管的缓冲电路

GTO 晶闸管使用时须接缓冲电路，缓冲电路的作用主要有：当 GTO 晶闸管关断时，抑制阳极电流下降过程中所产生的尖峰阳极电压 U_p，以降低关断损耗，防止结温升高，抑制阳极电压 U_{AK} 的上升率 du/dt，以免关断失败；当 GTO 晶闸管开通时，缓冲电容通过电阻向 GTO 晶闸管放电，有助于所有 GTO 晶闸管单元达到擎住电流值。因此，缓冲电路不仅对 GTO 晶闸管具有保护作用，而且对于 GTO 晶闸管的可靠开通和关断也具有重要意义。

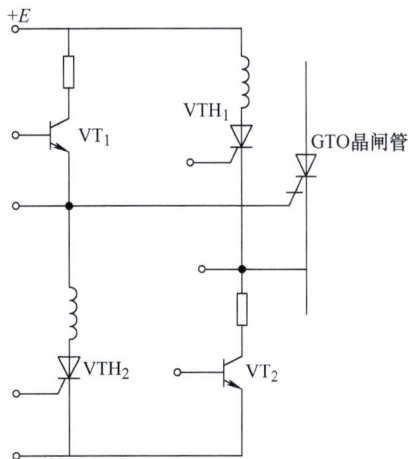

图 2-12　GTO 晶闸管桥式
门极驱动电路

图 2-13 为由 GTO 晶闸管构成的斩波器及其缓冲电路，下面来说明缓冲电路的工作原理。

图中，R、L 为负载；VD 为续流二极管；L_A 为 GTO 晶闸管开通瞬间限制 di/dt 的电感。R_s、C_s 和 VD_s 组成了缓冲电路。GTO 晶闸管的阳极电路串联一定数值的电感 L_A 来限制 di/dt，当门极控制关断时抑制阳极电流 i_A 的下降，di/dt 在电感 L_A 上感应的电压尖峰 U_p 通过 VD_A 和 R_A 加以限制。当 GTO 晶闸管开通瞬间，电容 C_s 要通过阻尼电阻 R_s 向 GTO 晶闸管放电，若 R_s 小，则 C_s 放电电流峰值很高，可能超出 GTO 晶闸管的承受能力。为此，增加了二极管 VD_s，在 GTO 晶闸管关断时，用 VD_s 的通态内阻及 GTO 晶闸管断态内阻来阻尼 L_A 和 C_s 谐振。R_s 则用于在 GTO 晶闸管开通时，限制

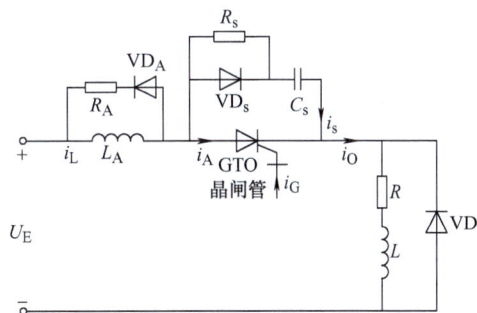

图 2-13　由 GTO 晶闸管构成的斩波器
及其缓冲电路

C_s 放电电流峰值；并于 GTO 晶闸管关断末期、VD_s 反向恢复阻断时，阻尼 L_A 和 C_s 谐振。

使用时，要注意缓冲电路的参数选取和安装工艺：

1）R_s 宜用无感电阻，C_s 宜用无感电容。R_s 工作时要发热，故不应将 C_s 安装在 R_s 的上方。

2）VD_s 宜选用快速导通和快速恢复二极管。

3）缓冲电路一定要连接可靠，切忌虚焊，否则会造成 GTO 晶闸管损坏；R_s、C_s 和 VD_s 安装时必须尽量靠近 GTO 晶闸管的阳极和阴极接线端，应最大限度地缩短连接导线，一般不应超过 10cm，以减小分布电感和其他不良影响。

2.4 电力晶体管（GTR）

电力晶体管（GTR）通常又称为双极型晶体管（BJT），是一种大功率高反压晶体管。目前常用的 GTR 有单管、达林顿管和 GTR 模块 3 大系列。

2.4.1 GTR 的结构

图 2-14a 为 GTR 的结构示意图，作为大功率开关应用最多的是 GTR 模块；图 2-14b 所示为 GTR 模块的外形；图 2-14c 为其等效电路。为了便于改善器件的开关过程和并联使用，中间级晶体管的基极均有引线引出，如图中 BE_{11}、BE_{12} 等端子。目前生产的 GTR 模块可将多达 6 个互相绝缘的单元电路做在同一模块内，可以很方便地组成三相桥式电路。

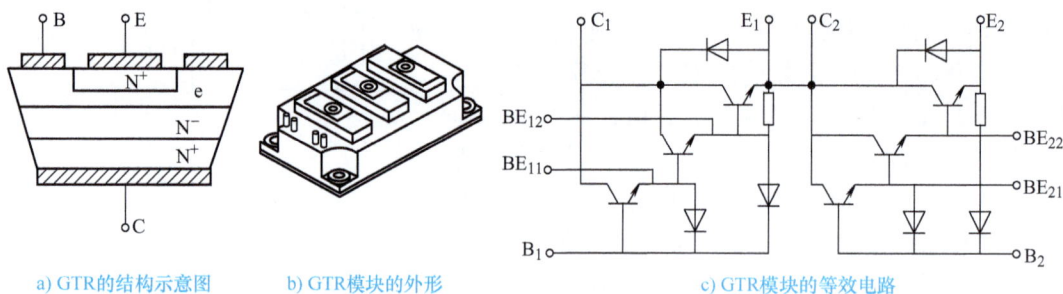

a) GTR的结构示意图   b) GTR模块的外形   c) GTR模块的等效电路

图 2-14　GTR 模块

2.4.2 GTR 的参数

（1）反向击穿电压 U_{CEO}　即基极开路 C、E 间能承受的电压。

U_{CEO} 选取时，为了防止器件因电压超过极限值而损坏，除适当选用管型外，还需考虑留有安全余量。GTR 的 U_{CEO} 应满足

$$U_{CEO} > (2 \sim 3) U_{TM} \qquad (2-7)$$

式中，U_{TM} 为管子所能承受的最高电压。

（2）最大工作电流 I_{CM}　即允许流过集电极的最大电流值。

为了提高 GTR 的输出功率，集电极输出电流应尽可能大。但是要使集电极电流大，则要求发射极注入的电流大，从而使 GTR 的电气性能变差，甚至于损坏器件。因此必须规定集电极电流的最大电流 I_{CM}，实际应用中按如下标准确定：

$$I_{CM} > (2 \sim 3) I_{CP} \qquad (2-8)$$

式中，I_{CP} 为流过 GTR 的峰值电流。

（3）集电极最大耗散功率 P_{CM}　指 GTR 在最高允许结温时所消耗的功率，它受结温限制，其大小由集电结工作电压和集电极电流的乘积决定。

（4）开通时间 t_{on}　包括延迟时间 t_d 和上升时间 t_r。

（5）关断时间 t_{off}　包括存储时间 t_s 和下降时间 t_f。

2.4.3　二次击穿现象

当集电极与发射极之间的电压 u_{CE} 逐渐增加，到达某一数值，如上述 U_{CEO} 时，i_C 急剧增加，出现击穿现象。首先出现的击穿现象称为一次击穿，这种击穿是正常的雪崩击穿。这一击穿可用外接串联电阻的方法加以控制，只要适当限制晶体管的电流（或功耗），流过集电结的反向电流就不会太大，如果进入击穿区的时间不长，一般不会引起 GTR 的特性变坏。但是，一次击穿后若继续增大电压 u_{CE}，而外接限流电阻又不变，反向电流 i_C 将继续增大，此时若 GTR 仍在工作，GTR 将迅速出现大电流，并在极短的时间内，使器件内出现明显的电流集中和过热点。电流急剧增长，此现象便称为二次击穿。一旦发生二次击穿，轻者使 GTR 电压降低、特性变差，重者使集电结和发射结熔通，使晶体管受到永久性损坏。

2.4.4　GTR 的驱动电路

GTR 是具有自关断能力的全控器件，其基极驱动方式直接影响着它的工作状况，为此，GTR 基极驱动电路的设计必须考虑：最优化驱动特性、驱动方式和快速保护功能等方面问题。

1. 最优化驱动特性

为使 GTR 开关速度快、损耗小，应有较理想的基极驱动特性。图 2-15 所示是理想基极驱动电流波形图。在 GTR 开通时，基极电流具有快速上升沿并短时过冲，以加速开通过程。在 GTR 导通期间应使其在任何负载条件下都能保证正向饱和压降 U_{CES} 较低，以便获得低的导通损耗。但有时为了减小存储时间，提高开关速度，希望维持在准饱和工作状态；在关断时，基极电流也有一快速下降沿和短时过冲，能提供足够的反向基极驱动能量，以迅速抽出基区的过剩载流子，缩短关断时间，减小关断损耗。

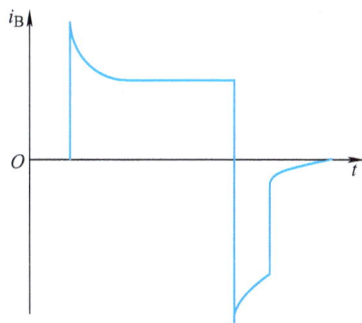

图 2-15　理想基极驱动电流波形

2. 驱动方式

根据主电路的结构、工作特点以及它和驱动电路、GTR 之间的连接关系，可以分为直接驱动方式和隔离驱动方式。直接驱动方式又分为简单驱动、推挽驱动和抗饱和驱动等形式。为了保证电路工作安全，并提高抗干扰能力，在很多应用场合，主电路和控制电路之间必须进行隔离。隔离方式可以是光电隔离或是电磁隔离。光电隔离的缺点是响应时间较长，而电磁隔离多采用脉冲变压器，其体积较大。

3. 快速保护功能

GTR 的热容量小，过载能力低，过载或短路产生的功耗可能在若干微秒的时间内使结温超过最大允许值而导致器件损坏。为此，GTR 的驱动电路既要能及时准确地测得故障状态，又要能快速自动实现保护，在故障状态下迅速地自动切除基极驱动信号，避免 GTR 损坏。保护类型包括抗饱和、退抗饱和、过电流、过电压、过热及脉宽限制等多方面。此外，驱动电路还需具有能在主电路故障后自动切断与主电路联系的自保护能力。

基极驱动电路可分为恒流驱动电路和比例驱动电路，前者保持 GTR 的基极电流恒定，不随集电极电流变化而变；后者的基极电流正比于集电极电流变化，在不同负载时器件的饱和深度基本相同。其具体电路结构形式多样，下面以抗饱和电路为例做简要介绍。

图 2-16 所示为抗饱和恒流驱动电路的基本形式，它属直接驱动方式，亦称贝克钳位电路，它使 GTR 始终工作于准饱和状态，有利于提高器件的开关速度。因此，它成为一种被广泛应用的基本电路。

图 2-16 中，VD_1、VD_2 为抗饱和二极管；VD_3 为反向基极电流提供回路的二极管。在轻载情况下，GTR 饱和深度的加剧使 u_{CE} 减小，A 点电位高于集电极电位，二极管 VD_2 导通，将 i'_B 分流，使流过二极管 VD_1 的基极电流 i_B 减小，从而减小了 GTR 的饱和深度。抗饱和基极驱动电路使 GTR 在不同的集电极电流情况下，集电结处于

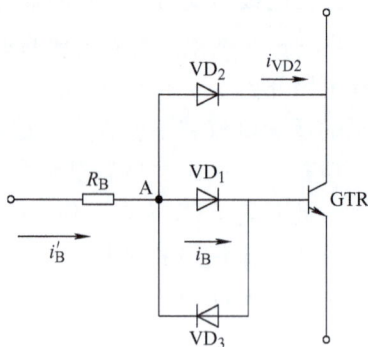

图 2-16　抗饱和恒流驱动电路

零偏或轻微正向偏置的准饱和状态，以缩短存储时间。在不同负载情况下及在应用离散性较大的 GTR 时，存储时间趋向一致。**应当注意的是，**钳位二极管 VD_2 必须是快速恢复二极管，其耐压也必须和 GTR 的耐压相当。因电路工作于准饱和状态，正向压降增加，增大了导通损耗。

2.4.5　GTR 的缓冲电路

缓冲电路也称为吸收电路，它是指在 GTR 电极上附加的电路，通常由电阻、电容、电感及二极管组成，图 2-17 所示为缓冲电路之一。目的在于降低浪涌电压、减少器件的开关损耗、避免器件二次击穿、抑制电磁干扰、减小 du/dt、di/dt 的影响以及提高电路的可靠性。由于电力电子器件的可靠性与它在电路中承受的各种应力（电的、热的）有关，所承受的应力越低工作可靠性越高。电力电子器件在开通时有很大电流流过，阻断时承受很高的电压，在开关转换的瞬间，电路中各种储能元件的能量释放还将导致器件经受很大的冲击，有可能造成器件的损坏。为此，缓冲电路的设置在电力半导体器件运用技术中十分重要。

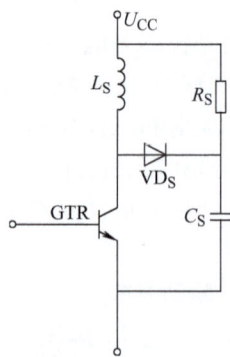

图 2-17　GTR 的缓冲电路

在图 2-17 中，假设元器件参数选定后所对应开关周期 $T \geqslant L/R = \tau$，且器件开通时间 t_{on} 与关断时间 t_{off} 均小于 τ，在开通与关断过程的某一时刻，会出现集电极电压 u_C 和集电极电流 i_C 同时达到最大值的情况。为了避免这一情况，电路中设置 L_S 限制开通时 GTR 的电流变化率 di/dt 及开通损耗，同时设置 C_S 和 VD_S 用于限制电压变化率和关断损耗。

2.5　功率 MOS 场效应晶体管（P-MOSFET）

功率 MOS 场效应晶体管简称 P-MOSFET（Power MOS Field-Effect Transistor），它是电压控制器件，具有驱动功率小、控制电路简单及工作频率高的特点。

2.5.1　P-MOSFET 的结构

P-MOSFET 的栅极 G、源极 S 和漏极 D 位于芯片的同一侧，导电沟道平行于芯片表面，因此属于横向导电器件。这种结构使电流仅在芯片表面横向流动，限制了其电流容量。在功率场效应晶体管中，通过两次扩散工艺，漏极 D 被设计为位于芯片的另一侧，使电流从漏极到源极的流动方向垂直于芯片表面。这种垂直导电结构不仅减小了芯片面积，还显著提高了电流密度。采用这种垂直导电结构的场效应晶体管称为 VMOSFET（垂直金属氧化物半导体场效应晶体管），因其高电流容量和高功率密度，广泛应用于大功率电子电路中。

P-MOSFET 的导电沟道也分为 N 沟道和 P 沟道，栅偏压为零时漏源之间就存在导电沟道的称为耗尽型；栅偏压大于零（N 沟道）才存在导电沟道的称为增强型。下面我们以 N 沟道增强型为例，说明 P-MOSFET 的结构，图 2-18 是其结构与图形符号。

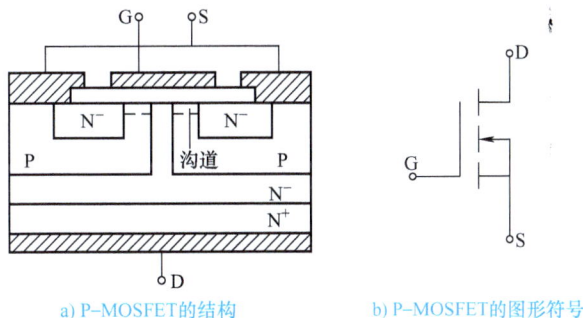

2.5.2　P-MOSFET 的工作原理

当漏极接电源正极，源极接电源负极，栅源电压为零或为负时，P 型

a) P-MOSFET的结构　　　　b) P-MOSFET的图形符号

图 2-18　P-MOSFET 的结构与图形符号

区和 N 型漂移区之间的 PN 结反向，漏源极之间无电流流过。如果在栅极和源极之间加正向电压 u_{GS}，由于栅极是绝缘的，不会有电流，但栅极的正电压所形成电场的感应作用却会将其下面 P 型区中的少数载流子（电子）吸引到栅极下面的 P 型区表面。当 u_{GS} 大于某一电压值 U_T 时，栅极下面 P 型区表面的电子浓度将超过空穴浓度，使 P 型半导体反型成为 N 型半导体，沟通了漏极和源极，形成漏极电流 i_D。电压 U_T 称为开启电压，u_{GS} 超过 U_T 越多，导电能力就越强，漏极电流 i_D 也就越大。

2.5.3　P-MOSFET 的特性

1. 转移特性

转移特性是指 P-MOSFET 的输入栅源电压 u_{GS} 与输出漏极电流 i_D 之间的关系，如图 2-19 所示。

由图 2-19 可见，当 $u_{GS} < U_T$ 时，i_D 近似为零；当 $u_{GS} > U_T$ 时，随着 u_{GS} 的增大 i_D 也越大，当 i_D 较大时，i_D 与 u_{GS} 的关系近似为线性，曲线的斜率被定义为跨导 g_m，即

$$g_m = \frac{\Delta i_D}{\Delta u_{GS}}$$

2. 输出特性

输出特性是指以栅源电压 u_{GS} 为参变量，漏极电流 i_D 与漏源电压 u_{DS} 之间关系的曲线族，如图 2-20 所示。输出特性分为 3 个区域：可调电阻区 Ⅰ、饱和区 Ⅱ 和雪崩区 Ⅲ。

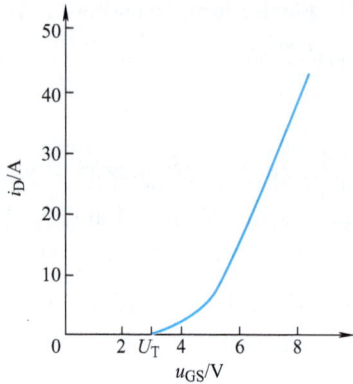

图 2-19 P-MOSFET 的转移特性

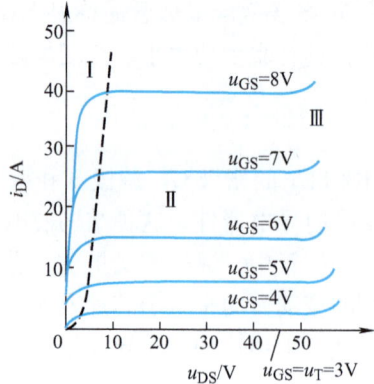

图 2-20 P-MOSFET 的输出特性

可调电阻区 Ⅰ：在此区间，器件的阻值是变化的。

饱和区 Ⅱ：在此区间，当 u_{GS} 不变时，i_D 几乎不随 u_{DS} 的增加而增加，近似为一常数。当 P-MOSFET 用作线性放大时，即工作在该区。

雪崩区 Ⅲ：当 u_{DS} 增加到某一数值时，漏极 PN 结反偏电压过高，发生雪崩击穿，漏极电流 i_D 突然增加，造成器件的损坏。使用时应避免出现这种情况。

3. 开关特性

图 2-21 为测试 P-MOSFET 开关特性的电路及波形。

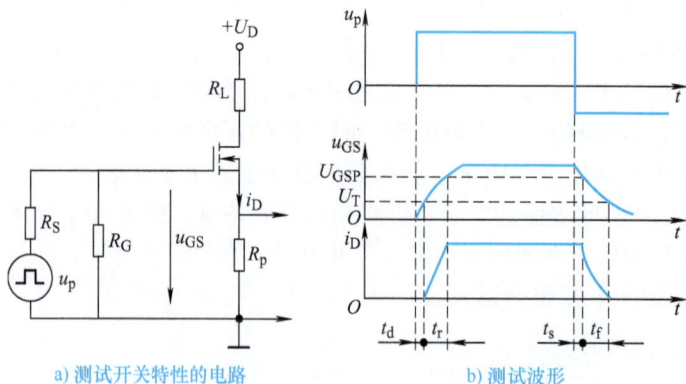

a) 测试开关特性的电路

b) 测试波形

图 2-21 测试 P-MOSFET 开关特性的电路及波形

图 2-21a 中，u_p 为栅极控制电压信号源；R_S 为信号源内阻；R_G 为栅极电阻；R_L 为漏极负载电阻；R_p 为检测漏极电流的电阻。信号源产生阶跃脉冲电压，当其前沿到来时，极间电容 $C_{in}(C_{in}=C_{GS}+C_{GD})$ 充电，栅源电压 u_{GS} 按指数曲线上升，如图 2-21b 所示。当 u_{GS} 上升到开启电压 U_T 时，开始出现漏极电流 i_D，从 u_p 前沿到 i_D 出现这段时间称为开通延迟时间 t_d。之后，i_D 随 u_{GS} 增大而上升，u_{GS} 从 U_T 上升到使 i_D 达到稳态值所用时间称为上升时

间 t_r，开通时间 t_{on} 表示为

$$t_{on} = t_d + t_r \tag{2-9}$$

当信号源脉冲电压 u_p 下降到零时，电容 C_{in} 通过信号源内阻 R_S 和栅极电阻 R_G 开始放电，u_{GS} 按指数规律下降，当下降到 U_{GSP}，i_D 才开始减小，这段时间称为延迟关断时间 t_s。此后，C_{in} 继续放电，u_{GS} 从 U_{GSP} 继续下降，i_D 减小，到 $u_p < U_T$ 时沟道消失，i_D 下降到零，这段时间称为下降时间 t_f。关断时间 t_{off} 表示为

$$t_{off} = t_s + t_f \tag{2-10}$$

由上述分析可知，P-MOSFET 的开关时间与电容 C_{in} 的充放电时间常数有很大关系。使用时，C_{in} 大小无法改变，但可以改变信号源内阻 R_S 的值，从而减小时间常数，提高开关速度。P-MOSFET 的工作频率可达 100kHz 以上。尽管 P-MOSFET 的栅极绝缘，为电压控制器件，但需要提供电容 C_{in} 的充电电流，因此需要驱动电路提供一定功率。开关频率越高，驱动功率就越大。

2.5.4　P-MOSFET 的主要参数

1. 漏源击穿电压 BU_{DS}

漏源击穿电压 BU_{DS} 决定了 P-MOSFET 的最高工作电压，使用时应注意结温的影响。结温每升高 100℃，BU_{DS} 约增加 10%。

2. 漏极连续电流 I_D 和漏极峰值电流 I_{DM}

在器件内部温度不超过最高工作温度时，P-MOSFET 允许通过的最大漏极连续电流和脉冲电流称为漏极连续电流 I_D 和漏极峰值电流 I_{DM}。当结温高时，应降低电流定额数值使用。

3. 栅源击穿电压 BU_{GS}

造成栅源之间绝缘层击穿的电压称为栅源击穿电压 BU_{GS}。栅源之间绝缘层很薄，当 $U_{GS} > 20V$ 时将发生介质击穿。

以上 3 项参数使用时注意留有充分余量。

4. 开启电压 U_T

开启电压 U_T 又称为阈值电压，是指沟道体区表面发生强反型层所需的最低栅极电压。开启电压 U_T 与结温有关，呈负温度系数，大约结温每增高 45℃，开启电压 U_T 下降 10%。

5. 极间电容

P-MOSFET 的极间电容包括 C_{GS}、C_{GD} 和 C_{DS}。其中，C_{GS} 为栅源电容；C_{GD} 为栅漏电容，是由器件结构的绝缘层形成的；C_{DS} 为漏源电容，是由 PN 结形成的。图 2-22 所示为 P-MOSFET 的极间电容等效电路。

器件生产厂家通常给出输入电容 C_{in}、输出电容 C_{out} 和反馈电容 C_f，它们与各极间电容的关系表达式为

$$C_{in} = C_{GS} + C_{GD} \tag{2-11}$$

$$C_{out} = C_{DS} + C_{GD} \tag{2-12}$$

$$C_f = C_{GD} \tag{2-13}$$

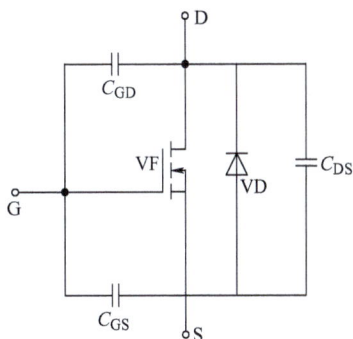

图 2-22　P-MOSFET 的极间电容等效电路

6. 通态电阻 R_{on}

在确定的栅源电压 U_{GS} 下，P-MOSFET 由可调电阻区进

入饱和区时的直流电阻为通态电阻。

2.5.5 P-MOSFET 的栅极驱动

P-MOSFET 的栅极是绝缘的，属于电压控制器件，因而输入阻抗高，驱动功率小，电路简单。但 P-MOSFET 极间电容不可忽略，器件的功率越大，极间电容就越大。在栅极驱动电路控制器件开通和关断的过程中，存在对极间电容充放电的问题，充放电的时间常数直接影响工作速度；且需要驱动电路提供一定的驱动电流。设 R_i 为输入回路电阻，栅极电压的上升时间 t_r 可近似表示为

$$t_r = 2.2 R_i C_{in} \tag{2-14}$$

假定对输入电容充电的电流近似为线性，则驱动电流 I_G 可用下式估算：

$$I_G = \frac{C_{in} U_{GS}}{t_r}$$

为了使栅极驱动电路能正确控制 P-MOSFET 的开通和关断，对栅极驱动电路提出如下要求：

1) 触发脉冲的前后沿要陡峭，触发脉冲的电压幅值要高于器件的开启电压，以保证 P-MOSFET 的可靠触发导通。

2) 开通时为栅极电容提供低电阻充电回路；关断时为栅极电容提供低电阻放电回路，用以减小栅极电容的充放电时间常数，提高 P-MOSFET 的开关速度。

3) P-MOSFET 开关时所需的驱动电流为栅极电容的充放电流。P-MOSFET 的极间电容越大，所需的驱动电流也越大。为了使开关波形具有足够的上升和下降陡度，驱动电流要具有较大的数值。

2.5.6 P-MOSFET 的保护

1. 工作保护

（1）栅源极间过电压保护　如果栅源间的阻抗过高，则漏极电压的突变会通过极间电容耦合到栅极而产生过高的栅源尖峰电压，此电压将击穿栅源氧化层，造成器件损坏。若耦合到栅极的电压为正，还会引起器件误导通，造成过电流。防止的方法是适当降低驱动电路的阻抗，如在栅源间并接阻尼电阻，或并接约 20V 的齐纳二极管；尤其是要避免栅极开路。

（2）漏源极间过电压保护　当 P-MOSFET 关断时，如果器件带有电感性负载，则漏极电流的突变（di/dt 很大）会产生比电源高得多的漏极尖峰电压，导致器件击穿。保护措施为：在感性负载两端并接钳位二极管，在器件的漏源两端加 VD-RC 钳位电路或 RC 缓冲电路，如图 2-23 所示。

（3）过电流的保护　当器件发生误导通或负载变化时，有可能使通过 P-MOSFET 的漏极电流超过漏极峰值电流 I_{DM}，出现这种情况时，应使器件迅速关断。一般采取电流互感器或其他电流检测控制电路切断器件回路。

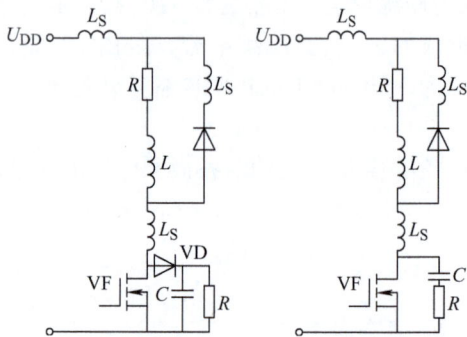

图 2-23　漏源过电压保护电路

此外，在器件使用中，应安装散热器，提供必需的冷却条件。还应注意消除寄生晶体管和二极管的影响，例如在桥式开关电路中，P- MOSFET 要并联二极管。

2. 静电保护

P- MOSFET 的栅极绝缘，但构成绝缘的氧化层很薄，在静电较强的场合，极易引起静电击穿，造成栅源短路；此外栅极和源极是通过金属化薄膜铝引出的，静电击穿电流极易将其熔断，造成栅极或源极开路。因此，对 P- MOSFET 的保管、安装、测试，应做到以下几点：

1）器件应存放在抗静电包装袋、金属容器或导电材料包装袋中，不能放在塑料袋或纸袋中。工作人员取用器件时，必须使用腕带良好接地，且应拿器件管壳，不要拿引线。

2）安装时，工作台和电烙铁应良好接地。

3）测试时，测量仪器和工作台要良好接地，器件的 3 个电极都必须接入测试仪器或电路，才能施加电压。改换测试时，电压和电流要先恢复到零。

2.6　绝缘栅双极型晶体管（IGBT）

绝缘栅双极型晶体管简称为 IGBT（Insulated Gate Bipolar Transistor），是 20 世纪 80 年代中期发展起来的一种新型复合器件。IGBT 综合了 MOSFET 和 GTR 的优点，具有输入阻抗高、工作速度快、通态电压低、阻断电压高及承受电流大的优点。

2.6.1　IGBT 的结构与基本工作原理

图 2-24a 为 IGBT 模块；图 2-24b 为 IGBT 的结构示意图，它是在 P-MOSFET 的基础上增加了一个 P^+ 层，形成 PN 结 J_1，并由此引出集电极 C，其他两个极分别为栅极 G 和发射极 E；图 2-24c 为其图形符号。

从结构示意图可见，IGBT 结构类似于以 GTR 为主导器件、MOSFET 为驱动器件的达林顿结构。其简化等效电路如图 2-24d 所示。

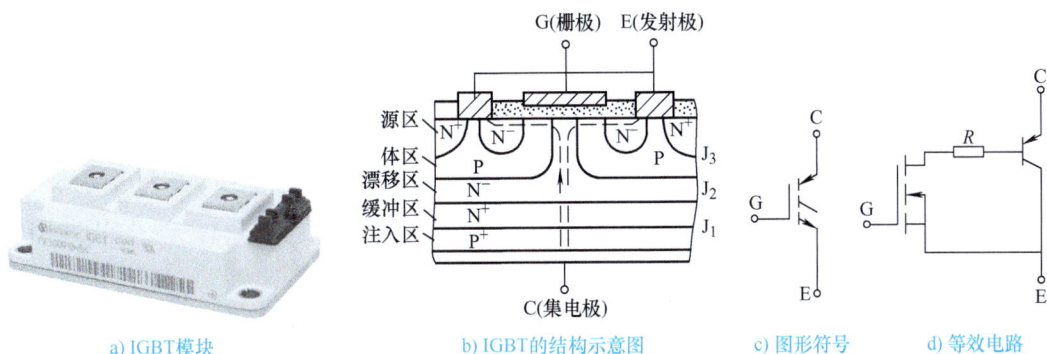

a) IGBT模块　　　　b) IGBT的结构示意图　　　c) 图形符号　　d) 等效电路

图 2-24　IGBT 结构示意图、图形符号和等效电路

IGBT 的开通和关断是由栅极电压来控制的。当栅极加正电压时，MOSFET 内形成沟道，IGBT 导通；当栅极加负电压时，MOSFET 内的沟道消失，IGBT 关断。

2.6.2　IGBT 的基本特性

IGBT 的静态特性包括传输特性和输出特性。

（1）传输特性　IGBT 的传输特性描述集电极电流 i_C 与栅射电压 u_{GE} 之间的相互关系，如图 2-25a 所示，它与电力 MOSFET 的转移特性相似。

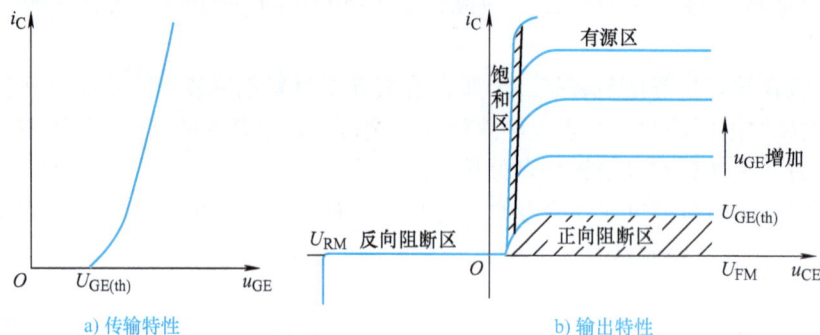

a) 传输特性　　　　　　　　　　b) 输出特性

图 2-25　IGBT 的静态特性

当 u_{GE} 小于开启电压 $U_{GE(th)}$ 时，IGBT 处于关断状态；当 u_{GE} 大于开启电压 $U_{GE(th)}$ 时，IGBT 开始导通，i_C 与 u_{GE} 基本呈线性关系。

加于栅射极之间的最佳工作电压 u_{GE} 可取 15V 左右。$U_{GE(th)}$ 是 IGBT 实现电导调制（即 P^+ 区向 N^- 区注入少数载流子）导通的最低栅射电压，它随温度升高而略有下降，温度每升高 1℃，其值下降 5mV 左右。在温度为 +25℃ 时，IGBT 的开启电压 $U_{GE(th)}$ =（2 ~ 6）V。

（2）输出特性　IGBT 的输出特性描述以栅射电压 u_{GE} 为控制变量时，集电极电流 i_C 与集射电压 u_{CE} 之间的相互关系，如图 2-25b 所示。它与 GTR 的输出特性相似，不同的是控制变量：IGBT 为栅射电压 u_{GE}；GTR 为基极电流 i_B。

IGBT 的正向输出特性可分为三个区域：正向阻断区、有源区、饱和区。当 $u_{CE} < 0$ 时，IGBT 处于反向阻断工作状态，参照结构图 2-24b 知，P^+N 结处于反偏，无集电极电流出现。IGBT 较 VMOSFET 多了一个 J_1 结而获得反向电压阻断能力，能够承受的最高反向阻断电压 U_{RM} 取决于 J_1 结的雪崩击穿电压。

当 $u_{CE} > 0$ 而 $u_{GE} < U_{GE(th)}$ 时，IGBT 处于正向阻断工作状态，J_2 结处于反偏，VMOSFET 的沟道体区内没有形成沟道，IGBT 只有很小的集电极漏电流 I_{CES} 流过。IGBT 能够承受的最高正向阻断电压 U_{FM} 取决于 J_2 的雪崩击穿电压。当 $u_{CE} > 0$ 且 $u_{GE} > U_{GE(th)}$ 时，VMOSFET 的沟道体区内形成导电沟道，IGBT 进入正向导通状态。随 u_{GE} 的升高，向 N 基区提供电子的导电沟道加宽，集电极电流 i_C 增大。在正向导通的大部分区域内，i_C 与 u_{GE} 呈线性关系，而与 u_{CE} 无关，这部分区域即为有源区（线性区）。IGBT 的这种工作状态称为有源工作状态或线性工作状态。以开关状态工作的 IGBT 同样要避开此区，否则功耗将会很大。饱和区指输出特性明显比较弯曲的部分，此时 i_C 与 u_{GE} 不再呈线性关系。

与 P-MOSFET 相比，IGBT 的通态压降小得多，1000V 的 IGBT 约有 2 ~ 5V 的通态压降，这是因为 IGBT 中的 N^- 漂移区存在电导调制效应的缘故。

2.6.3　IGBT 的主要参数

（1）集电极-发射极击穿电压 U_{CES}　这个电压值是厂家根据器件的雪崩击穿电压而规定的，是栅极发射极间短路时 IGBT 所能承受的电压值，即 U_{CES} 值小于等于雪崩击穿电压。

（2）栅极-发射极击穿电压 U_{GES}　IGBT 是电压控制器件，靠加到栅极的电压信号控制 IGBT 的开通和关断，而 U_{GES} 就是栅极控制信号的额定电压值。目前，IGBT 的 U_{GES} 值大部分为 +20V，使用中不能超过该值。

（3）集电极额定最大直流电流 I_C　该参数给出了 IGBT 在导通时能流过管子的持续最大电流。

（4）集电极-发射极间的饱和压降 $U_{CE(sat)}$　该参数给出 IGBT 在正常饱和导通时集电极发射极之间的电压降。

（5）开关频率　在 IGBT 的使用手册中，开关频率是以导通时间 t_{on}、下降时间 t_f 和关断时间 t_{off} 给出的，据此可估计出 IGBT 的开关频率。一般，IGBT 的实际工作频率都在 100kHz 以下，可达 30~40kHz，即使这样，它的开关频率、动作速度也比 GTR 快得多。

2.6.4　IGBT 的驱动电路

栅极驱动电路要满足以下要求：

1）IGBT 与 MOSFET 都是电压驱动，都具有一个 2.5~5V 的阈值电压，有一个容性输入阻抗。因此 IGBT 对栅极电荷非常敏感，故驱动电路必须很可靠；要保证有一个低阻抗值的放电回路，即驱动电路与 IGBT 的连线要尽量短。

2）用内阻小的驱动源对栅极电容充放电，以保证栅极控制电压有足够陡的前后沿，使 IGBT 的开关损耗尽量小。IGBT 导通后，栅极驱动源能提供足够的功率。

3）驱动电路要能传递几十千赫兹的脉冲信号。

4）驱动电平 $+u_{GE}$ 的选择必须综合考虑。在有短路过程的设备中，由于负载短路时 i_C 会增大，则 IGBT 能承受短路电流的时间会减少，对其安全不利，因此 u_{GE} 应取得小一些，一般为 12~15V。

5）在关断过程中，为尽快抽取 PNP 管的存储电荷，应施加一负偏压 u_{GE}，但其受 IGBT 栅射极之间的最大反向电压限制，一般取 −10 ~ −1V。

6）在大电感负载下，IGBT 的开关时间不能太短，以限制 di/dt 所形成的尖峰电压，确保 IGBT 的安全。

7）由于 IGBT 在电力电子设备中多用于高压场合，故驱动电路与控制电路在电位上应严格隔离。

8）IGBT 的栅极驱动电路应简单实用，其自身带有对 IGBT 的保护功能，有较强的抗干扰能力。

另外，对具有短路保护功能的驱动电路应注意：

1）正常导通时，$U_{GE} > (1.5~2.5)U_{GE(th)}$，以降低饱和压降 $U_{GE(s)}$ 和运行结温；关断时加 −10 ~ −5V 负偏压，以防止关断瞬间因 du/dt 过高：引起擎住现象，造成误导通，并提高抗干扰能力。

2）出现短路或瞬时大幅值电流时立即将 U_{GE} 由 15V 降至 10V，使允许短路的时间由 5μs 增加到 15μs；瞬时过电流结束时随即自动使 U_{GE} 由 10V 恢复到 15V。

3）如故障电流为持续过电流，应在降栅压后 6 ~ 12μs，使 U_{GE} 由 10V 经 2 ~ 5μs 时间软关断下降至低于 $U_{GE(th)}$。

2.7   集成门极换流晶闸管（IGCT）

集成门极换流晶闸管简称为 IGCT（Integrated Gate Commutated Thyristor），是一种大功率半导体开关器件，该器件是将门极驱动电路与门极换流晶闸管（GCT）集成于一个整体形成的。目前，IGCT 的最高阻断电压为 6kV，工作电流为 4kA。

2.7.1   IGCT 的结构与工作原理

1. IGCT 的结构

图 2-26a 所示为门极关断（GTO）晶闸管结构，图 2-26b 所示左侧为门极换流晶闸管（GCT），右侧是与 GCT 反向并联的二极管。图 2-27 所示为 IGCT 的符号。GCT 是基于 GTO 晶闸管结构的一种新型电力半导体器件，IGCT 内部由上千个 GCT 组成，阳极和门极共用，阴极并联在一起。GCT 与 GTO 晶闸管的差别是在阳极内侧多了缓冲层，由透明（可穿透）阳极代替 GTO 晶闸管的短路阳极。

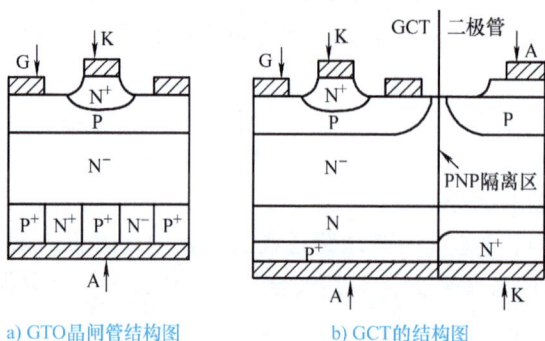

图 2-26   GTO 晶闸管、GCT 的结构图   图 2-27   IGCT 的符号

2. IGCT 的工作原理

IGCT 的导通原理与 GTO 晶闸管完全一样，但关断原理与 GTO 晶闸管完全不同。在 GCT 的关断过程中，GCT 能瞬间从导通转到阻断状态，变成一个 PNP 型晶体管以后再关断，所以它不受外加电压变化率 du/dt 的限制；而 GTO 晶闸管则必须经过一个既非导通又非关断的中间不稳定状态进行转换，所以 GTO 晶闸管需要很大的吸收电路来抑制外加电压变化率 du/dt。阻断状态下 GCT 的等效电路可认为是一个基极开路、低增益 PNP 型晶体管与门极电源的串联电路。

2.7.2   IGCT 的特点

（1）缓冲层   GCT 采用了缓冲层，用较薄的硅片可达到相同的阻断电压，提高了器件的效率，降低了通态压降和开关损耗。同时，采用缓冲层还使单片 GCT 与二极管的组合成为可能。

（2）透明阳极　为了降低关断损耗，需要对阳极晶体管的增益加以限制，因而要求阳极的厚度要薄，浓度要低。透明阳极是一个很薄的 PN 结，其发射效率与电流有关。因为电子穿透该阳极时就像阳极被短路一样，因此称为透明阳极。传统的 GTO 晶闸管采用阳极短路结构来达到相同目的。采用透明阳极代替阳极短路，可使 GCT 的触发电流比传统无缓冲层的 GTO 晶闸管降低一个数量级。

（3）逆导技术　GCT 大多制成逆导型，它可与优化续流二极管 FWD 单片集成在同一芯片上。由于二极管和 GCT 享有同一个阻断结，GCT 的 P 基区与二极管的阳极相连，这样在 GCT 门极和二极管阳极间形成电阻性通道。逆导 GCT 与二极管隔离区中因为有 PNP 结构，其中总有一个 PN 结反偏，从而阻断了 GCT 与二极管阳极间的电流流通。

（4）门极驱动技术　IGCT 触发功率小，可以把触发及状态监视电路和 IGCT 管芯做成一个整体，通过两根光纤输入触发信号，输出工作状态信号。器件工作原理如图 2-28 所示。

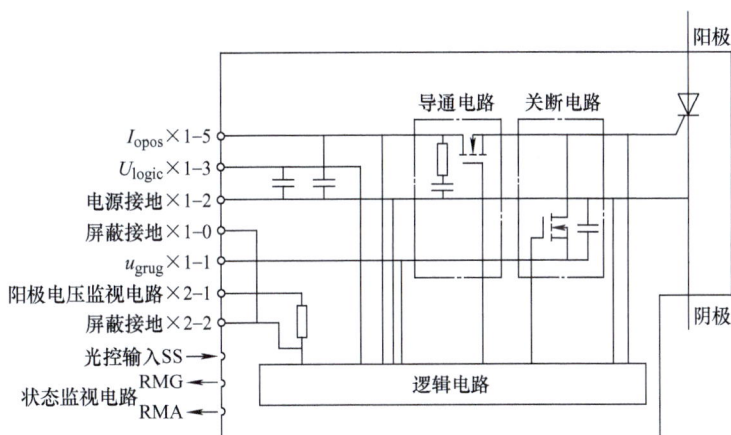

图 2-28　IGCT 的器件原理图

GCT 与门极驱动器相距很近（间距为 15cm），该门极驱动器可以非常容易地装入不同的装置中，因此可认为该结构是一种通用型式，如图 2-29a 所示。为了使 IGCT 的结构更加紧凑和坚固，用门极驱动电路包围 GCT，并与 GCT 和冷却装置形成一个自然整体，称为环绕型 IGCT，如图 2-29b 所示，其中包括 GCT 门极驱动电路所需的全部元器件。这两种形式都可使门极电路的电感进一步减小，并降低了门极驱动电路的元器件数、

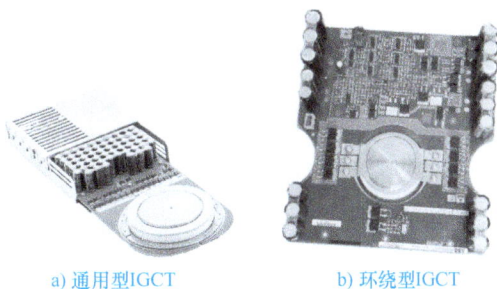

a) 通用型IGCT　　　b) 环绕型IGCT

图 2-29　IGCT 外形图

热耗散、电应力和内部热应力，从而明显降低了门极驱动电路的成本和失效率。所以说，IGCT 在实现最低成本和功耗的前提下有最佳的性能。另外，IGCT 开关过程一致性好，可以方便地实现串、并联，进一步扩大功率范围。

2.7.3 IGCT 变频器

低压变频器和高压变频器中都广泛采用 IGBT。IGBT 具有快速的开关性能，但在高压变频中其导电损耗大，而且需要许多 IGBT 串联在一起。元器件总体数量增加使变频器可靠性降低、柜体尺寸增大、成本提高。因此高电压、大电流变频调速器现在普遍使用 IGCT，从而达到快速、均衡换流和低损耗，降低了成本，提高了可靠性。例如，一台 4.16kV 的变频器，逆变器中需要 24 个高电压 IGBT，如使用低电压 IGBT，则需要 60 个，而同类型变频器若采用 IGCT，则只需要 12 个。

尽管 IGCT 变频器不需要限制 $\mathrm{d}u/\mathrm{d}t$ 的缓冲电路，但是 IGCT 本身不能控制 $\mathrm{d}i/\mathrm{d}t$（这是 IGCT 的主要缺点），所以为了限制短路电流上升率，在实际电路中常串入适当的电抗，如图 2-30 所示。

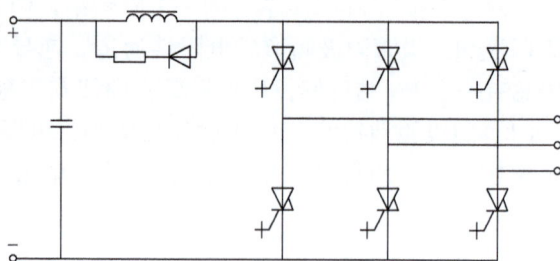

图 2-30　由 IGCT 组成的逆变器电路

2.8　智能功率模块（IPM）

智能功率模块简称为 IPM（Intelligent Power Module），是集成电路 PIC（Power Integrated Circuits）的一种。它将高速度、低功耗的 IGBT，与栅极驱动器和保护电路一体化，因而具有智能化、多功能、高可靠、速度快及功耗小等特点。由于高度集成化使模块结构十分紧凑，避免了由于分布参数、保护延迟等带来的一系列技术难题。IPM 的智能化表现为可以实现控制、保护及接口三大功能，构成混合式电力集成电路。

2.8.1　IPM 的结构

图 2-31 所示为 IPM 内部基本结构图。

其中，包括用于电动机制动的功率控制电路和三相逆变器各桥臂的驱动电路，还具备欠电压、过电流、桥臂短路及过热等保护功能。实际使用时仅需提供各桥臂对应 IGBT 的驱动电源和相应的开关控制信号即可，方便了系统设计，并使系统的可靠性大大提高。有的 IPM 不包括电动机制动的功率控制电路单元，如 PM75CSA120。IPM 使用时只需驱动电源和开关控制信号，驱动电源的典型电压值为 15V。由于功率元件采用 IGBT，每一内含 IGBT 单元的驱动功率约为 0.25W，故总驱动功耗小于 2W，驱动电源还为保护电路供电。考虑到 IPM 的高频开关工作能力，开关控制信号的传输隔离电路应具有尽可能短的传输延迟时间，以提高驱动电路参数的一致性。因此，IPM 驱动控制的基本要求是：提供 15V 稳定的驱动电源（模块要求 12.5～16.5V 之间）和开关控制信号，并具有良好的电气隔离性能。信号传输延迟时间尽可能短，不应超过 0.5μs，提供低电平控制相应 IGBT 导通，高电平控制关断。驱动电路简单、体积小、成本低。

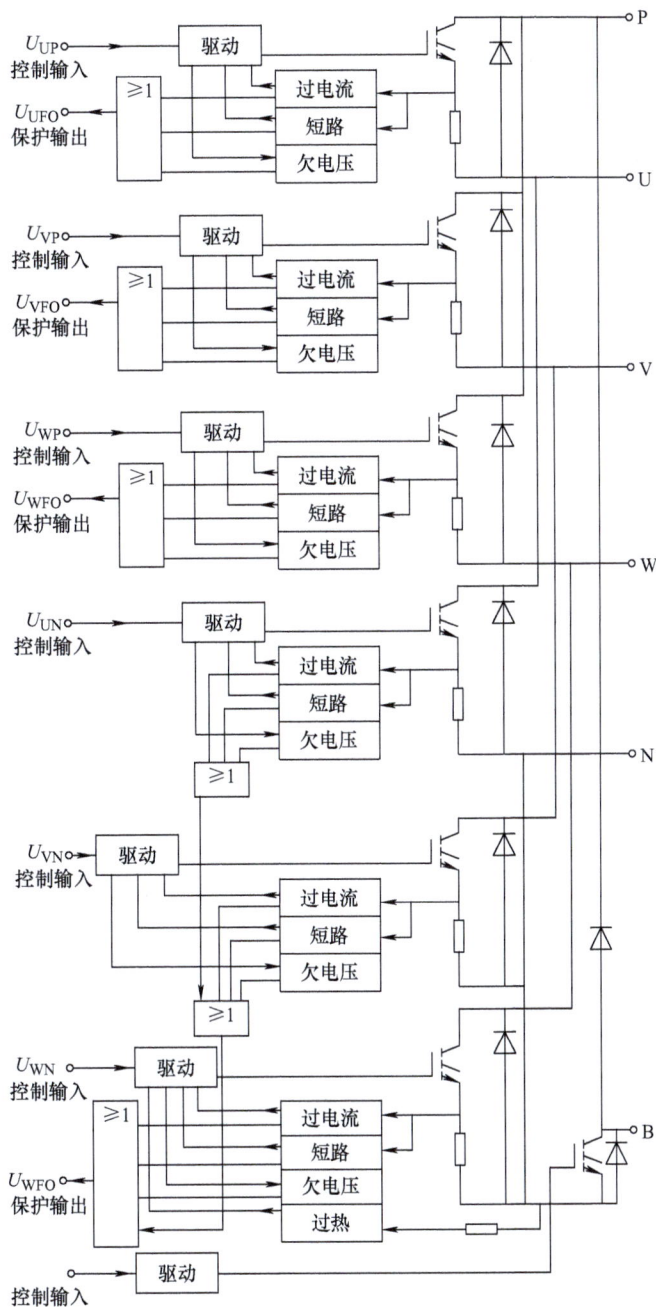

图 2-31　IPM 内部基本结构图

2.8.2　IPM 的主要特点

　　IPM 内含驱动电路，可以按最佳的 IGBT 驱动条件进行设定；IPM 内含过电流（OC）保护、短路（SC）保护，使检测功耗小、灵敏、准确；IPM 内含欠电压（UV）保护，当控制电源电压小于规定值时进行保护；IPM 内含过热（OH）保护，可以防止 IGBT 和续流二极管过热，在 IGBT 内部的绝缘基板上设有温度检测元件，结温过高时即输出报警（ALM）信号，该信号送给变频器的单片机，使系统显示故障信息并停止工作。IPM 还内含制动电路，用户如有制动要求可另购选件，在外电路规定端子上接制动电阻，即可实现制动。

2.8.3　IPM 选择的注意事项

（1）采用光电耦合器　由于 IPM 驱动电路要求信号传输延迟时间不应超过 $0.5\mu s$，因而器件只能采用快速光电耦合器，可选用逻辑门光电耦合器 6N137。该器件工作于 TTL 电平，而 IPM 模块的开关逻辑信号为 15V，因此，还需设计一个电平转换电路。

（2）采用双脉冲变压器　对于 20kHz 的 PWM 开关控制信号，可采用脉冲变压器直接传送，但注意存在磁心体积较大和开关占空比范围受限制的问题。对于 20kHz 的开关信号，也可采用 4MHz 高频调制的方法来实现 PWM 信号的传送。

本　章　小　结

功率二极管的结构是一个 PN 结，加正向电压导通，加反向电压截止，是不可控的单向导通器件。

普通晶闸管是双极型电流控制器件。当对晶闸管的阳极和阴极两端加正向电压，同时在它的门极和阴极两端也加适当正向电压时，晶闸管导通。但导通后门极失去控制作用，不能用门极控制晶闸管关断，所以它是半控器件。

GTO 晶闸管的导通控制与晶闸管一样，但门极加负电压可使 GTO 晶体管关断，它是全控器件。

GTR 是双极型全控器件，工作原理与普通中小功率晶体管相似，但主要工作在开关状态，不用于信号放大，它承受的电压和电流数值大。

功率场效应晶体管（P-MOSFET）是单极型全控器件，属于电压控制，驱动功率小。

绝缘栅双极型晶体管（IGBT）是复合型全控器件，具有输入阻抗高、工作速度快、通态电压低、阻断电压高及承受电流大等优点，是功率开关电源和逆变器的理想功率器件。

IGCT 是将门极驱动电路与门极换流晶闸管（GCT）集成于一个整体形成的，是较理想的兆瓦级、中压开关器件，非常适合用于 6kV 和 10kV 的中压开关电路。

智能功率模块（IPM）是将高速度、低功耗的 IGBT，与栅极驱动器和保护电路一体化，IPM 具有智能化、多功能、高可靠、速度快和功耗小等特点。

习　题　2

1. 晶闸管的导通条件是什么？关断条件是什么？
2. 说明 GTO 晶闸管的开通和关断原理。与普通晶闸管相比较有何不同？
3. GTO 晶闸管有哪些主要参数？其中哪些参数与普通晶闸管相同？哪些不同？
4. GTO 晶闸管为什么要设置缓冲电路？说明缓冲电路的工作原理。
5. GTR 的应用特点和选择方法是什么？
6. P-MOSFET 的应用特点和选择方法是什么？
7. 说明 IGBT 的结构组成特点。
8. IGBT 的应用特点和选择方法是什么？
9. IGCT 的特点是什么？
10. 智能功率模块（IPM）的应用特点有哪些？

第3章
交-直-交变频技术

知识目标

1. 理解交-直-交变频器的主电路结构，包括整流电路、中间电路和逆变电路的功能与组成。

2. 掌握整流电路的工作原理，区分不可控整流电路和可控整流电路的特点与应用场景。

3. 理解中间电路中滤波电路与制动电路的作用及其工作原理，熟悉电压型逆变器和电流型逆变器的定义与区别。

4. 掌握逆变电路的基本功能及其通过 SPWM 控制方式实现直流到交流变换的原理。

能力目标

1. 能够分析交-直-交变频器主电路中各部分的功能及其对整体性能的影响。

2. 具备根据应用需求选择整流电路类型及优化滤波电路和制动电路的能力。

3. 能够设计并调整逆变电路的参数以满足频率和幅值调节的实际需求。

素质目标

1. 培养对电力电子技术及其应用的综合理解能力，提高解决实际问题的分析能力。

2. 提高对能量转换与电能高效利用的关注，增强节能环保意识。

3. 树立系统化思维，增强在复杂电路设计中协调各功能模块的能力。

现在使用的变频器绝大多数为交-直-交变频器，交-直-交变频器的主电路框图如图 3-1 所示。由图可见，主电路包括三个组成部分：整流电路、中间电路和逆变电路。

图 3-1　交-直-交变频器的主电路框图

3.1　整流电路

整流电路的功能是将交流电转换为直流电。整流电路按使用的器件不同分为两种类型，即不可控整流电路和可控整流电路。

3.1.1　不可控整流电路

不可控整流电路使用的器件为功率二极管，功率二极管通过其单向导电性将交流电转换为直流电。不可控整流电路根据输入交流电源相数的不同，可分为单相整流电路、三相整流电路和多相整流电路。其中，单相整流电路适用于低功率场合，多相整流电路常见于特定高功率应用，而三相整流电路因其高效率和较小的输出电压纹波，广泛应用于工业设备中，尤其是在变频器中占据核心地位。下面对变频器中应用最多的三相整流电路的工作原理加以说明。

图3-2所示为三相桥式整流电路，为分析电路工作原理方便，我们以电阻负载为例。

三相桥式整流电路共有6只整流二极管，其中VD$_1$、VD$_3$、VD$_5$ 3个管子的阴极连接在一起，称为共阴极组；VD$_2$、VD$_4$、VD$_6$ 3个管子的阳极连接在一起，称为共阳极组。

三相对称交流电源R、S、T的波形如图3-3所示，R、S、T接入电路后，共阴极组的哪只二极管阳极电位最高，哪只二极管就优先导通；共阳极组的哪只二极管阴极电位最低，哪只二极管就优先导通。同一个时间内只有2个二极管导通，即共阴极组的阳极电位最高的二极管和共阳极组的阴极电位最低的二极管构成导通回路，其余4个二极管承受反向电压而截止。在三相交流电压自然换相点换相导通。

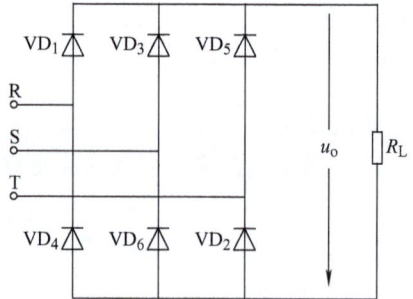

图3-2　三相桥式整流电路

把三相交流电压波形在一个周期内6等分，如图3-3a中 t_1、t_2、…、t_6 所示。在 $0 \sim t_1$ 期间，电压 $u_T > u_R > u_S$，因此电路中T点电位最高；S点电位最低，于是二极管VD$_5$、VD$_6$ 先导通，电流的通路是 T→VD$_5$→R_L→VD$_6$→S，忽略二极管正向压降，负载电阻 R_L 上得到电压 $u_o = u_{TS}$。二极管VD$_5$ 导通后，使VD$_1$、VD$_3$ 阴极电位为 u_T，而承受反向电压截止。同理，VD$_6$ 导通，二极管VD$_4$、VD$_2$ 也截止。

在自然换相点 t_1 稍后，电压 $u_R > u_T > u_S$，于是二极管VD$_5$ 与VD$_1$ 换相，VD$_5$ 截止，VD$_1$ 导通，VD$_6$ 仍旧导通，即在 $t_1 \sim t_2$ 期间，二极管VD$_6$、VD$_1$ 导通，其余截止，电流通路是 R→VD$_1$→R_L→VD$_6$→S，负载电阻 R_L 上的电压 $u_o = u_{RS}$。

在自然换相点 t_2 稍后，电压 $u_R > u_S > u_T$，即在 $t_2 \sim t_3$ 期间，二极管VD$_1$、VD$_2$ 导通，其余截止，电流通路是 R→VD$_1$→R_L→VD$_2$→T，负载电阻 R_L 上的电压 $u_o = u_{RT}$。

依此类推，得到电压波形如图3-3b所示。二极管导通顺序：（VD$_5$、VD$_6$）→（VD$_1$、VD$_6$）→（VD$_1$、

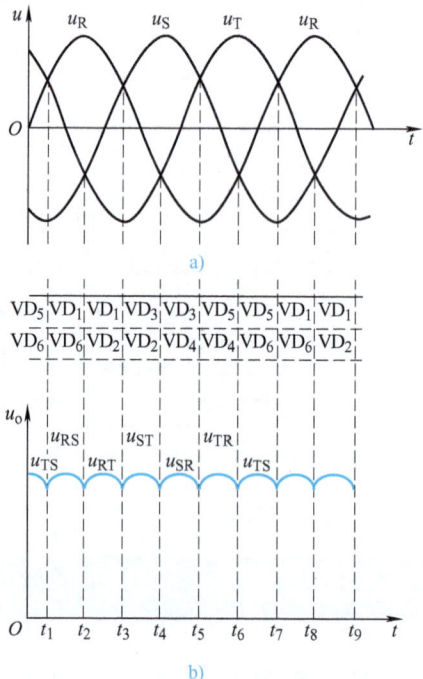

图3-3　三相桥式整流电路的电压波形

VD$_2$）→（VD$_2$、VD$_3$）→（VD$_3$、VD$_4$）→（VD$_4$、VD$_5$）→（VD$_5$、VD$_6$），共阴极组3个二极管VD$_1$、VD$_3$、VD$_5$ 在 t_1、t_3、t_5 换相导通；共阳极组3个二极管VD$_2$、VD$_4$、VD$_6$ 在 t_2、t_4、t_6 换相导通。一个周期内，每只二极管导通1/3周期，即导通角为120°，负载电阻 R_L 两端

电压 u_o 等于变压器二次绕组线电压的包络值，极性始终是上正下负。

通过计算可得到负载电阻 R_L 上的平均电压为

$$U_o = 2.34U_2 \tag{3-1}$$

式中，U_2 为相电压的有效值。

3.1.2　可控整流电路

将图 3-2 所示三相桥式整流电路中的二极管换为晶闸管，就成为三相桥式全控整流电路，如图 3-4 所示。

1. 电路工作原理

图 3-5 所示为三相桥式全控整流电路当 $\alpha = 0°$ 时的电压波形。由图 3-5 可见，三相交流电源电压 u_R、u_S、u_T 正半波的自然换相点为 1、3、5，负半波的自然换相点为 2、4、6。

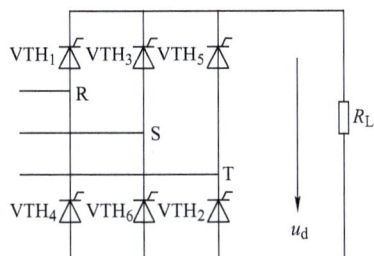

图 3-4　三相桥式全控整流电路

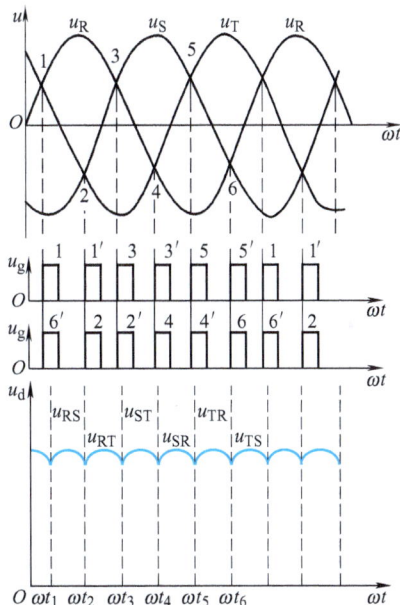

图 3-5　三相桥式全控整流电路电压波形

根据晶闸管的导通条件，当晶闸管阳极承受正向电压时，在它的门极和阴极两端也加正的触发电压，晶闸管才能导通。因此我们让触发电路先后向各自所控制的 6 个晶闸管的门极（对应自然换相点）输出触发脉冲，即在三相电源电压正半波的 1、3、5 点向共阴极组晶闸管 VTH_1、VTH_3、VTH_5 输出触发脉冲；在三相电源电压负半波的 2、4、6 点向共阳极组晶闸管 VTH_2、VTH_4、VTH_6 输出触发脉冲，负载上所得到的整流输出电压 u_d 波形为图 3-5 所示的由三相电源线电压 u_{RS}、u_{RT}、u_{ST}、u_{SR}、u_{TR} 和 u_{TS} 的正半波所组成的包络线，各线电压的交点处就是三相桥式全控整流电路 6 个晶闸管 $VTH_1 \sim VTH_6$ 的换相点，也就是晶闸管触发延迟角 α 的起始点。

在 $\omega t_1 \sim \omega t_2$ 区间，R 相电位最高，S 相电位最低，此时共阴极组的 VTH_1 和共阳极组的 VTH_6 同时被触发导通。电流由 R 相经 VTH_1 流向负载，又经 VTH_6 流入 S 相。假设共阴极组流过 R 相绕组电流为正，那么共阳极组流过 R 相绕组电流就应为负。在这区间 VTH_1 和 VTH_6 工作，所以整流输出电压为

$$u_d = u_R - u_S = u_{RS}$$

经 60° 后进入 $\omega t_2 \sim \omega t_3$ 区间，R 相电位仍然最高，所以 VTH_1 继续导通，但 T 相晶闸管 VTH_2 的阴极电位变为最低。在自然换相点 2 处，即 ωt_2 时刻，VTH_2 被触发导通，VTH_2 的导通使 VTH_6 承受 u_{SR} 反向电压而被迫关断。这一区间负载电流仍然从 R 相绕组流出，经 VTH_1、负载、VTH_2 回到 T 相绕组，这一区间的整流输出电压为

$$u_d = u_R - u_T = u_{RT}$$

又经 60° 后进入 $\omega t_3 \sim \omega t_4$ 区间，S 相电位变为最高，在 VTH_3 的自然换相点 3 处，即 ωt_3 时刻，VTH_3 被触发导通。T 相晶闸管 VTH_2 的阴极电位仍为最低，负载电流从 R 相绕组换到从 S 相绕组流出，经 VTH_3、负载、VTH_2 回到 T 相绕组。这一区间的整流输出电压为

$$u_d = u_S - u_T = u_{ST}$$

其他区间，依此类推，并遵循以下规律：

1）三相桥式全控整流电路任一时刻必须有 2 个晶闸管同时导通，才能形成负载电流，其中 1 个在共阳极组，另 1 个在共阴极组。

2）整流输出电压 u_d 波形是由电源线电压 u_{RS}、u_{RT}、u_{ST}、u_{SR}、u_{TR} 和 u_{TS} 的轮流输出所组成的。晶闸管的导通顺序为：（VTH_6、VTH_1）→（VTH_1、VTH_2）→（VTH_2、VTH_3）→（VTH_3、VTH_4）→（VTH_4、VTH_5）→（VTH_5、VTH_6）。

3）6 个晶闸管中每个导通 120°，每间隔 60° 有 1 个晶闸管换相。

2. 对触发脉冲的要求

为了保证整流桥在任何时刻共阴极组和共阳极组各有 1 个晶闸管同时导通，必须对应该导通的一对晶闸管同时给出触发脉冲，为此可采用以下两种触发方式：

1）采用单宽脉冲触发，使每 1 个触发脉冲的宽度大于 60° 而小于 120°，这样在相隔 60° 要换相时，即后 1 个脉冲出现的时刻，前 1 个脉冲还未消失，因此在任何换相点均能同时触发相邻的 2 个晶闸管。例如，在触发 VTH_2 时，由于 VTH_1 的触发脉冲还未消失，故 VTH_2 与 VTH_1 同时被触发导通。

2）采用双窄脉冲触发，如图 3-5 所示，在触发某 1 个晶闸管时，触发电路能同时给前 1 个晶闸管补发 1 个脉冲（称辅助脉冲）。例如：在送出 1 号脉冲触发 VTH_1 的同时，对 VTH_6 也送出 6′号辅助脉冲，这样 VTH_1 与 VTH_6 就能同时被触发导通；在送出 2 号脉冲触发 VTH_2 的同时，对 VTH_1 也送出 1′号辅助脉冲，这样 VTH_2 与 VTH_1 就能同时被触发导通。其余各个晶闸管依次被触发导通，保证任一时刻有 2 个晶闸管同时工作。双窄脉冲的触发电路虽然较复杂，但它可以减少触发电路的输出功率，缩小脉冲变压器的铁心体积，故这种触发方式用得较多。

3. 不同触发延迟角时电路的电压波形

假设三相全控桥带的是电阻负载，现在分析触发延迟角 $\alpha = 60°$ 时的电压波形。

电源相电压交点 1 为 VTH_1 的 α 起始点，经过 60° 后触发电路同时向 VTH_1 与 VTH_6 送出窄脉冲，于是 VTH_1 与 VTH_6 同时被触发导通，输出整流电压 $u_d = u_{RS}$。再经过 60° 后 u_{RS} 降

到零，但此时触发电路又立即同时触发 VTH_1 与 VTH_2 导通。VTH_2 的导通，使 VTH_6 受反向电压而关断。于是输出整流电压 $u_d = u_{RT}$ 波形。其余依次类推，如图 3-6 所示。

α 为其他角度时的电压波形请读者自行分析。

三相桥式可控整流电路所带负载为电感性时，输出电压平均值可用下式计算：

$$U_d = 2.34U_2\cos\alpha \tag{3-2}$$

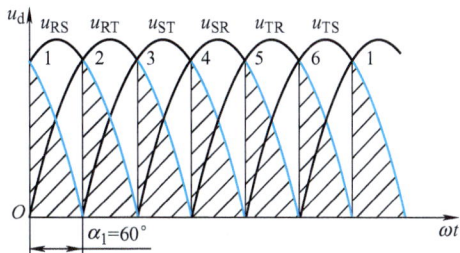

图 3-6　$\alpha = 60°$时的电压波形

3.2　中间电路

变频器的中间电路有滤波电路和制动电路等不同的形式。

3.2.1　滤波电路

虽然利用整流电路可以从电网的交流电源得到直流电压或直流电流，但这种电压或电流含有频率为电源频率 6 倍的纹波，如果将其直接供给逆变电路，则逆变后的交流电压、电流纹波很大。因此，必须对整流电路的输出进行滤波，以减少电压或电流的波动。这种电路称为滤波电路。

1. 电容滤波

通常用大容量电容对整流电路输出电压进行滤波。由于电容量比较大，一般采用电解电容。为了得到所需的耐压值和容量，往往需要根据变频器容量的要求，将电容进行串并联使用。

二极管整流器在电源接通时，电容中将流过较大的充电电流（亦称浪涌电流），有可能烧坏二极管，故必须采取相应措施。图 3-7 给出了几种抑制浪涌电流的方式。

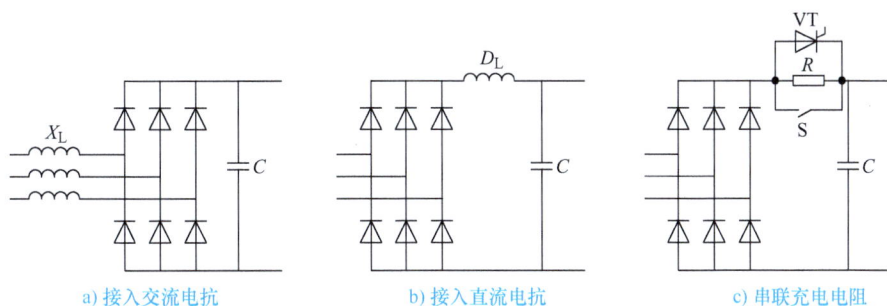

a) 接入交流电抗　　　　　b) 接入直流电抗　　　　　c) 串联充电电阻

图 3-7　抑制浪涌电流的方式

采用大电容滤波后再送给逆变器，这样可使加于负载上的电压值不受负载变动的影响，基本保持恒定。该变频器电源类似于电压源，因而称为电压型变频器。电压型变频器的电路框图如图 3-8 所示。

电压型变频器逆变电压波形为方波，而电流的波形经电动机绕组感性负载滤波后接近于正弦波，如图 3-9 所示。

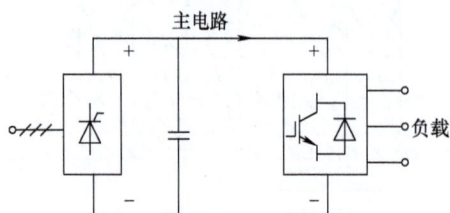

图 3-8　电压型变频器的电路框图

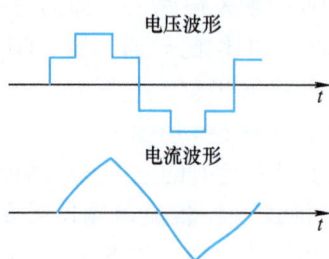

图 3-9　电压型变频器的电压和电流波形

2. 电感滤波

采用大容量电感对整流电路输出电流进行滤波，称为电感滤波。由于经电感滤波后加于逆变器的电流值稳定不变，所以输出电流基本不受负载的影响，电源外特性类似电流源，因而称为电流型变频器。

图 3-10 所示为电流型变频器的电路框图。

电流型变频器逆变电流波形为方波，而电压的波形经电动机绕组感性负载滤波后接近于正弦波，如图 3-11 所示。

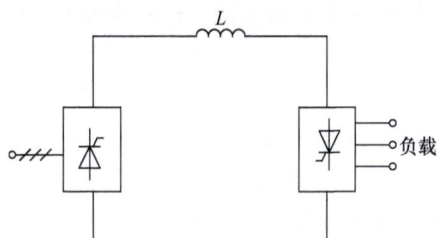

图 3-10　电流型变频器的电路框图

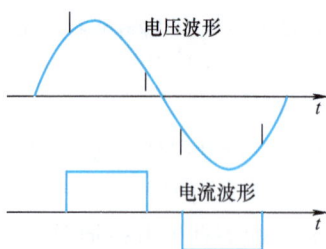

图 3-11　电流型变频器输出电压及电流波形

3.2.2　制动电路

利用设置在直流回路中的制动电阻吸收电动机的再生电能的方式称为动力制动或再生制动。制动电路可由制动电阻或动力制动单元构成，图 3-12 为制动电路的原理图。制动电路介于整流器和逆变器之间，图中的制动单元包括晶体管 VT_B、二极管 VD_B 和制动电阻 R_B。如果回馈能量较大或要求强制动，则还可以选用接于 H、G 两点上的外接制动电阻 R_{EB}。当电动机制动时，能量经逆变器回馈到直流侧，使直流侧滤波电容上的电压升高，当该值超过设定值时，即自动给 VT_B 基极施加信号，使之导通，将 R_B（R_{EB}）与电容并联，则存储于电容中的再生能量可经 R_B（R_{EB}）消耗掉。已选购动力制动单元的变频器，可

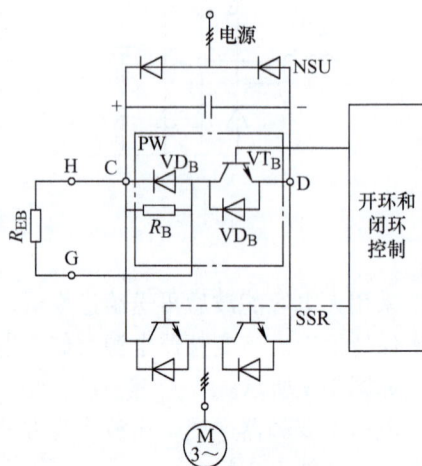

图 3-12　制动电路的原理图

以通过特定功能码进行设定。大多数变频器的软件中预置了这类功能。此外，图 3-12 中的 VT_B、VD_B，一般设置在变频器箱体内。新型 IPM 甚至将制动用 IGBT 集成在其中。制动电阻一般设置在柜外，无论是动力制动单元还是制动电阻，在订货时均需向厂家特别说明，它们是作为选购件提供给用户的。

还有一种直流制动方式，即异步电动机定子加直流的情况下，转动着的转子产生制动力矩，使电动机迅速停止。这种方式在变频调速中也有应用，在相关资料中称为"DC 制动"，即由变频器输出直流的制动方式。当变频器向异步电动机的定子通直流电时（逆变器某几个器件连续导通），异步电动机便进入能耗制动状态。此时变频器的输出频率为零，异步电动机的定子产生静止的恒幅磁场，转动着的转子切割该磁场产生制动转矩。电动机存储的动能转换成电能消耗于异步电动机的转子电路中。直流制动方式主要用于：需要准确停车的控制；也常用于制止起动前电动机由外因引起的不规则自由旋转，如风机，由于风筒中的风压作用而自由旋转，甚至可能反转，起动时可能会产生过电流故障。

3.3 逆变电路

3.3.1 逆变电路的工作原理

逆变电路也简称为逆变器。图 3-13a 所示为单相桥式逆变电路，4 个桥臂由开关构成，输入为直流电压 E，负载为电阻 R。当将开关 S_1、S_4 闭合，S_2、S_3 断开时，电阻上得到左正右负的电压；间隔一段时间后将开关 S_1、S_4 打开，S_2、S_3 闭合，电阻上得到右正左负的电压。我们以频率 f 交替切换 S_1、S_4 和 S_2、S_3，在电阻上就可以得到图 3-13b 所示的电压波形。显然这是一种交变的电压，随着电压的变化，电流也从一个支路转移到另外一个支路，通常将这一过程称为换相。

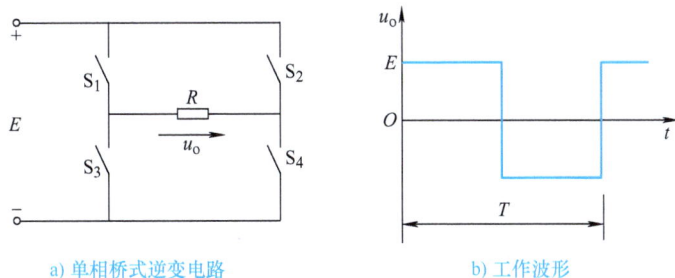

a) 单相桥式逆变电路   b) 工作波形

图 3-13 单相桥式逆变电路及其工作波形

在实际应用中，图 3-13a 电路中的开关是各种电力电子器件。逆变电路常用的开关器件有：普通型和快速型晶闸管、门极关断（GTO）晶闸管、电力晶体管（GTR）、功率 MOS 场效应晶体管（P-MOSFET）、绝缘栅双极型晶体管（IGBT）等。普通型和快速型晶闸管作为逆变电路的开关器件时，因其阳极与阴极两端加有正向直流电压，只要在它的门极加正的触发电压，晶闸管就可以导通。但晶闸管导通后门极就失去控制作用，要让它关断就困难了，故必须设置关断电路。如用全控器件，可以在器件的门极（或称为栅极、基极）加控制信号使其导通和关断，换相控制自然就简单多了。

3.3.2　逆变电路的基本形式

1. 半桥逆变电路

图3-14a为半桥逆变电路原理图，直流电压 U_d 加在2个串联的容量足够大的相同电容的两端，并使2个电容的连接点为直流电源的中点，即每个电容上的电压为 $U_d/2$。由2个导电臂交替工作使负载得到交变电压和电流，每个导电臂由1个电力晶体管与1个反并联二极管所组成。

电路工作时，2个电力晶体管 VT$_1$、VT$_2$ 基极加交替正偏和反偏的信号，两者互补导通与截止。若电路负载为感性，其工作波形如图3-14b所示，输出电压为矩形波，幅值为 $U_m = U_d/2$。负载电流 i_o 波形与负载阻抗角有关。设 t_2 时刻之前 VT$_1$ 导通，电容 C_1 两端的电压通过导通的 VT$_1$ 加到负载上，极性为右正左负，

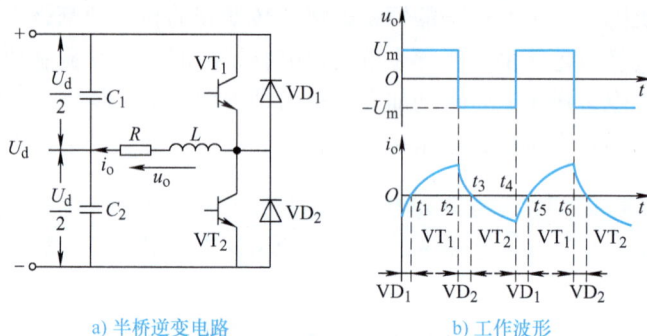

a) 半桥逆变电路　　　　b) 工作波形

图3-14　半桥逆变电路及其工作波形

负载电流 i_o 由右向左。t_2 时刻给 VT$_1$ 加关断信号，给 VT$_2$ 加导通信号，则 VT$_1$ 关断，但感性负载中的电流 i_o 方向不能突变，于是 VD$_2$ 导通续流，电容 C_2 两端电压通过导通的 VD$_2$ 加在负载两端，极性为左正右负。当 t_3 时刻 i_o 降至零时，VD$_2$ 截止，VT$_2$ 导通，i_o 开始反向。同样在 t_4 时刻给 VT$_2$ 加关断信号，给 VT$_1$ 加导通信号后，VT$_2$ 关断，i_o 方向不能突变，由 VD$_1$ 导通续流。t_5 时刻 i_o 降至零时，VD$_1$ 截止，VT$_1$ 导通，i_o 开始反向。

由以上分析可知，当 VT$_1$ 或 VT$_2$ 导通时，负载电流与电压同方向，直流侧向负载提供能量；而当 VD$_1$ 或 VD$_2$ 导通时，负载电流与电压反方向，负载中电感的能量向直流侧反馈，反馈回的能量暂时储存在直流侧电容器中，电容器起缓冲作用。由于二极管 VD$_1$、VD$_2$ 是负载向直流侧反馈能量的通道，故称反馈二极管；同时 VD$_1$、VD$_2$ 也起着使负载电流连续的作用，因此又称为续流二极管。

2. 全桥逆变电路

全桥逆变电路可看作2个半桥逆变电路的组合，其原理图如图3-15a所示。直流电压 U_d 接有大电容 C，使电源电压稳定。电路中有4个桥臂，桥臂1、4和桥臂2、3组成两对。工作时，设 t_2 时刻之前 VT$_1$、VT$_4$ 导通，负载上的电压极性为左正右负，负载电流 i_o 由左向右。t_2 时刻给 VT$_1$、VT$_4$ 加关断信号，给 VT$_2$、VT$_3$ 加导通信号，则 VT$_1$、VT$_4$ 关断，但感性负载中的电流 i_o 方向不能突变，于是 VD$_2$、VD$_3$ 导通续流，负载两端电压的极性为右正左负。当 t_3 时刻 i_o 降至零时，VD$_2$、VD$_3$ 截止，VT$_2$、VT$_3$ 导通，i_o 开始反向。同样在 t_4 时刻给 VT$_2$、VT$_3$ 加关断信号，给 VT$_1$、VT$_4$ 加导通信号后，VT$_2$、VT$_3$ 关断，i_o 方向不能突变，由 VD$_1$、VD$_4$ 导通续流。t_5 时刻 i_o 降至零时，VD$_1$、VD$_4$ 截止，VT$_1$、VT$_4$ 导通，i_o 开始反向，如此反复循环，两对交替各导通180°。其输出电压 u_o 和负载电流 i_o 如图3-15b所示。

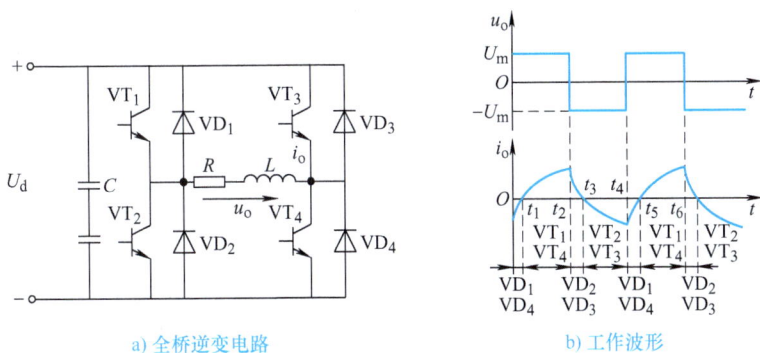

a) 全桥逆变电路   b) 工作波形

图 3-15 全桥逆变电路及其工作波形

经数学分析或实际测试，均可得出基波幅值 U_{o1m} 和基波有效值 U_{o1} 分别为

$$U_{o1m} = 1.27 U_d \tag{3-3}$$

$$U_{o1} = 0.9 U_d \tag{3-4}$$

3.4 SPWM 控制技术

3.4.1 概述

在异步电动机恒转矩变频调速系统中，随着变频器输出频率的变化，必须同步调节其输出电压，以确保电动机在不同频率下维持恒定的电磁转矩。此外，即使在变频器输出频率不变的情况下，为了补偿电网电压波动或负载变化所导致的输出电压不稳定，也需要适当调整输出电压。实现调压和调频的方法有多种，但通常根据变频器的输出电压和频率的控制方式不同，分为 PAM 和 PWM 两种主要方法。

脉幅调制型变频（Pulse Amplitude Modulation，PAM），是一种改变电压源 U_d 或电流源 I_d 的幅值，进行输出控制的方式。在这种方式中，逆变器部分主要负责控制频率，而整流电路和中间直流环节则负责调节输出电压或电流。然而，由于 PAM 方法在效率、谐波含量和电压利用率等方面存在一些固有缺陷，目前在变频器中已较少使用。

脉宽调制型变频（Pulse Width Modulation，PWM），通过改变输出电压的脉冲宽度实现调压，同时通过调整调制周期来控制输出频率。这种方法因其较高的效率和精确的控制性能，被广泛应用于现代变频器中。脉宽调制的方法多种多样：按照调制脉冲的极性，可分为单极性调制和双极性调制；根据载波信号与参考信号频率的关系，可分为同步调制和异步调制。PWM 技术有效地改善了变频器的动态响应性能，并显著降低了谐波损耗，成为目前变频器的主流控制技术。

3.4.2 SPWM 控制的基本原理

全控型电力电子器件的出现，使得性能优越的脉宽调制变频电路应用日益广泛。这种电路的特点主要是：可以得到相当接近正弦波的输出电压和电流，所以也称为正弦波脉宽调制

（Sinusoidal PWM，SPWM）。SPWM 控制方式就是对逆变电路开关器件的通断进行控制，使输出端得到一系列幅值相等而宽度不等的脉冲，用这些脉冲来代替正弦波所需要的波形。按一定的规则对各脉冲的宽度进行调制，既可改变逆变电路输出电压的大小，也可改变输出频率。

采样控制理论有这样一个结论：冲量相等而形状不同的窄脉冲加在具有惯性的环节上时，其效果基本相同。冲量即指窄脉冲的面积，效果基本相同是指环节的输出响应波形基本相同。这意味着，尽管脉冲的形状各异，但在惯性系统中产生的输出响应波形几乎一致。因此，SPWM 技术能够有效利用这一理论，通过调整脉冲宽度精确模拟正弦波形，同时保持系统的动态响应稳定性。这种技术的高效性和灵活性，使其成为现代电力电子变换器中的主流控制方法。例如图 3-16 所示的三种窄脉冲，形状不同，但面积相同（假如都等于 1）。当它们分别加在同一个惯性环节上时，其输出响应基本相同。且脉冲越窄，其输出差异越小。

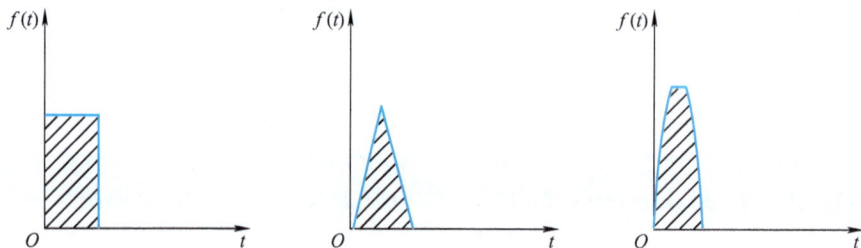

图 3-16 冲量相等形状不同的三种窄脉冲

根据上述理论，分析正弦波如何用一系列等幅不等宽的脉冲来代替。图 3-17a 所示是将一个正弦半波分成 n 等份，每一份可看作一个脉冲，很显然这些脉冲宽度相等，都等于 π/n，但幅值不等，脉冲顶部为曲线，各脉冲幅值按正弦规律变化。若把上述脉冲序列用同样数量的等幅不等宽的矩形脉冲序列代替，并使矩形脉冲的中点和相应正弦等分脉冲的中点重合，且使二者的面积（冲量）相等，就可以得到图 3-17b 所示的脉冲序列，即 PWM 波形。可以看出，各脉冲的宽度是按正弦规律变化的。根据冲量相等效果相同的原理，PWM 波形和正弦半波是等效的。用同样的方法，也可以得到正弦负半周的 PWM 波形。完整的正弦波形用等效的 PWM 波形表示，称为 SPWM 波形。

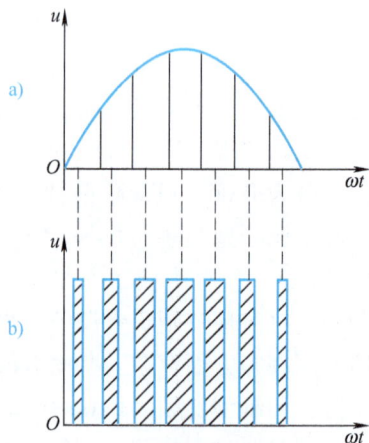

图 3-17 PWM 控制的
基本原理示意图

因此，在给出了正弦波频率、幅值和半个周期内的脉冲数后，就可以准确地计算出 SPWM 波形各脉冲宽度和间隔。按照计算结果控制电路中各开关器件的通断，就可以得到所需要的 SPWM 波形。但这种计算非常繁琐，而且当正弦波的频率、幅值等变化时，结果还要变化。较为实用的方法是采用载波，即把希望的波形作为调制信号，把接受调制的信号作为载波，通过对载波的调制得到所期望的 PWM 波形。通常采用等腰三角波作为载波，因为等腰三角波上下宽度与高度成线性关系，且左右对称，当它与任何一个平缓变化的调制信号波相交时，如在交点时刻控制电路中开关器件的通断，就可以得到宽度正比于信号波幅值的脉冲，这正好符合 PWM 控制的要求。当调制信号波为正弦波时，所得到的就是 SPWM 波形。

图 3-18 为单相桥式 PWM 逆变电路，负载为电感性，功率晶体管作为开关器件，对功率晶体管的控制方法为：在正半周期，让晶体管 VT_2、VT_3 一直处于截止状态，而让 VT_1 一直保持导通，晶体管 VT_4 交替通断。当 VT_1 和 VT_4 都导通时，负载上所加的电压为直流电源电压 U_d。当 VT_1 导通而使 VT_4 关断时，由于电感性负载中的电流不能突变，负载电流将通

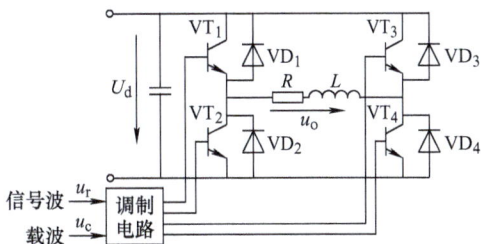

图 3-18 单相桥式 PWM 逆变电路

过二极管 VD_3 续流，忽略晶体管和二极管的导通压降，负载上所加电压为零。如负载电流较大，那么直到使 VT_4 再一次导通之前，VD_3 一直持续导通。如负载电流较快地衰减到零，在 VT_4 再次导通之前，负载电压也一直为零。这样输出到负载上电压 u_o 就有零和 U_d 两种电平。同样在负半周期，让晶体管 VT_1、VT_4 一直处于截止，而让 VT_2 保持导通，VT_3 交替通断。当 VT_2、VT_3 都导通时，负载上加有 $-U_d$，当 VT_3 关断时，VD_4 续流，负载电压为零。因此在负载上可得到 $-U_d$ 和零两种电平。

由以上分析可知，通过控制 VT_3 或 VT_4 的通断，就可使负载得到 SPWM 波形，控制方式通常有单极性方式和双极性方式。

3.4.3 SPWM 逆变电路的控制方式

1. 单极性方式

单极性控制方式波形如图 3-19 所示，载波 u_c 在调制信号波 u_r 的正半周为正极性的三角波，在负半周为负极性的三角波。当调制信号为正弦波时，在 u_r 和 u_c 的交点时刻控制晶体管 VT_3 或 VT_4 的通断。具体为：在 u_r 的正半周，VT_1 保持导通，当 $u_r > u_c$ 时使 VT_4 导通，负载电压 $u_o = U_d$，当 $u_r < u_c$ 时使 VT_4 关断，$u_o = 0$；在 u_r 的负半周，VT_1 关断，VT_2 保持导通，当 $u_r < u_c$ 时，使 VT_3 导通，$u_o = -U_d$，当 $u_r > u_c$ 时使 VT_3 关断，$u_o = 0$。这样就得到了 SPWM 波形。图中虚线 u_{of} 表示 u_o 中的基波分量。像这种在 u_r 的正半周期内三角波载波只在一个方向变化，所得到的 PWM 波形也只在一个方向变化的控制方式称为单极性 PWM 控制方式。

2. 双极性控制方式

双极性控制方式波形如图 3-20 所示，在 u_r 的半个周期内，三角波载波是在正、负两个方向变化的，所得到的 PWM 波形也是在两个方向变化的。在 u_r 的一个周期内，输出的PWM 波形只有 $\pm U_d$ 两种电平。仍然在调制信号 u_r 和载波信号 u_c 的交点时刻控制各开关器件的通断。在 u_r 的正、负半周，对各开关器件的控制规律相同。在 $u_r > u_c$ 时，给晶体管 VT_1、VT_4 以导通信号，给 VT_2、VT_3 以关断信号，输出电压 $u_o = U_d$。可以看出，同一半桥上、下两个桥臂晶体管的驱动信号极性相反，处于互补工作方式。在电感性负载情况下，若 VT_1 和 VT_4 处于导通状态时，给 VT_1、VT_4 以关断信号，给 VT_2、VT_3 以导通信号后，则 VT_1、VT_4 立即关断，因感性负载电流不能突变，VT_2、VT_3 并不能立即导通，这时二极管

VD_2 和 VD_3 导通续流。当感性负载电流较大时，直到下一次 VT_1 和 VT_4 重新导通时，负载电流方向始终未变，VD_2、VD_3 持续导通，而 VT_1 和 VT_3 始终未导通。当负载电流较小时，在负载电流下降到零之前，VD_2 和 VD_3 续流，之后 VT_2 和 VT_3 导通，负载电流反向。不论 VD_2、VD_3 导通或是 VT_2、VT_3 导通，负载电压都是 $-U_d$。同样可以分析从 VT_2 和 VT_3 导通向 VT_1 和 VT_4 导通切换时，由于电感的作用产生 VD_1 和 VD_4 的续流情况。

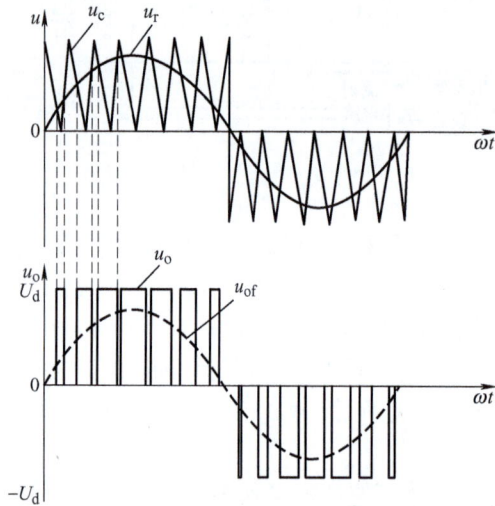

图 3-19　单极性 PWM 控制原理

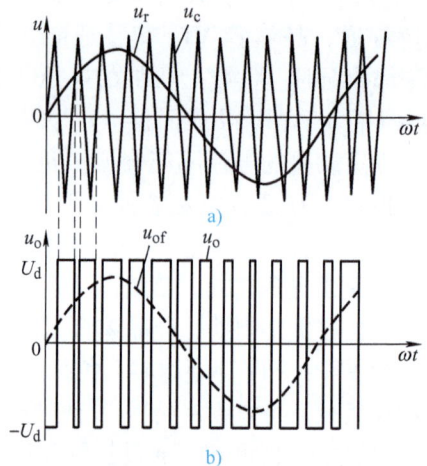

图 3-20　双极性 PWM 控制原理

3.4.4　SPWM 逆变器的调制方式

在 SPWM 逆变器中，三角波电压频率 f_t 与调制波电压频率（即逆变器的输出频率）f_r 之比 $N = f_t/f_r$ 称为载波比，也称为调制比。根据载波比的变化与否，PWM 调制方式可分为同步式、异步式和分段同步式。

1. 同步调制方式

载波比 N 等于常数时，称同步调制方式。同步调制方式在逆变器输出电压每个周期内所采用的三角波电压数目是固定的，因而所产生的 SPWM 脉冲数是一定的。其优点是在逆变器输出频率变化的整个范围内，皆可保持输出波形的正、负半波完全对称，只有奇次谐波存在。而且能严格保证逆变器输出三相波形之间具有 120° 相位移的对称关系。缺点是当逆变器输出频率很低时，每个周期内的 SPWM 脉冲数过少，低频谐波分量较大，使负载电动机产生转矩脉动和噪声。

2. 异步调制方式

为消除上述同步调制的缺点，可以采用异步调制方式。即在逆变器的整个变频范围内，载波比 N 不是一个常数。一般在改变调制波频率 f_r 时保持三角波频率 f_t 不变，因而提高了低频时的载波比，这样逆变器输出电压每个周期内 PWM 脉冲数可随输出频率的降低而增加，相应地可减少负载电动机的转矩脉动与噪声，改善了调速系统的低频工作特性。但异步调制方式在改善低频工作性能的同时，又失去了同步调制的优点。当载波比 N 随着输出频率的降低而连续变化时，它不可能总是 3 的倍数，势必使输出电压波形及其相位都发生变化，难以保持三相输出的对称性，因而易引起电动机工作不平稳。

3. 分段同步调制方式

实际应用中，多采用分段同步调制方式，它集同步和异步调制方式之所长，而克服了两者的不足。在一定频率范围内采用同步调制，以保持输出波形对称的优点，在低频运行时，使载波比有级地增大，以采纳异步调制的长处，这就是分段同步调制方式。具体地说，把整个变频范围划分为若干频段，在每个频段内都维持 N 恒定，而对不同的频段取不同的 N 值，频率低时，N 值取大些。采用分段同步调制方式，需要增加调制脉冲切换电路，从而增加了控制电路的复杂性。

本 章 小 结

交-直-交变频器的主电路包括三个组成部分：整流电路、中间电路和逆变电路。

整流电路把电源提供的交流电压变换为直流电压，电路形式分为不可控整流电路和可控整流电路。

中间电路分为滤波电路和制动电路等不同的形式。滤波电路是对整流电路的输出进行电压或电流滤波，经大电容滤波的直流电提供给逆变器的称为电压型逆变器，经大电感滤波的直流电提供给逆变器的称为电流型逆变器；制动电路是利用设置在直流回路中的制动电阻或制动单元吸收电动机的再生电能的方式实现动力制动。

逆变电路是将直流电变换为频率和幅值可调节的交流电，对逆变电路中功率器件的开关控制一般采用 SPWM 控制方式。

习 题 3

1. 交-直-交变频器的主电路包括哪些组成部分？说明各部分的作用。
2. 不可控整流电路和可控整流电路的组成和原理有什么区别？
3. 中间电路有哪几种形式？说明各种形式的功能。
4. 对电压型逆变器和电流型逆变器的特点进行比较。
5. 说明制动单元电路的原理。
6. 说明图 3-15 所示全桥逆变电路的工作原理。
7. SPWM 控制的原理是什么？为什么变频器多采用 SPWM 控制？

第4章
交-交变频技术

知识目标

1. 理解交-交变频器的基本工作原理，即直接将电网频率的交流电变换为可调频率的交流电。

2. 掌握交-交变频器的能量转换效率特点及其在大功率三相异步电动机和同步电动机低速变频调速中的应用场景。

3. 了解交-交变频器的局限性，包括输出频率范围（电网频率的 $1/3 \sim 1/2$）和功率因数低的特点。

能力目标

1. 能够分析交-交变频器在不同场景下的适用性及其对电动机性能的影响。

2. 具备在实际工程应用中权衡交-交变频器优缺点，合理选择设备的能力。

3. 能够结合交-交变频器特性提出改进低功率因数问题的可能解决方案。

素质目标

1. 提高对高效能量转换技术的理解，增强节能意识和工程优化能力。

2. 培养对技术局限性的敏感性，增强创新思维，探索技术改进的可能性。

交-交变频技术是一种将电网频率的交流电直接转换为可调频率交流电的技术。由于不需要经过中间的直流环节，其能量转换效率较高，广泛应用于大功率三相异步电动机和同步电动机的低速变频调速场合。交-交变频的主要优点是电路结构简单、响应速度快以及效率高，因此在某些对节能和快速调速有要求的场景中具有显著优势。然而，交-交变频的输出频率较低，限制了其在某些场合的应用。因此，尽管交-交变频在特定领域表现出色，但其局限性也需在设计和应用中加以充分考虑。

4.1 单相输出交-交变频电路

4.1.1 电路组成及基本工作原理

单相交-交变频器的电路原理框图如图 4-1 所示。它只有一个变换环节就可以把恒压恒频（CVCF）的交流电源转换为变压变频（VVVF）电源，因此称为直接变频器，或称为交-交变频器。

电路由 P（正）组和 N（负）组反并联的晶闸管变流电路构成，两组变流电路接在同一交流电源，Z 为负载。两组变流器都是相控电路，P 组工作时，负载电流自上而下，设为正向；N 组工作时，负载电流自下而上，为负向。让两组变流器按一定的频率交替工作，负载就得到该频率的交流电，如图 4-2 所示。

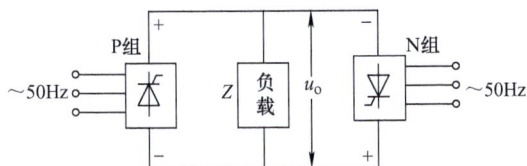

图 4-1 单相交-交变频器电路原理框图

图 4-2 单相交-交变频器输出的方波

改变两组变流器的切换频率，就可以改变输出到负载上的交流电频率，改变交流电路工作时的控制角 α，就可以改变交流输出电压的幅值。

为了使输出电压的波形接近正弦波，可以按正弦规律对控制角 α 进行调制，即可得到如图 4-3 所示的波形。调制方法是，在半个周期内让 P 组变流器的控制

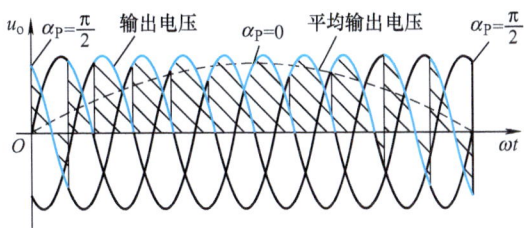

图 4-3 单相输出交-交变频电路输出交流电压波形

角 α 按正弦规律从 90° 逐渐减小到 0° 或某个值，然后再逐渐增大到 90°。这样每个控制区间内的平均输出电压就按正弦规律从零逐渐增至最高，再逐渐减低到零，如图 4-3 中虚线所示。另外半个周期可对变流器 N 组进行同样的控制。

图 4-3 所示波形是变流器的 P 组和 N 组都是三相半波相控电路时的波形。可以看出，输出电压 u_o 的波形并不是平滑的正弦波，而是由若干段电源电压拼接而成。在输出交流电压的一个周期内，所包含的电源电压段数越多，其波形就越接近正弦波。因此，实际应用的变流电路通常采用 6 脉波的三相桥式电路或 12 脉波的变流电路。

对于三相负载，其他两相也各用一套反并联的可逆电路，输出平均电压相位依次相差 120°。这样，如果每个整流电路都用桥式，共需 36 个晶闸管。因此，交-交变频器虽然在结构上只有一个变换环节，但所用的器件多，总设备投资大。另外，交-交变频器的最大输出频率为 30Hz，其应用受到限制。

4.1.2 感阻性负载时的相控调制

交-交变频电路的负载可以是电阻性、感阻性、容阻性负载或电动机负载，下面以感阻性负载为例来说明电路的整流工作状态与逆变工作状态，交流电动机负载属于感阻性负载，因此下面的分析完全适用于交流电动机负载。

如果把交-交变频电路理想化，忽略变流电路换相时输出电压的脉动分量，就可以把电路等效为图 4-4a 所示的正弦波交流电源和二极管的串联。其中交流电源表示变流电路可输出交流正弦电压，二极管体现了变流电路只允许电流单方向流过。

假设负载阻抗角为 φ，即输出电流滞后输出电压 φ。另外，两组变流电路在工作时采取无环流工作方式，即一组变流电路工作时，封锁另一组变流电路的触发脉冲。

图 4-4b 给出了一个周期内负载电压、电流波形及正负两组变流电路的电压、电流波形。由于变流电路的单向导电性，在 $t_1 \sim t_3$ 期间的负载电流正半周，只能是正组变流电路工作，

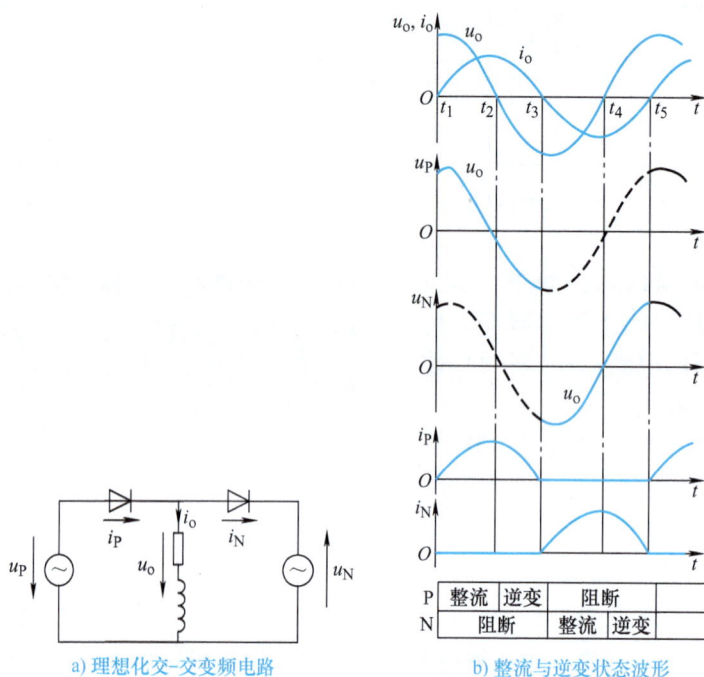

a) 理想化交-交变频电路

b) 整流与逆变状态波形

图 4-4　理想化交-交变频电路的整流与逆变状态

负组电路被封锁。其中在 $t_1 \sim t_2$ 阶段，输出电压和电流均为正，故正组变流电路工作在整流状态，输出功率为正。在 $t_2 \sim t_3$ 阶段，输出电压已反向，但输出电流仍为正，正组变流电路工作在逆变状态，输出功率为负。

在 $t_3 \sim t_5$ 阶段，负载电流负半周，负组变流电路工作，正组电路被封锁。其中在 $t_3 \sim t_4$ 阶段，输出电压和电流均为负，负组变流电路工作在整流状态，输出功率为正。在 $t_4 \sim t_5$ 阶段，输出电流为负而电压仍为正，负组变流电路工作在逆变状态，输出功率为负。

由此可见，在感阻负载情况下，在 1 个输出电压周期内交-交变频电路有 4 种工作状态。哪组变流电路工作是由输出电流的方向决定的，与输出电压极性无关。变流电路工作在整流状态还是逆变状态，则是根据输出电压方向与电流方向是否相同来确定的。

图 4-5 是单相交-交变频电路输出电压和电流的波形图。如果考虑到无环流工作方式下负载电流过零的死区时间，1 个周期的波形可分为 6 段。第 1 段 $i_o < 0$、$u_o > 0$，为负组逆变；第 2 段电流过零，为无环流死区；第 3 段 $i_o > 0$、$u_o > 0$，为正组整流；第 4 段 $i_o > 0$、$u_o < 0$，为正组逆变；第 5 段又是无环流死区；第 6 段 $i_o < 0$、$u_o < 0$，为负组整流。

在输出电压和电流的相位差小于 90° 时，1 个周期内电网向负载提供能

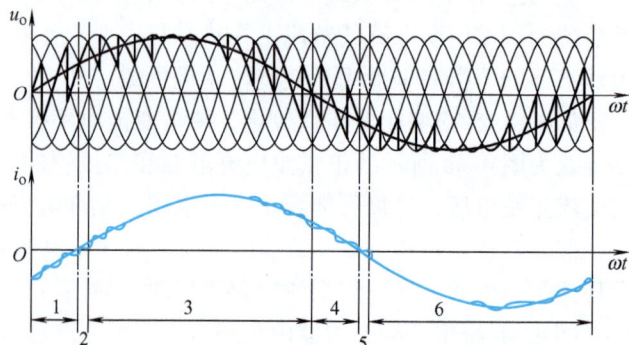

图 4-5　单相交-交变频电路输出电压和电流的波形

量的平均值为正，电动机工作在电动状态；当二者相位差大于 90° 时，1 个周期内电网向负载提供能量的平均值为负，即电网吸收能量，电动机工作在发电状态。

4.1.3 输入输出特性

1. 输出上限频率

交-交变频电路的输出电压是由许多段电网电压拼接而成的。输出电压在一个周期内拼接的电网电压段数越多，就可使输出电压越接近正弦波，每段电网电压的平均持续时间由变流电路的脉波数决定，因此在输出频率增高时，输出电压 1 个周期所含电网电压的段数就减少，波形畸变就严重。电压波形畸变以及由此产生的电流波形畸变和转矩脉动是限制输出频率提高的主要因素。构成交-交变频电路的两组变流电路的脉波数越多，输出上限频率就越高。就常用的 6 脉波三相桥式电路而言，一般认为，输出上限频率不高于电网频率的 1/3 ~ 1/2。电网为 50Hz 时，交-交变频电路的输出上限频率约为 20Hz。

2. 输入功率因数

交-交变频电路采用的是相位控制方式，因此其输入电流的相位总是滞后于输入电压，需要电网提供无功功率。从图 4-3 可以看出，在输出电压的一个周期内，α 角是以 90° 为中心而前后变化的。输出电压比越小，半周期内 α 的平均值越靠近 90°，位移因数越低。另外，负载的功率因数越低，输入功率因数也越低。而且不论负载功率因数是滞后还是超前，输入的无功电流总是滞后的。

由以上分析可知，交-交变频器的特点为：

1）因为是直接变换，没有中间环节，所以比一般的变频器效率要高。

2）由于其交流输出电压是直接由交流输入电压波的某些部分包络所构成，因而其输出频率比输入交流电源的频率低得多，输出波形较好。

3）由于变频器按电网电压过零自然换相，故可采用普通晶闸管。

4）因受电网频率限制，通常输出电压的频率较低，为电网频率的 1/3 左右。

5）功率因数较低，特别是在低速运行时更低，需要适当补偿。

鉴于以上特点，交-交变频器特别适合于大容量的低速传动，在轧钢、水泥、牵引等方面应用广泛。

4.2 三相输出交-交变频电路

三相输出交-交变频电路主要应用于大功率交流电动机调速系统，三相输出交-交变频电路是由三组输出电压相位各差 120° 的单相交-交变频电路组成的，所以其控制原理与单相交-交变频电路相同。下面简单介绍三相交-交变频电路接线方式。

4.2.1 公共交流母线进线方式

图 4-6 是公共交流母线进线方式的三相交-交变频电路简图。它由三组彼此独立的、输出电压相位相互错开 120° 的单相交-交变频电路构成，它们的电源进线接在公共的交流母线上。因为电源进线端公用，所以三组单相交-交变频电路的输出端必须隔离。为此需将交流

电动机的3个绕组的首尾端都引出，共6根线。这种电路主要用于中等容量的交流调速系统。

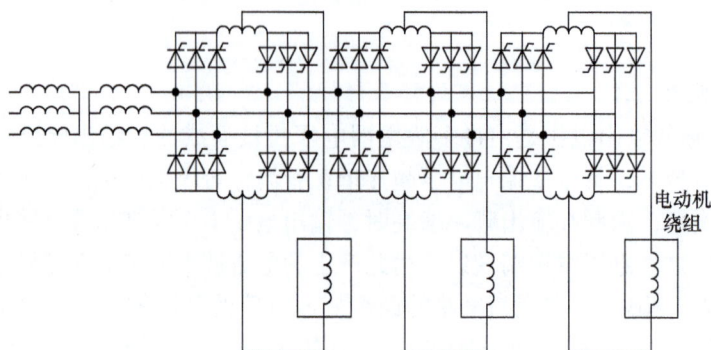

图4-6 公共交流母线进线方式的三相交-交变频电路简图

4.2.2 输出星形联结方式

图4-7是输出星形联结方式的三相交-交变频电路原理图。3组单相交-交变频电路的输出端是星形联结，电动机的三相绕组也是星形联结，电动机的中性点和变频器的中性点接在一起，电动机要引出6根线。因为3组单相交-交变频电路的输出端连接在一起，所以其电源进线就必须隔离，因此3组单相交-交变频电路分别用一台变压器供电。

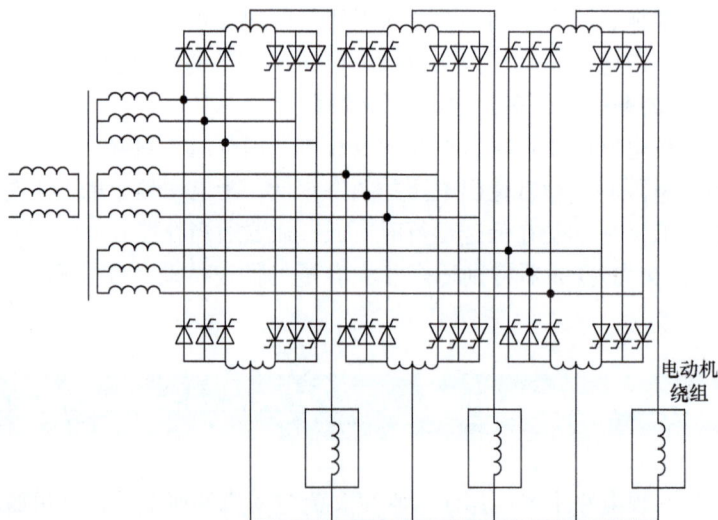

图4-7 输出星形联结方式的三相交-交变频电路原理图

若电动机的中性点不和变频器的中性点接在一起，电动机只引出3根线即可。由于变频器输出端中性点不和负载中性点相连接，所以在构成三相变频电路的6组桥式电路中，至少要有不同输出相的2组桥中的4个晶闸管同时导通才能构成电流回路。和整流电路一样，同一组桥内的2个晶闸管靠双触发脉冲保证同时导通。而2组桥之间则是靠各自的触发脉冲有足够的宽度，以保证同时导通。

交-交变频电路具有以下优点：只需进行一次变流转换，能量损失较小，因此效率较高；能够方便地实现电动机的四象限运行，适应正反转及制动能量回馈的需求；此外，其低频输出波形接近正弦波，有利于减少电动机损耗。然而，交-交变频电路也存在一些明显的缺点：首先，电路结构较为复杂，例如三相桥式交-交变频电路至少需要 36 只晶闸管，增加了设计和制造难度；其次，由于受电网频率和变流电路脉波数的限制，输出频率较低，难以满足高频需求。

综合以上优缺点，交-交变频电路主要应用于功率在 1000kW 以下的大容量、低转速交流调速系统中，适用于对效率和低频输出有较高要求的场合。该电路既可用于异步电动机的驱动，也适用于同步电动机的驱动，在某些特定工业领域发挥了重要作用。

本 章 小 结

交-交变频就是把电网频率的交流电变换成频率可调的交流电，此类变频器能量转换效率较高，多应用于大功率的三相异步电动机和同步电动机的低速变频调速。但由于交-交变频的输出频率低（一般为电网频率的 1/3 ~ 1/2）和功率因数低，使其应用受到限制。

习　题　4

1. 交-交变频技术具有什么特点？主要应用是什么？
2. 交-交变频的基本原理是怎样的？
3. 如何调制交-交变频使其输出为正弦波电压？
4. 三相交-交变频有哪些连接方法？
5. 交-交变频有什么优点和缺点？

第5章

高（中）压变频器

知识目标

1. 了解高（中）压变频器的定义及应用于1kV以上电压等级的大容量变频器的特点。

2. 掌握高（中）压变频器的主电路结构分类，包括交-交方式和交-直-交方式的基本特点和区别。

3. 熟悉高（中）压变频调速系统的基本型式，如直接高-高型、高-中型和高-低-高型。

4. 理解高（中）压变频器在变频和工频两种运行方式下的切换要求及互锁保护的重要性。

5. 认识高（中）压变频器在冶金、钢铁、石油、化工和水处理等领域中的应用价值及其节能和经济效益。

能力目标

1. 能够分析高（中）压变频器不同结构和运行方式对系统性能的影响。

2. 能够识别和解决高（中）压变频器运行中的互锁保护问题，确保设备安全可靠运行。

素质目标

1. 提高对高（中）压变频技术及其节能效益的理解，增强可持续发展意识。

2. 培养对复杂工业控制系统的关注与系统化思维能力。

3. 提升对高精尖技术的学习兴趣，增强解决工程实际问题的责任感和能力。

高（中）压变频器通常指电压等级在1kV以上的大容量变频器。按照国际惯例，供电电压低于10kV而高于或等于1kV时称中压；高于或等于10kV时称高压。因此，相应额定电压的变频器应分别称为中压变频器和高压变频器，但我国习惯上将1kV以上的电气设备均称为高压设备。有的变频器生产企业（例如，山东新风光电子科技发展有限公司）将电压范围为1~3kV的称为中压变频器，电压范围为6~10kV及以上的称为高压变频器。为叙述方便，本书中将1kV以上的变频器统称为高（中）压变频器。

5.1 高（中）压变频器概述

高（中）压变频器在20世纪80年代中期开始投放市场，但随着大功率高性能的电力电子器件的迅速发展和市场的巨大推动力，高（中）压变频器的发展非常迅速，使用器件已经从SCR、GTO晶闸管、GTR发展到IGBT和IGCT，功率范围从几百千瓦发展到几十兆瓦。现在高（中）压变频器的设计、制造和检测技术已经成熟，可靠性有充分保障，使用范围越来越广，我国有多个厂家可以生产高（中）压变频器。

5.1.1　高（中）压变频器的分类

高（中）压变频器按主电路的结构方式分为交-交方式和交-直-交方式。

1. 交-交方式

交-交变频器的主电路由 3 组反并联晶闸管可逆桥式变流器所组成，分为有环流和无环流两种方式，控制晶闸管根据电网正弦变化实现自然换相。交-交变频的高（中）压变频器一般容量都在数千千瓦以上，多用在冶金、钢铁企业。交-交变频器过载能力强、效率高、输出波形好，但输出频率低，且需要无功补偿和滤波装置，使其造价高，限制了它的应用。

交-交变频同步电动机调速系统如图 5-1 所示。

2. 交-直-交方式

高（中）压交-直-交方式与低压交-直-交方式变频器的结构有较大差别，为适应高电压大电流的需要，高（中）压变频器的元器件多采用串并联，变流器单元也采用串并联，这种结构称为多重化。

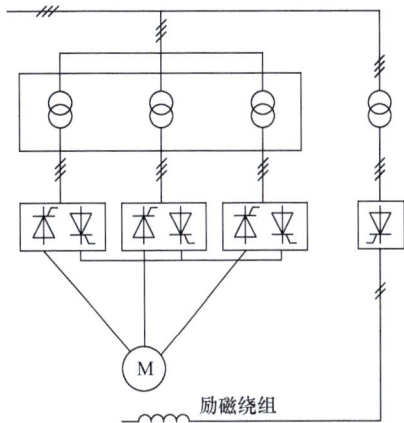

图 5-1　交-交变频同步电动机调速系统

5.1.2　高（中）压变频调速系统的基本形式

高（中）压变频调速系统不像低压变频调速系统那样有统一的结构形式，但常见的基本形式有直接高-高型、高-中型和高-低-高型 3 种。

（1）直接高-高型　直接高-高型（也有的称为直接中-中型）变频调速系统的电路结构如图 5-2 所示。

直接高-高型方案是指变频器不经过升压和降压变压器，直接把电网的 6kV 电压变为频率可调的 6kV 电压，供 6kV 的电动机变频调速。

（2）高-中型　高-中型变频调速系统的电路结构如图 5-3 所示。

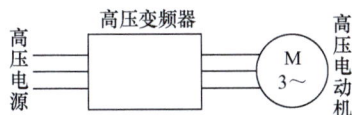

图 5-2　直接高-高型变频调速系统

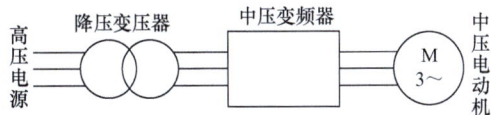

图 5-3　高-中型变频调速系统

高-中型变频调速系统是把电网的高压经降压变压器降为中压，送入中压变频器。中压变频器的输出驱动电动机。

（3）高-低-高型　高-低-高型（有的也称为中-低-中型）变频调速系统的电路结构如图 5-4所示。

高-低-高型变频调速系统是把电网的高压或中压经降压变压器降为低压，然后再经升压变压器将低压升为中压，供给电动机运行。实际上这种电路结构所用的变频器为低压变频器。

图 5-4　高-低-高型变频调速系统

5.1.3　高（中）压变频器的应用

我们知道，电动机的额定功率 $P_N = \sqrt{3}\,U_N I_N \cos\varphi_N \eta_N$，在功率保持不变的情况下，如果提高其供电电压，就可以减少绕组中的电流。对大容量的电动机来说，这是非常有意义的，减少绕组中的电流可使电动机的体积和制造成本大大降低。因此在冶金、钢铁、石油、化工、水处理等工矿企业中，大容量的电动机基本上都是中压和高压电动机。这些企业的风机、泵类、压缩机及各种其他大型机械的拖动电动机消耗的能源占电动机总能耗的70%以上，而且绝大部分都有调速的要求，但目前的调速和起动方法仍很落后，浪费了大量的能源且造成了机械寿命的降低。因此，应用中压和高压变频调速装置的效益和潜力是非常巨大的。

高（中）压变频器可与标准的中、大功率交流异步电动机或同步电动机配套，组成交流变频调速系统，用来驱动风机、水泵、压缩机、鼓风机和各种机械传动装置，达到节能、高效、提高产品质量的目的。根据高压变频器的特点，在下列场合下最能发挥其效能。

1. 拖动风机或水泵

可调节风量或水流量，取代老式的依靠阀门或挡板改变流量的方式，达到节能的效果。一般说来，使用交流变频调速，由于消除了阀门（或挡板）的能量损失并使风机、水泵的工作点接近其峰值效率线，其总的效率可提高25%~50%。

2. 压缩机、鼓风机、轧机或其他工作机械

当交流变频调速装置与压缩机、鼓风机、轧机或其他工作机械连用时，具有如下显著的优点：

1）可精确地调节速度或流量，保证工艺质量。

2）可直接与工作机械耦合，省去减速机等中间机械环节，减少投资和中间费用。

3）可接受计算机或 PLC 的模拟或数字信号，进行实时控制，且控制性能优越。

因此，高（中）压变频器特别适用于根据工艺要求需要对速度或流量进行控制的场合。

3. 要求起动性能好的机械

对于大型交流同步电动机或异步电动机，传统的控制是采用直接起动或减压起动，不仅起动电流大，造成电网电压降低，影响其他电气设备的正常工作，而且主轴的机械冲击大，易造成疲劳断裂，影响机械寿命。当电网容量不够大时，甚至有可能起动失败。如果使用中压或高压变频器，就可实现"软"起动。电动机从速度为零开始起动：可使电动机电流限制在规定值以下（一般在额定电流的1.5~2倍以内），以选定的加速度平稳升速，直到指定速度。

变频装置的特性保证了起动和加速时具有足够转矩，且消除了起动对电动机的冲击，保证电网稳定，提高电动机和机械的使用寿命。

5.1.4 高（中）压变频器的技术要求

高（中）压变频器的技术要求主要有以下几个方面。

1. 可靠性要求高

由于高（中）压变频器的输入和输出电压高，所以设备的可靠性和安全性是至关重要的。故在产品设计制作时，应采用合理的主电路拓扑结构，如多电平、多重化结构等；选择优良的功率单元和控制单元；具有良好的冷却系统；出厂前要经过完备的质量检测，符合技术规范要求。现在生产的高（中）压变频器，整机和部件的平均无故障时间（MTBF）已经达到 100000h 以上，平均维修时间（MTTF）已经少于 30min。当然，可靠性保证还与使用者的管理、生产工艺、试验测试、故障诊断、维护维修和售后服务有关。

2. 对电网的电压波动容忍度大

高（中）压变频器的容量较大，一般都在几百千瓦以上，可能占有电网容量的相当大一部分，因此其开停机和运行时可能对电源电压造成影响。这一方面要求电网供电线路有合理的设计，另一方面也要求变频器对电网电压的波动范围的容忍度要大一些。

3. 降低谐波对电网的影响

同样因为大功率的关系，高（中）压变频器输入谐波畸变必须控制在标准规定的范围内，不应对电网中其他负载的正常工作造成影响。

4. 改善功率因数

大功率电动机是工厂中的用电大户，其变频器的输入功率因数和效率将直接决定使用变频器系统的经济效益，效率低的变频器还存在散热等一系列麻烦。

5. 抑制输出谐波成分

高（中）压变频器如果输出谐波成分过高，则不仅会造成电动机的过热，产生大的噪声，影响电动机的寿命，而且电动机必须"降额"使用。

6. 抑制共模电压和 du/dt 的影响

变频器的共模电压和 du/dt 会使电动机的绝缘受到"疲劳"损害，影响其使用寿命，如果处理不好，还会损坏变频器本身。

有鉴于此，各高（中）压变频器制造商都不断努力，在元器件、电路结构、控制模式等方面下功夫，使高（中）压变频器的性能不断得到改进和提高。

5.2 高（中）压变频器的主电路结构

为适应高电压、大电流和大功率的需要，高（中）压变频器的主电路的组成形式多样，本节讨论几种常见的交-直-交方式的电路形式。

5.2.1 晶闸管电流型变频器

图 5-5 所示为晶闸管电流型变频器的主电路。

晶闸管电流型变频器采用晶闸管三相桥式整流电路将交流变为直流，然后再经晶闸管三

接触器 整流器 电抗器 分流器 逆变器 输出滤波器

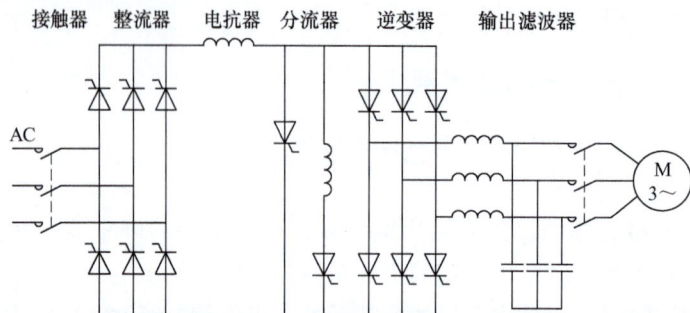

图 5-5 晶闸管电流型变频器的主电路

相桥式逆变电路将直流变为频率可调的交流，将其输出以控制电动机的运行和调速。由于在它的直流母线上串联有平波电抗器，因此该变频器称为电流型变频器。

晶闸管电流型变频器属于"负载换向式"，它通过负载所供给的超前电流使晶闸管关断，以实现自然换向。由于同步电动机可以通过励磁电流的调整达到功率因数超前，实现起来比较容易，因此，负载换向式电流型变频器（LCI）特别适合于同步电动机的变频调速系统。

当电流型变频器用于异步电动机调速时，必须在变频器的输出端加接 LC 滤波器，使滤波器和电动机合成的负载功率因数超前，以达到自然换向的目的，这称为输出滤波器换向式变频器或自换向式（SSI）变频器，如图 5-5 所示，以区别于用于同步电动机调速的"负载换向式（LCI）"变频器。

自换向式变频器的逆变桥和整流桥具有相同的结构，器件可互换。位于直流回路上的分流电路用于辅助换向。当频率较低或起动初期，由于滤波器不能有效换向，可通过分流器使直流回路中的电流迅速旁路，使逆变器的晶闸管有效关断，实现换向。大约达到额定频率的 60% 左右时（视电动机特性而定），分流器断开，逆变器通过输出滤波器和交流电动机自身反电动势的联合作用自然换向。

输出滤波器的另一个作用是减小输出波形畸变并抑制 $\mathrm{d}i/\mathrm{d}t$。滤波器的参数应根据特性由计算机仔细选择。滤波器与电动机之间的接触器触点是用来隔断电容器和电动机之间的联系，以防止一旦变频器停止功率输出时电动机的自激发电。

电流型变频器的优点是能量可以回馈到电网，因此系统可以四象限运行。由于存在大的平波电抗器和快速电流调节器，过电流保护较容易实现。但是由于采用三相桥式晶闸管整流，电流型变频器的输入波形畸变较为严重，功率因数也会随电动机转速的下降而有所下降。实际上常采用接入输入滤波器和多重化（如 12 脉波）的方法，使输入电压和电流畸变达到 IEEE 519—2004 的要求。

由于晶闸管（SCR）器件生产技术成熟，可做到其他器件尚不能达到的电压和容量（10kV/10kA 以上），所以，此种变频器在 3000kW 以上的大型调速系统、尤其是在大型同步电动机调速系统中仍有优势。

5.2.2 GTO 晶闸管电流型变频器

该类变频器使用 GTO 晶闸管作为功率输出器件。由于 GTO 晶闸管本身可以通过门极控制关断，从而可引入 PWM 控制技术，简化控制电路。其主电路如图 5-6 所示。

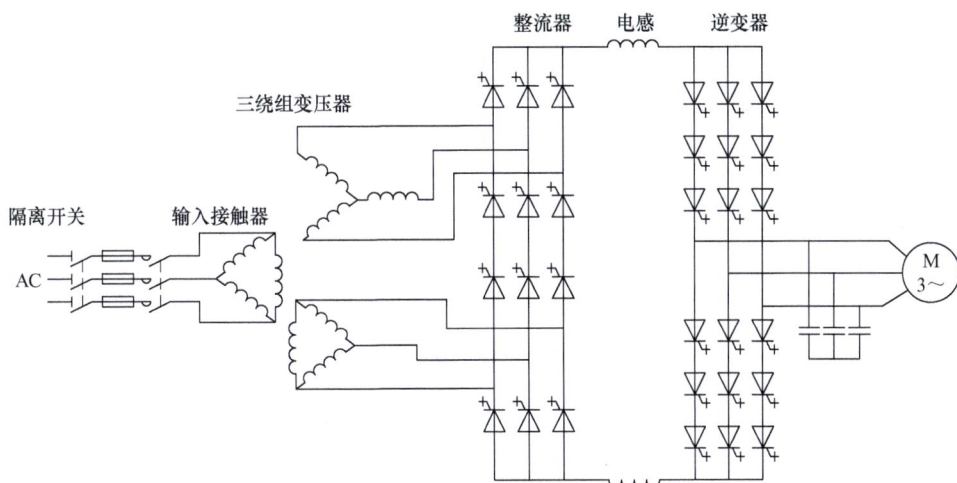

图5-6 GTO晶闸管电流型变频器的主电路

图5-6电路中，变压器二次绕组采用Y和△不同联结组别，是为了获得互差60°的六相电压，既可以减少整流后的电压纹波，也可以降低电网的谐波。整流部分采用GTO晶闸管，逆变部分也采用GTO晶闸管，开关频率为180Hz。该电路可以说是电流源和PWM技术的结合（简称"CSI-PWM技术"）。由于采用PWM方式，输出谐波降低，滤波器可大大减小，但不能省去。实际使用中常加电容滤波器，为防止电容与电动机的电感在换向过程中产生谐振，其数值需仔细选择。

GTO晶闸管目前实用水平为6000V/6000A。采用器件串联方式，变频器容量可达5000kW以上，且谐波问题比较容易解决。因此，GTO晶闸管电流型变频器可以说是晶闸管方式的改进。

但将GTO晶闸管用作中压变频器仍有需要改进的地方，主要是：

1）GTO晶闸管受耗散功率的限制，开关频率较低，一般为200Hz左右。

2）GTO晶闸管的通态压降为2.5~4V，高于晶闸管的压降1.5~2V，因此效率较低。

3）对GTO晶闸管的门极驱动，除了要提供与晶闸管一样的导通脉冲外，还要提供峰值为阳极电流1/5~1/3的反向关断电流，故其驱动电路的功率高达晶闸管驱动电路的10倍。

5.2.3 IGBT并联多重化PWM电压型变频器

采用IGBT的PWM电压型变频器，由于IGBT具有优良的性能，故在高（中）压变频器中应用较多，其中比较成功的例子是"并联多重化PWM电压型"变频器。

图5-7所示为并联多重化PWM电压型变频器电路。采用二极管构成两组三相桥式整流电路，按12脉波组态，输出为二重式，每组由6个IGBT构成一个桥式逆变单元。输出滤波器用来去除PWM的调制波中的高频成分并减少du/dt、di/dt的影响，由于频率高，故滤波器的体积很小。

将变频器的驱动（逆变）单元设计成模块化独立单元的形式，直流母线（DC-Bus）上可任意连接1~6个驱动单元，驱动单元可驱动同一个电动机，也可以驱动不同的电动机（驱动同一个电动机的逆变单元一般不超过2个）。

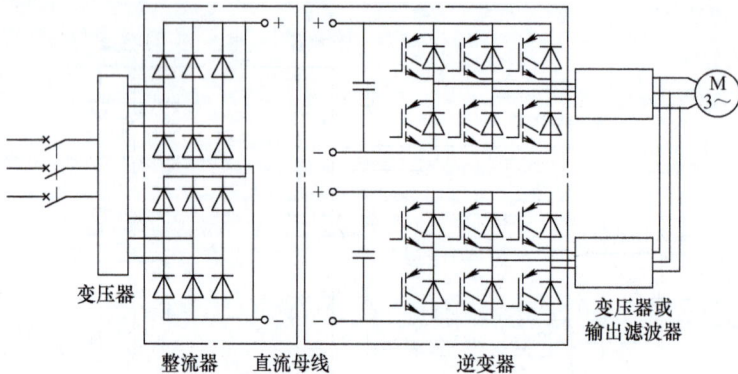

图 5-7　并联多重化 PWM 电压型变频器电路

　　这种设计使工厂中不同地方的设备可采用公共的直流母线供电，从而减少设备的总投资，并使多电动机调速系统的总功率平衡达到最优化。

　　这种变频器具备了 PWM 技术带来的各项优点，在额定功率下效率可达到 98% 以上，在整个速度范围内功率因数可达到 0.95 以上。无需输入滤波器就可达到 IEEE 519—2004 对谐波的要求。

5.2.4　IGBT 三电平高（中）压变频器

　　IGBT 三电平高（中）压变频器的主电路如图 5-8 所示。

　　由图 5-8 可见，变频器的整流部分由 2 个三相桥式整流电路串联，输出 12 脉波的直流电压，大大减少了电网侧的谐波成分。同时，直流侧采用两个相同的电解电容串联滤波，在中间的连接处引出一条线与逆变电路中的钳位二极管相接，若将该节点视为参考点（电压为零），则加到逆变器的电平有 3 个：U_d、0、$-U_d$。所以逆变器部分是由 IGBT 和钳位二极管组成的三电平电压型逆变器。

　　电压型逆变器的工作原理为：当工作电压较高时，为了避免器件串联引起的动态均压问题和降低输出谐波，逆变器可采用三电平方式，也称为中心点钳位方式（NPC）。图 5-9 所示为三电平逆变器一相的结构图。

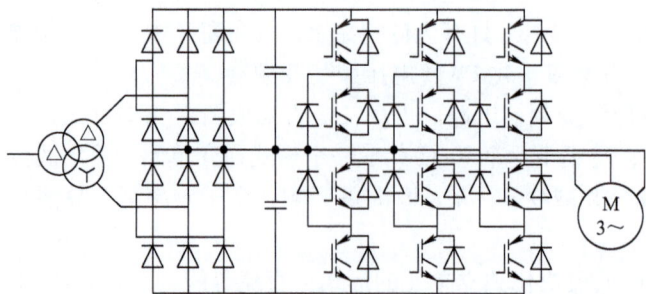

图 5-8　IGBT 三电平高（中）压变频器的主电路

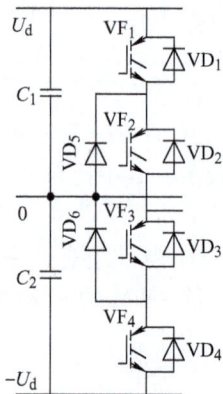

图 5-9　三电平逆变器一相的结构图

电路中的逆变器的功率开关器件 $VF_1 \sim VF_4$ 为 IGBT；$VD_1 \sim VD_4$ 为反并联的续流二极管；VD_5 和 VD_6 为钳位二极管，所有的二极管均要求选用与功率开关相同的耐压等级。U_d 为滤波电容 C_1 上端的电压；0 为 C_1、C_2 连接中心点的电位；$-U_d$ 为滤波电容 C_2 下端的电压。当改变 $VF_1 \sim VF_4$ 的通断状态时，在输出端将获得 3 种不同的电压，见表 5-1。

表 5-1 三电平逆变器一相输出电压组合

VF_1	VF_2	VF_3	VF_4	输出电压
ON	ON	OFF	OFF	U_d
OFF	ON	ON	OFF	0
OFF	OFF	ON	ON	$-U_d$

由表 5-1 可知，应保证功率开关 VF_1 和 VF_3 不能同时处于导通状态，VF_2 和 VF_4 亦不能同时处于导通状态。同时规定，输出电压只能是 $-U_d \sim 0$ 或 $0 \sim U_d$。不允许在 U_d 和 $-U_d$ 之间直接变化。由于两个器件不可能同时开通或关断，因此也就不存在动态均压问题。

图 5-10 所示为三电平变频器输出电压、电流波形。图中阶梯形 PWM 波为电压波形，近似正弦波为电流波形。这种变频器输出的线电压有 5 个电平，输出谐波小，du/dt 小，使电动机电流波形的失真度从 17% 降低为 2% 左右。

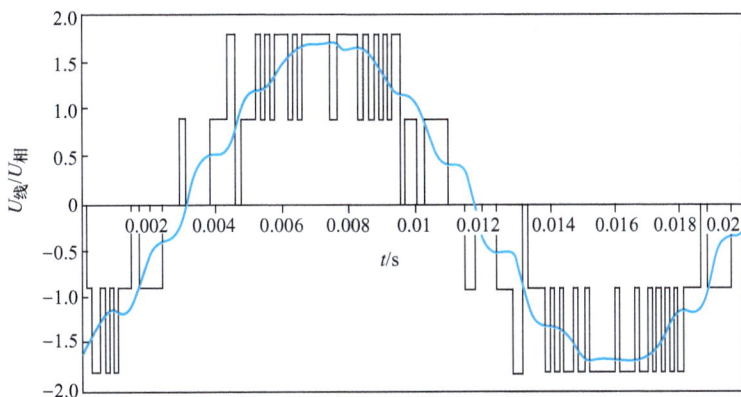

图 5-10 三电平变频器输出电压、电流波形

三电平变频器的输出谐波比低压通用变频器低；因为省去升、降压变压器，因而结构紧凑，损耗减少，占地面积小，节省土建费用；当功率较大时，电源输入端仍设置隔离用三绕组变压器，变压器二次侧采用 △ 和 Ｙ 接法，可输出 12 脉波整流电压，使得电源输入端谐波大为降低。

5.2.5 五电平高（中）压变频器

当要求变频器的输出电压比较高时，可采用五电平逆变器。图 5-11a 为二极管钳位式五电平逆变器主电路，其工作原理与三电平逆变器相似，开关状态见表 5-2，相、线电压波形如图 5-12 所示。

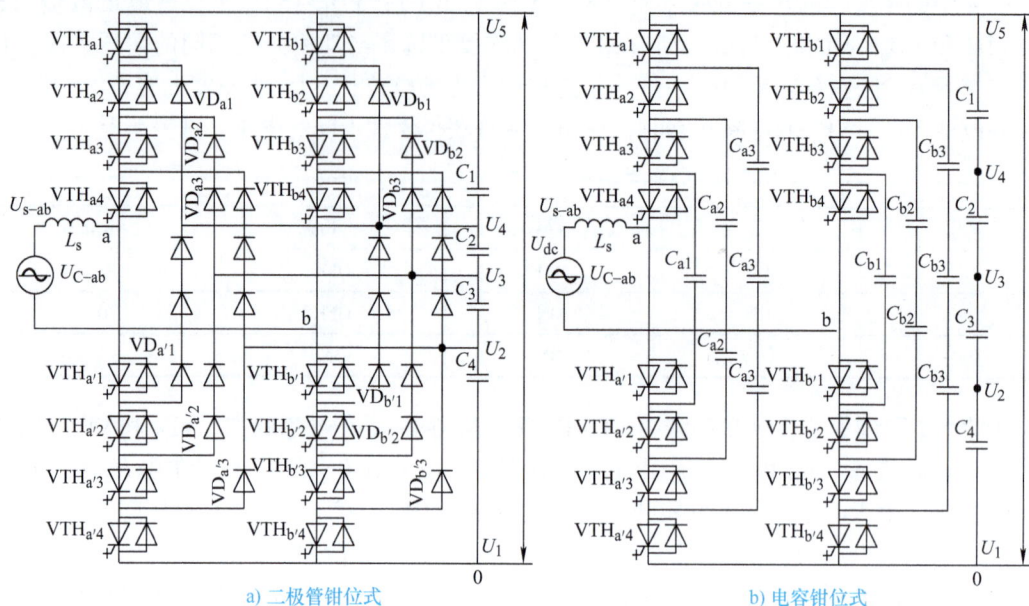

a) 二极管钳位式　　　　　　　　b) 电容钳位式

图 5-11　五电平逆变器主电路

表 5-2　二极管钳位式五电平逆变器开关状态

VTH_{a1}	VTH_{a2}	VTH_{a3}	VTH_{a4}	$VTH_{a'1}$	$VTH_{a'2}$	$VTH_{a'3}$	$VTH_{a'4}$	输出电压 U_{a0}
1	1	1	1	0	0	0	0	$U_5 = U_{dc}$
0	1	1	1	1	0	0	0	$U_4 = 3U_{dc}/4$
0	0	1	1	1	1	0	0	$U_3 = U_{dc}/2$
0	0	0	1	1	1	1	0	$U_2 = U_{dc}/4$
0	0	0	0	1	1	1	1	$U_1 = 0$

　　这种结构的优点是：在器件耐压相同的条件下，能输出更高的交流电压，适合制造更高电压等级的变频器。缺点是：用单个逆变器难以控制有功功率传递，存在电容电压均压问题。

　　图 5-11b 所示为一电容钳位式五电平逆变器电路结构图。这种电路采用的是利用跨接在串联开关器件之间的串联电容进行钳位的，工作原理与二极管钳位电路相似，其开关状态见表 5-3，输出波形与图 5-12 相同。该电路在电压合成方面，对于相同的输出电压，可以有不同的选择，比二极管钳位式具有更大的灵活

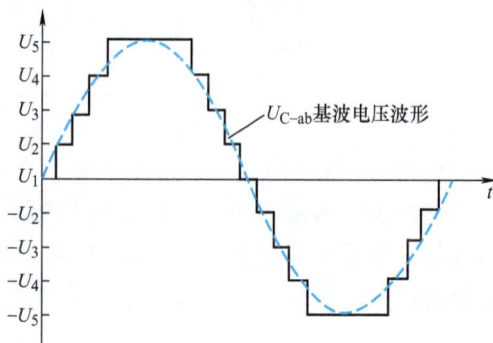

图 5-12　五电平逆变器输出电压波形图

性。例如，对于输出 $3U_{dc}/4$，可以有两种选择：VTH_{a1}、VTH_{a2}、VTH_{a3}、$VTH_{a'1}$ 开通，$VTH_{a'4}$、VTH_{a4}、$VTH_{a'2}$、$VTH_{a'3}$ 断开。这种开关组合的可选择性，为这种电路用于有功功率变换提供了可能性，但是对于高压大容量系统而言，在给变频器带来因电容体积庞大而占

地面积大、成本高的缺点外，还会带来控制上的复杂性和器件开关频率高于基频的问题。

表 5-3　电容钳位式五电平逆变器开关状态

VTH$_{a1}$	VTH$_{a2}$	VTH$_{a3}$	VTH$_{a4}$	VTH$_{a'1}$	VTH$_{a'2}$	VTH$_{a'3}$	VTH$_{a'4}$	输出电压 U_{a0}
1	1	1	1	0	0	0	0	$U_5 = U_{dc}$
1	1	1	0	1	0	0	0	$U_4 = 3U_{dc}/4$
1	1	0	0	1	1	0	0	$U_3 = U_{dc}/2$
1	0	0	0	1	1	1	0	$U_2 = U_{dc}/4$
0	0	0	0	1	1	1	1	$U_1 = 0$

二极管钳位和电容钳位的逆变器电路，都存在由于直流分压电容充放电不均衡造成的中点电压不平衡问题。中点电压的增减取决于开关模式的选择、负载电流方向、脉冲持续时间及所选用的电容等。电压不平衡会引起输出电压的畸变，必须加以抑制。主要手段是根据中点电压的偏差，采用不同开关模式和持续时间的选择以抑制中点电压的偏差。

5.3　风光 JD-BP37/38 系列高压变频器简介

山东新风光电子科技发展有限公司生产的高、中、低压变频器在国内享有盛誉，特别是高压变频器被国家质量监督检验检疫总局认定为"中国名牌"产品，本节介绍风光 JD-BP37/38 系列高压变频器。

5.3.1　JD-BP37/38 系列高压变频器的系统结构

风光 JD-BP37/38 系列高压变频调速系统结构如图 5-13 所示。

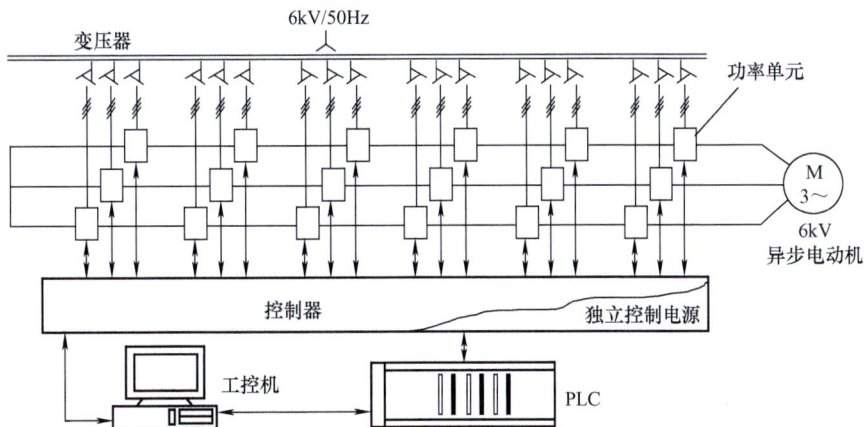

图 5-13　风光 JD-BP37/38 系列高压变频调速系统结构

风光 JD-BP37/38 系列高压变频器采用多功率单元串联的方法解决了用低电压的 IGBT 实现高压变频的困难，它既保留了 IGBT 和 PWM 技术相结合所具有的各项优点，且在减小谐波分量等方面有更大的改进，变频器的功率得以提高。由图 5-13 可见，JD-BP37/38 系列高压变频器采用6级小功率低电压 IGBT 的 PWM 变频单元,分别进行整流、滤波、逆变,将其串联叠加起来得到高压三相变频输出。例如,对于6kV 输出,每相采用6组低压 IGBT 功率单元,每个功率单元由一体化的输入隔离变压器二次绕组分别供电,二次绕组采用延边三角形接法,18个二次绕组分成3个位组,互差20°,实现输入多重化接法,可消除各功率单元产生的谐波。电源侧电压畸变率小于1.2%,电流畸变率小于0.8%,因此变频器对电网污染小。

改变每相串联功率单元数就可以得到不同电压等级的高压变频器,风光 JD-BP37/38 系列高压变频器有 6000V、10000V 等不同电压等级,功率为 200 ~ 5000kW,功率因数为0.95,效率为98%。

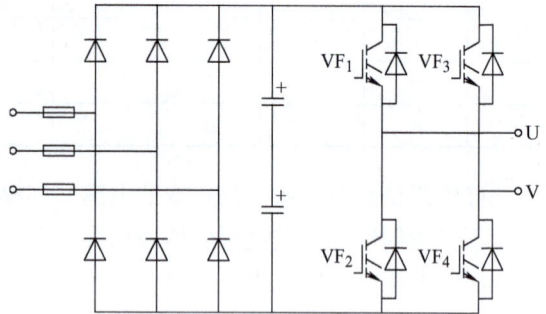

图 5-14 功率单元电路

图 5-14 所示为功率单元电路图,每个功率单元在结构上完全一致,可以互换,这不但使调试、维修方便,而且使备份也十分经济,假如某一功率单元发生故障,该单元的输出端能自动旁路而整机可以暂时降额工作,直到慢慢停止运行。

图 5-15 所示为电压叠加的原理图。例如,对于额定输出电压为 6kV 的变频器,每相由6个低压为580V 的 IGBT 功率单元串联而成,则叠加后输出相电压最高可达3480V,线电压为 $\sqrt{3} \times 3480V \approx 6000V$。由图 5-15 可以看出每个功率单元将承受全部输出电流,但只提供 1/6 的相电压和 1/18 的输出功率。

多级串联高(中)压变频器由每个单元的 U、V 输出端子相互串联而成星形接法给电动机供电,通过对每个单元的 PWM 波形进行多重化组合,使输出波形正弦度好,du/dt 小,如图 5-16 所示为变频器输出的相电压阶梯 PWM 波形。变频器输出谐波小可减少对电缆和

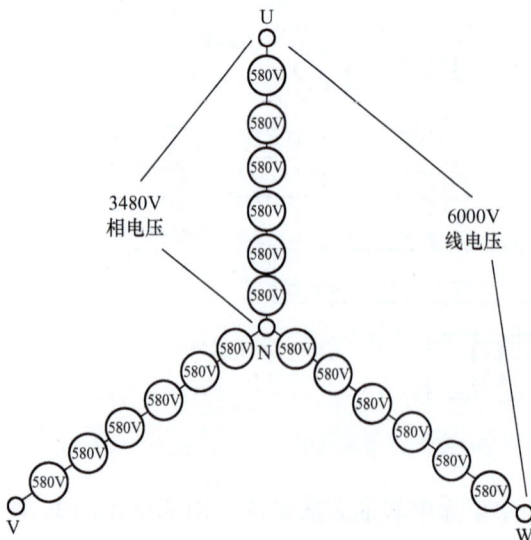

图 5-15 电压叠加的原理

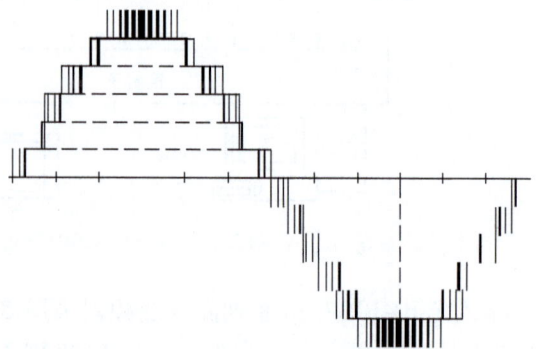

图 5-16 变频器输出的相电压阶梯 PWM 波形

电动机的绝缘损坏，无需输出滤波器就可以使输出电缆加长，电动机不需要降额使用，且转矩脉动小。同时，电动机谐波损耗大为减少，消除了由此引起的机械振动，减小了轴承和叶片的机械应力。

5.3.2 JD-BP37/38 系列高压变频器的柜体结构

高压变频器一般容量很大，往往需要多个柜体组成。图 5-17 所示为风光 JD-BP37/38 系列高压变频器的柜体结构，主要由开关柜、变压器柜、功率单元柜和控制柜等组成，其柜体配置如下。

1. 开关柜

高压电源线引入该柜后经高压开关进入变压器柜，到电动机的输出电源线也从该柜引出。当变频器出现故障时，可从变频状态切换到工频状态，所以又称为旁路柜。

2. 变压器柜

该柜装有移相变压器，移相变压器的一次绕组连接高压电源线，N 个二次绕组为 N 个功率模块提供交流输入电压。二次绕组通过移相技术使电网输入侧的谐波总量降低到 4% 以下。

3. 功率单元柜

该柜装有模块化设计的多个功率单元，每个功率单元为三相交流输入，单相逆变输出，输入分别接移相变压器二次侧输出，每相功率单元输出串联后构成逆变主电路，输出高压正弦波直接驱动高压电动机。

开关柜　　　变压器柜　　　功率单元柜　　　控制柜

图 5-17　风光 JD-BP37/38 系列高压变频器的柜体结构

4. 控制柜

控制柜是变频器工作的控制中心，具备用户所需要的各类通信和远控功能。该柜内装有变频器的控制系统，包括主控系统、电气控制系统以及用户 I/O 端子。

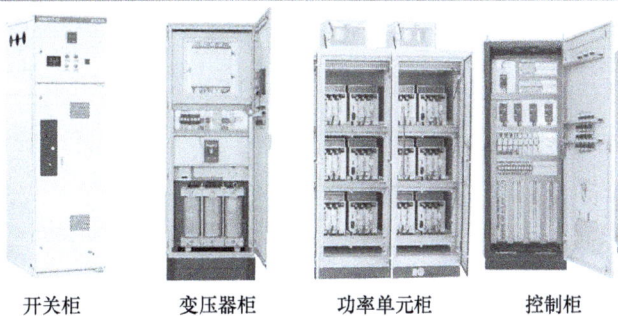

5.3.3 高压变频器的运行操作方式

1. 变频运行

变频运行是高压电动机正常工作的方式。该方式不仅起动电流小、制动可实现能量回馈，而且起动和制动的时间短，对保护电动机、提高工作效率意义重大；同时工作时还能改善生产工艺，节约能源。

2. 工频运行

当高压变频器处于保养或检修时，就需要将电动机投入工频电网运行，以保证生产的连续性。图5-18a所示为变频工频手动切换电路,切换时断开QS_1和QS_2、闭合QS_3即可,为保证操作的安全性和可靠性,QS_2和QS_3之间必须设置机械互锁,以避免二者同时接通造成高压变频器的损坏。当系统中高压变频器突发故障,需要在较短时间切换为工频运行时,应选用图5-18b所示的变频工频自动切换电路,即变频运行时QS_1和QS_2闭合,同时KM_1和KM_2也闭合。要切换为工频运行时,必须先断开KM_1和KM_2主触点,再接通KM_3主触点,同样KM_2和KM_3之间必须设置电气互锁,以避免二者同时接通造成事故。

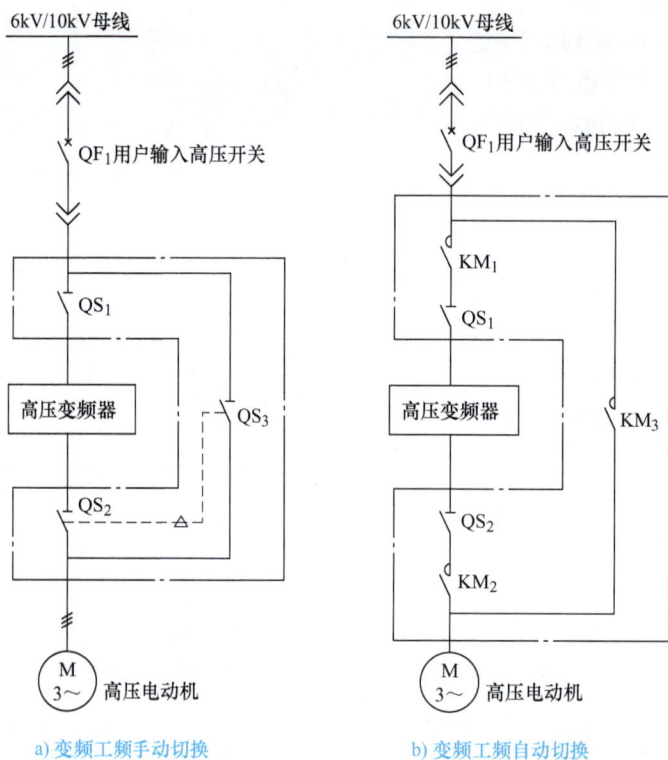

a) 变频工频手动切换　　　　　　b) 变频工频自动切换

图5-18　高压变频器的运行操作方式

5.4　高压变频器对电动机的影响及防治措施

在高压变频器中,对电动机的影响起决定作用的是逆变器的电路结构和控制特性,逆变器主要通过输出谐波、输出电压变化率du/dt和共模电压来影响电动机的绝缘和使用寿命,这些因素产生的影响见表5-4。在实际应用中,采用什么样的防治措施最合适?应根据逆变器结构和对电动机的具体影响情况而定。

表5-4　高压变频器影响电动机的主要因素

高压变频器类型	主要因素	可能产生的影响
电压型或电流型变频器	输出谐波	电动机温升过高
电压型变频器	输出电压变化率du/dt	电动机绝缘过早老化或被击穿
电流型变频器	共模电压	电动机绝缘过早老化

5.4.1　输出谐波对电动机的影响及防治措施

输出谐波对电动机的影响主要有谐波引起电动机的温升过高、转矩脉动和噪声增加，经常采用的防治措施一般有两种：一是设置输出滤波器；二是改变逆变器的结构或连接形式，以降低输出谐波。使其作用到电动机上的输出波形接近正弦波。

对于电流型变频器，可采用输出 12 脉波方案，使其输出波形接近正弦波；对于电压型变频器，可采用增加输出相电压的电平数目（大于三电平），达到降低输出谐波的目的。尽管三电平逆变器输出波形质量比二电平 PWM 逆变器有较大的提高，但是在相同开关频率的前提下，输出电压谐波失真仍达 29%，电动机电流谐波失真达 17%，如果采用普通电动机，三电平逆变器的输出仍需设置输出滤波器。对于独立直流电源串联式逆变器，一般输出电压总谐波失真小于 7%，不会对电动机产生附加的谐波电流引起的发热和转矩脉动，变频器的输出可直接使用普通的异步电动机，不必设置输出滤波器。

5.4.2　输出电压变化率对电动机的影响及防治措施

对于电压型变频器，当输出电压的变化率（du/dt）比较高时，相当于在电动机绕组上反复施加了陡度很大的脉冲电压，加速了电动机绝缘的老化。特别是当变频器与电动机之间的电缆距离比较长时，电缆上的分布电感和分布电容所产生的行波反射放大作用增大到一定程度，有时会击穿电动机的绝缘。经常采用的防治措施一般有两种：一是设置输出电压滤波器；二是降低输出电压的变化率。降低输出电压变化率的主要方法也有两种：一是降低输出电压每个台阶的幅值；二是降低逆变器功率器件的开关速度。在相同额定输出电压的情况下，逆变的输出电平数越多，输出电压的变化率就越低，通常是传统双电平输出电压的变化率的 $1/(m-1)$ 倍，其中 m 是电平数目。一般情况下，对于三电平 PWM 电压型变频器，仍不能符合 MGI 的标准（允许变化范围：1μs 内从 10% 的相电压峰值变换到 90% 的相电压峰值），还需增加输出滤波器；对于独立直流电源串联式逆变器，其输出电压的变化率非常低，即使变频器与电动机之间的电缆距离相当长，也不会因行波反射作用产生电压变化率 du/dt 放大问题。

5.4.3　共模电压对电动机的影响及防治措施

电动机定子绕组的中心点和地之间的电压 U_{N-G} 称为共模电压（或称零序电压）。

在图 5-19 所示的电流型变频器中，根据流经电抗器上的电流不能发生突变的原理，为了便于实现接地短路保护，在上下直流母线上各串接一个大小相等的滤波电抗器 L_d，使得每个滤波电抗器上的压降相等。如果以地 G 为参考点，那么可有如下关系：

$$U_{P1-G} - U_{P2-G} = U_{N2-G} - U_{N1-G} \Rightarrow U_{P1-G} + U_{N1-G} = U_{P2-G} + U_{N2-G}$$

$$\Rightarrow U_{01-G} = \frac{U_{P1-G} + U_{N1-G}}{2}, \quad U_{02-G} = \frac{U_{P2-G} + U_{N2-G}}{2}$$

$$\Rightarrow U_{N-G} = U_{02-G} - U_{02-N} = U_{01-G} - U_{01-N}$$

由于 U_{01-G} 的频率基本不变（是电网电压频率的 3 倍），而 U_{02-G} 的频率会随着逆变器输出频率的变化而变化。考虑到逆变器输出频率一般不等于电网频率，因此在某一时刻 U_{01-G} 和 U_{02-G} 的组合可使共模电压达到最大值。当没有输入变压器时，共模电压会直接施

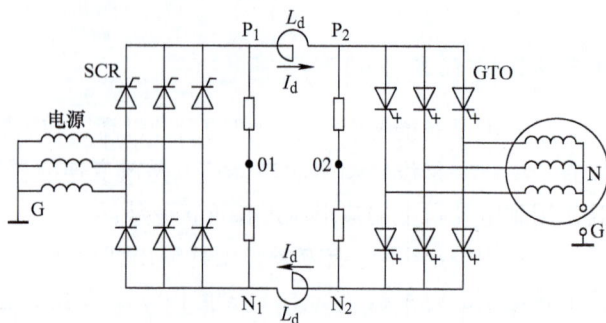

图 5-19　电流型变频器

加到电动机上，导致电动机绕组绝缘击穿，影响电动机的使用寿命。当共模电压对地产生的高频漏电流经过电动机的轴承入地时，还会出现"电蚀"轴承现象，降低轴承的使用寿命。经常采用的防治措施是设置二次侧中性点不接地的输入变压器，由输入变压器和电动机共同承担共模电压。一般情况下，输入是 1/10，那么约有 90% 的共模电压由输入变压器来承担。因此，对于电流型变频器，电动机的绝缘一定要足够强，否则容易发生因绝缘被击穿而烧毁输入变压器或电动机的后果。

本 章 小 结

高（中）压变频器通常指电压等级在 1kV 以上的大容量变频器。高（中）压变频器按主电路的结构方式分为交 - 交方式和交 - 直 - 交方式。

高（中）压变频调速系统的基本形式有直接高 - 高型、高 - 中型和高 - 低 - 高型三种。

高（中）压变频器的技术要求非常严格，在制造和应用时应予以特别关注。

高（中）压变频器有变频和工频两种运行方式，可采用手动切换和自动切换，但特别注意两种运行方式的控制开关必须设置互锁，以避免同时接通而导致高（中）压变频器损坏。

在冶金、钢铁、石油、化工、水处理等工矿企业中，大容量的电动机基本上都是中压电动机和高压电动机，其消耗的能源占电动机总能耗的 70% 以上，而且绝大部分都有调速的要求，因此，应用中压电动机和高压变频调速对节能和企业整体效益有着重要意义。

习 题 5

1. 高（中）压变频器通常指电压等级为多少的变频器？

2. 高（中）压交 - 交方式的变频器多用在什么场合？该方式的变频器有什么优缺点？

3. 高（中）压变频调速系统的基本形式有哪几种？画出其结构图。

4. 简述高（中）压变频器的应用及重要意义。

5. 高（中）压变频器的技术要求主要有哪些方面？

6. 说明图 5-7 所示并联多重化 PWM 电压型变频器电路的工作原理。

7. 图 5-8 所示电路为什么称为三电平式变频器？该电路结构有什么优点？

8. 高压变频器为什么不采用双电平控制方式？简述三电平逆变器的工作原理。

9. 风光 JD-BP37/38 系列高压变频器的柜体结构由哪几个部分组成？

第6章

变频器的接线端子与功能参数

知识目标

1. 了解变频器端子的分类，包括主电路端子和控制电路端子的功能及连接方式。

2. 掌握变频器功能参数预置的必要性及其基本步骤，包括查找功能码、读取原数据和修改新数据的过程。

3. 理解参数设定模式（编程模式）的作用及其在变频器使用中的关键性。

能力目标

1. 能够熟练查找变频器的功能参数码表，并识别需要修改的功能码。

2. 掌握变频器参数预置过程的操作技能，能够准确读取和修改功能参数。

3. 具备根据实际应用需求合理配置变频器功能参数的能力，提高系统性能和适用性。

素质目标

1. 提高对工业设备使用规范和安全操作的重视程度，增强职业素养。

2. 培养严谨细致的工作态度和系统化操作流程的执行能力。

3. 树立在设备使用前完成全面预设和检测的重要意识，确保设备稳定运行。

6.1 变频器的外部连接端子

变频器的外部连接端子分为主电路端子和控制电路端子，图 6-1 为森兰 SB70G 变频器的连接端子图。

6.1.1 主电路端子

变频器通过主电路端子与外部连接，主电路端子及其功能见表 6-1。

表 6-1 变频器的主电路端子及其功能

端子符号	端子名称	功能说明
R、S、T	交流电源输入端子	连接三相交流电源
U、V、W	变频器输出端子	连接三相电动机
P1、P+	直流电抗器连接用端子	改善功率因数和抗干扰
P+、DB	外部制动电阻连接用端子	连接外部制动电阻器
P+、N-	制动单元连接端子	连接外部制动单元
PE	变频器接地端子	变频器机壳接地端子

SB70G2.2~15 机型主电路端子排列如图 6-2 所示。

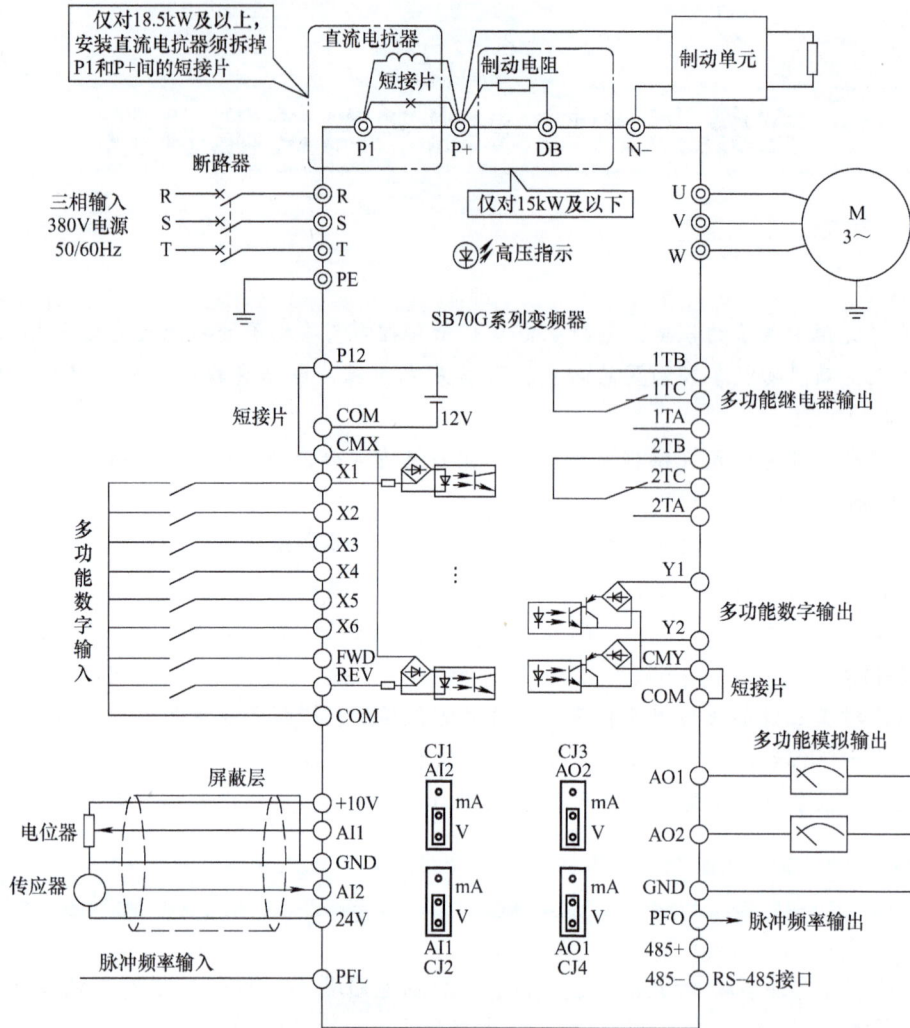

图 6-1 森兰 SB70G 变频器的连接端子图

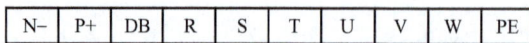

N–	P+	DB	R	S	T	U	V	W	PE

图 6-2 SB70G2.2~15 机型主电路端子排列

6.1.2 控制板端子及跳线

SB70G375kW 及以下机型控制板端子排列如图 6-3 所示。

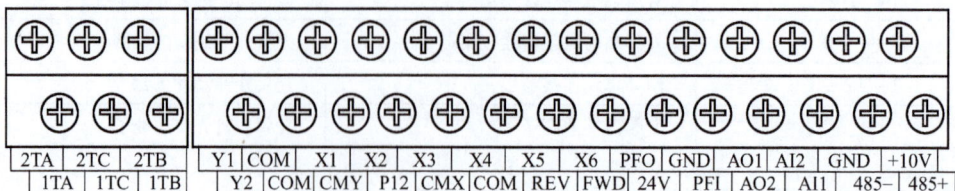

2TA	2TC	2TB	Y1	COM	X1	X2	X3	X4	X5	X6	PFO	GND	AO1	AI2	GND	+10V
1TA	1TC	1TB	Y2	COM	CMY	P12	CMX	COM	REV	FWD	24V	PFI	AO2	AI1	485–	485+

图 6-3 SB70G375kW 及以下机型控制板端子排列

图 6-3 中控制板跳线的功能见表 6-2。

表 6-2　控制板跳线的功能

标号	名称	功能及设置	出厂设置
CJ1	AI2	AI2 输入类型选择 V：电压型；mA：电流型	V
CJ2	AI1	AI1 输入类型选择 V：电压型；mA：电流型	V
CJ3	AO2	AO2 输出类型选择 V：0~10V 电压信号；mA：0/4~20mA 电流信号	V
CJ4	AO1	AO1 输出类型选择 V：0~10V 电压信号；mA：0/4~20mA 电流信号	V

SB70G375kW 及以下机型控制板端子功能见表 6-3。

表 6-3　SB70G375kW 及以下机型控制板端子功能

端子符号	端子名称	端子功能及说明	技术规格
485 +	485 差分信号正端	RS-485 通信接口	可接 1~32 个 RS-485 站点
485 −	485 差分信号负端		输入阻抗：>10kΩ
GND	地	模拟输入/输出、PFI、PFO、通信和 +10V，24V 电源的接地端子	GND 内部与 COM、CMX、CMY 隔离
+10V	+10V 基准电源	提供给用户的 +10V 电源	+10V 最大输出电流 15mA，电压精度优于 2%
PFO	脉冲频率输出	输出功能选择见参数 F6-25 的说明	0~50kHz，集电极开路输出规格：24V/50mA
PFI	脉冲频率输入	设置见参数 F6-22~24 的说明	0~50kHz，输入阻抗：1.5kΩ 高电平：>6V 低电平：<3V 最高输入电压：30V
AO1	多功能模拟输出 1	功能选择：详见参数 F6-14、F6-18 的说明	电流型：0~20mA，负载≤500Ω
AO2	多功能模拟输出 2	通过跳线 CJ4、CJ3 选择电压或电流输出形式	电压型：0~10V，输出≤10mA
24V	24V 电源端子	提供给用户的 24V 电源	最大输出电流 80mA
AI1	模拟输入 1	功能选择：详见参数 F6-00、F6-07 的说明	输入电压范围：−10~+10V 输入电流范围：−20~+20mA
AI2	模拟输入 2	通过跳线 CJ2、CJ1 选择电压或电流输入形式	输入阻抗：电压输入：110kΩ；电流输入：250Ω
X1	X1 数字输入端子	功能选择及设置见 F4 菜单	光电耦合器隔离 可双向输入 输入阻抗：≥3kΩ 输入电压范围：<30V 采样周期：1ms 高电平：与 CMX 的压差 >10V 低电平：与 CMX 的压差 <3V
X2	X2 数字输入端子		
X3	X3 数字输入端子		
X4	X4 数字输入端子		
X5	X5 数字输入端子		
X6	X6 数字输入端子		
REV	REV 数字输入端子		
FWD	FWD 数字输入端子		

（续）

端子符号	端子名称	端子功能及说明	技术规格
CMX	数字输入公共端	X1～X6、FWD、REV 端子的公共端	内部与 COM、P12 隔离，出厂时 CMX 与相邻的 P12 短接
P12	12V 电源端子	供用户使用的 12V 电源	12V 最大输出电流 80mA
COM		12V 电源地	
Y1	Y1 数字输出端子	功能选择及设置见 F5 菜单	光电耦合器隔离双向开路集电极输出 规格：DC 24V/50mA 输出动作频率：<500Hz 导通电压：<2.5V（相对 CMY） 出厂时 CMY 与相邻 COM 短接
Y2	Y2 数字输出端子		
CMY	Y1、Y2 公共端	Y1、Y2 数字输出公共端	
1TA	继电器 1 输出端子	功能选择及设置见 F5 菜单	TA-TB：常开 TB-TC：常闭 触头规格：AC 250V/3A DC 24V/5A
1TB			
1TC			
2TA	继电器 2 输出端子		
2TB			
2TC			

6.1.3 控制端子的配线

（1）模拟输入端子配线　使用模拟信号远程操作时，操作器与变频器之间的控制线长度应小于 30m，由于模拟信号容易受到干扰，模拟控制线应与强电回路、继电器及接触器等回路分离布线。配线应尽可能短且连接线应采用屏蔽双绞线，屏蔽线一端接到变频器的 GND 端子上。

（2）多功能输入端子 X1～X6、FWD、REV 及多功能输出端子 Y1、Y2 配线　SB70G 多功能输入端子及输出端子有漏型逻辑和源型逻辑两种方式可供选择，接口方式非常灵活、方便。

多功能输入端子和外部设备的连接见表 6-4。

表 6-4　多功能输入端子和外部设备的连接

<table>
<tr><th></th><th>漏型逻辑</th><th>源型逻辑</th></tr>
<tr><td>使用变频器内部电源时</td><td>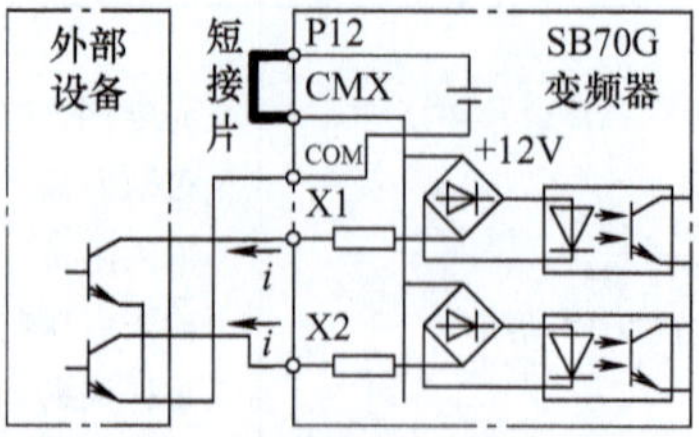
</td><td>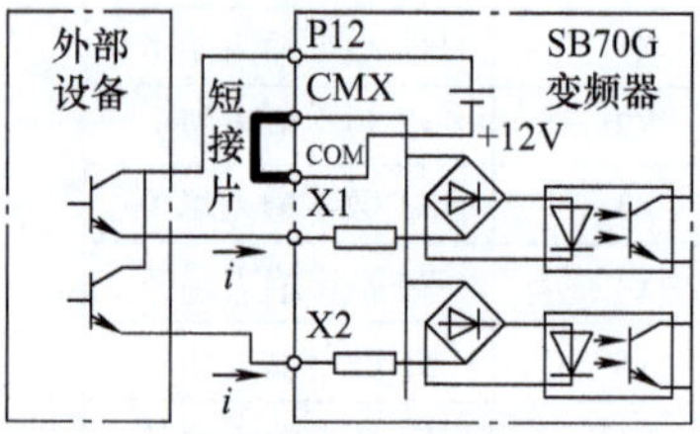
</td></tr>
</table>

（续）

漏型逻辑	源型逻辑
使用外部电源时（应取下端子短接片）	

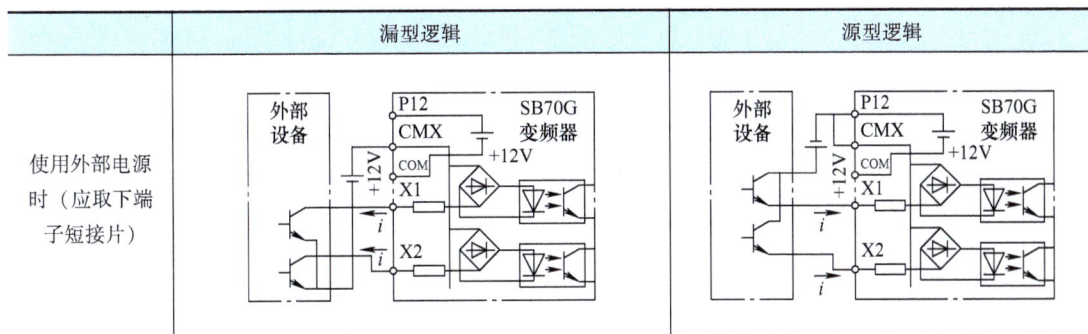

多功能输出端子和外部设备的连接见表 6-5。

表 6-5 多功能输出端子和外部设备的连接

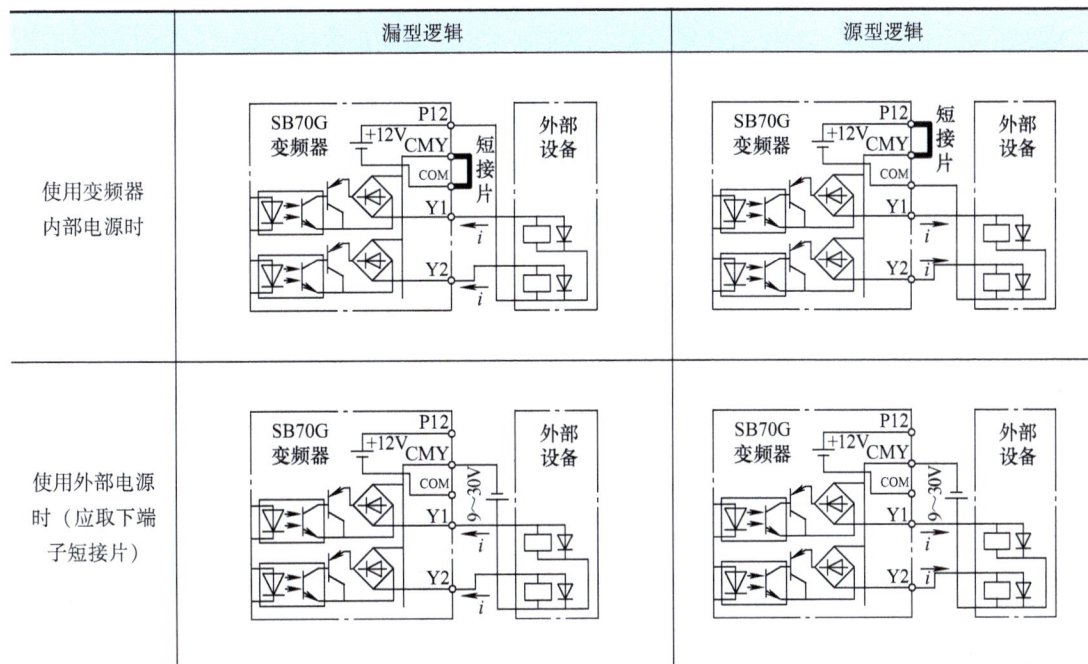

	漏型逻辑	源型逻辑
使用变频器内部电源时		
使用外部电源时（应取下端子短接片）		

（3）继电器输出端子 TA、TB、TC 配线 如果驱动感性负载（例如电磁继电器、接触器、电磁制动器），则应加装浪涌电压吸收电路、压敏电阻或续流二极管（用于直流电磁回路，安装时一定要注意极性）等。吸收电路的元器件要就近安装在继电器或接触器的线圈两端，如图 6-4 所示。

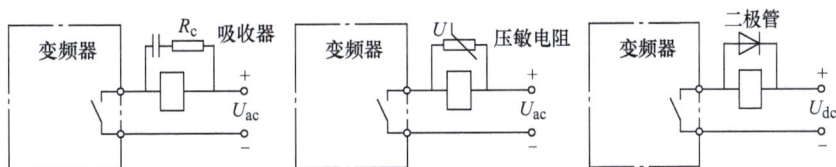

图 6-4 继电器输出端子 TA、TB、TC 配线

6.2 变频器的主要功能参数及预置

6.2.1 变频器运行模式功能参数

变频器在运行前需要经过下面几个步骤的操作：功能参数预置，运行模式选择，给出起动信号。

1. 功能参数预置

变频器运行时基本参数和功能参数是通过功能预置得到的，因此它是变频器运行的一个重要环节。基本参数是指变频器运行所必须具有的参数，主要包括：转矩补偿、上下限频率、基本频率、加减速时间及电子热保护等。大多数的变频器在其功能码表中都列有基本功能一栏，其中就包括了这些基本参数。功能参数是根据选用的功能而需要预置的参数，如PID调节的功能参数等。如果不预置参数，变频器按出厂时的设定选取。

功能参数的预置过程大致有下面几个步骤：

1）查功能码表，找出需要预置参数的功能码。

2）在参数设定模式（编程模式）下，读出该功能码中原有的数据。

3）修改数据，送入新数据。

现代变频器可设定的功能有数十种甚至上百种，为了区分这些功能，各变频器生产厂家都以一定的方式对各种功能进行了编码，这种表示各种功能的代码，称为功能码。不同变频器生产厂家对功能码的编制方法是不一样的。

各种功能所需设定的数据或代码称为数据码，变频器程序设定的一般步骤如下：

1）按模式转换键（FUNC、MODE或PRG），使变频器处于程序设定状态。

2）按数字键或数字增减（∧和∨）键，找出需预置的功能号。

3）按读出键或设定键（READ或SET），读出该功能中原有的数据码。

4）如需修改，则按数字键或数字增减键来修改数据码。

5）按写入键或设定键（WRT或SET），将修改后的数据码写入存储器中。

6）判断预置是否结束，如未结束，则转入第二步继续预置其他功能；如已结束，则按模式转换键，使变频器进入运行状态。

变频器预置完成后，可先在输出端不接电动机的情况下，就几个较易观察的项目如升速和降速时间、点动频率等检查变频器的执行情况是否与预置相符合，并检查三相输出电压是否平衡。

2. 运行模式选择

运行模式是指变频器运行时，给定频率和起动信号从哪里给出。根据给出地方的不同，运行模式主要可分为：面板操作、外部操作（端子操作）及通信控制（上位机给定）。常见的上位机有PLC、单片机及工业PC等。

以森兰SB70系列为例，运行模式是通过基本功能参数F0设定的。F0-01用于设定普通运行主给定频率通道，见表6-6。

表 6-6　SB70 系列变频器普通运行主给定频率通道设定

F0-01 设定值	功能
0	通过功能参数 F0-00 数字设定，操作面板 ▲/▼ 调节
1	通信给定，F0-00 设定作初值
2	UP/DOWN 调节值：通过端子或操作面板 ▲/▼ 键调节的百分数，作为频率给定（以最大频率为 100%）
3	AI1 端子输入
4	AI2 端子输入
5	PFI 端子输入
6	算术单元 1
7	算术单元 2
8	算术单元 3
9	算术单元 4
10	面板电位器给定

森兰 SB70 系列变频器有 5 种运行方式，优先级由高到低依次为点动、过程 PID、PLC、多段速及普通运行。普通运行时，若多段速有效，则主给定频率由多段速频率确定。

F0-02 用于设定运行命令通道，F0-02 设置为 0，操作面板发出运行命令；F0-02 设置为 1，连接到控制端子的起动开关发出运行命令；F0-02 设置为 2，由上位机发出运行命令。

3. 给出起动信号

经过以上两步，变频器已做好了运行准备，只要起动信号一到，变频器就能按照预置的参数运转。

6.2.2　变频器的运行功能参数

1. 加速时间

变频起动时，起动频率可以很低，加速时间可以自行给定，这样就能有效地解决起动电流大和机械冲击问题。

加速时间是指工作频率从 0Hz 上升至基本频率 f_b 所需要的时间，各种变频器都提供了在一定范围内可任意给定加速时间的功能。用户可根据拖动系统的情况自行给定一个加速时间。加速时间越长，起动电流就越小，起动也越平缓，但却延长了拖动系统的过渡过程，对于某些频繁起动的机械来说，将会降低生产效率。因此，给定加速时间的基本原则是在电动机的起动电流不超过允许值的前提下，尽量缩短加速时间。由于影响加速过程的因素是拖动系统的惯性（数值上用飞轮力矩 GD^2 来表示），故系统的惯性越大，加速难度越大，加速时间也应该长一些。但在具体操作过程中，由于计算非常复杂，可以将加速时间先设置的长一些，观察起动电流的大小，然后再慢慢缩短加速时间。

2. 加速模式

不同的生产机械对加速过程的要求是不同的。根据各种负载的不同要求，变频器给出了各种不同的加速曲线（模式）供用户选择。常见的曲线有线性方式、S 形方式和半 S 形方式等，如图 6-5 所示。

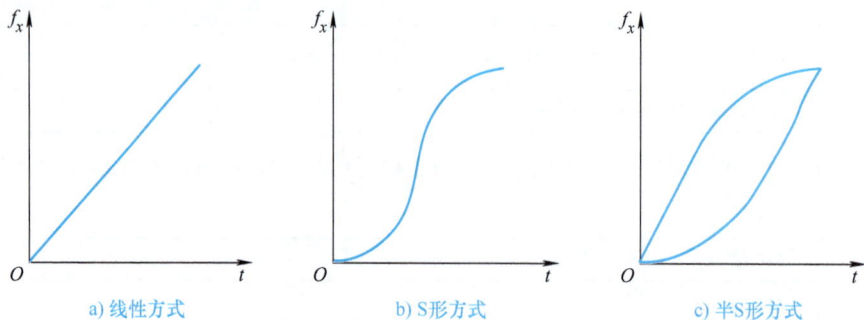

图 6-5　变频器的加速曲线

（1）线性方式　在加速过程中，频率与时间成线性关系，如图 6-5a 所示，如果没有特殊要求，一般负载大都选用线性方式。

（2）S 形方式　此方式初始阶段加速较缓慢，中间阶段为线性加速，尾段加速度又逐渐减为零，如图 6-5b 所示。这种曲线适用于带式输送机一类的负载。这类负载往往满载起动，传送带上的物体静摩擦力较小，刚起动时加速较慢，以防止输送带上的物体滑倒，到尾段加速度减慢也是这个原因。

（3）半 S 形方式　加速时一半为 S 形方式，另一半为线性方式，如图 6-5c 所示。对于风机和泵类负载，低速时负载较轻，加速过程可以快一些。随着转速的升高，其阻转矩迅速增加，加速过程应适当减慢。反映在图上，就是加速的前半段为线性方式，后半段为 S 形方式。而对于一些惯性较大的负载，加速初期加速过程较慢，到加速的后半段可适当提高其加速过程。反映在图上，就是加速的前半段为 S 形方式，后半段为线性方式。

3. 减速时间

变频调速时，减速是通过逐步降低给定频率来实现的。由于在频率下降的过程中，电动机将处于再生制动状态。如果拖动系统的惯性较大，频率下降又很快，电动机将处于强烈的再生制动状态，从而产生过电流和过电压，使变频器跳闸。为避免上述情况发生，可以在减速时间和减速方式上进行合理的选择。

减速时间是指变频器的输出频率从基本频率 f_b 减至 0Hz 所需的时间。减速时间的给定方法同加速时间一样，其值的大小主要考虑系统的惯性。惯性越大，减速时间也越长。一般情况下，加、减速选择同样的时间。

4. 减速模式

减速模式设置与加速模式相似，也要根据负载情况而定，减速曲线也有线性和 S 形、半 S 形等几种方式。

5. 多功能端子

多功能端子，有些变频器称为可编程输入输出控制端子。多功能端子的功能可由用户根据需要通过功能代码进行设置，以节省变频器控制端子的数量。

例如：森兰 SB70 变频器的 X1～X6、FWD、REV 为多功能端子，使用 F4 功能参数可以对每个端子的意义进行预置，参见附录 A。

6. 程序控制

程序控制，有些变频器中也称简易 PLC 控制。对于一个需要多档转速操作的拖动系统来说，多档转速的选择可用外部控制来切换，也可依靠变频器内部定时器来自动执行。这种自动运行的方式称为程序控制。如果选择程序控制，则通常需要经过下面几个步骤：

（1）制定运行程序　首先要根据工艺要求，制定拖动系统的运行程序。如第一档转速从何时开始，运行频率为多少，持续多长时间再切换到第二档转速等。图 6-6 所示是某一拖动系统的运行程序。

该程序中：

第一档转速：正转，20Hz，开始时间为 0:10（图 6-6 中表示为：20，0:10）；

第二档转速：停止，开始时间为 0:30；

第三档转速：反转，30Hz，开始时间为 0:40；

第四档转速：正转，10Hz，开始时间为 1:00；

第五档转速：正转 35Hz，开始时间为 1:30。

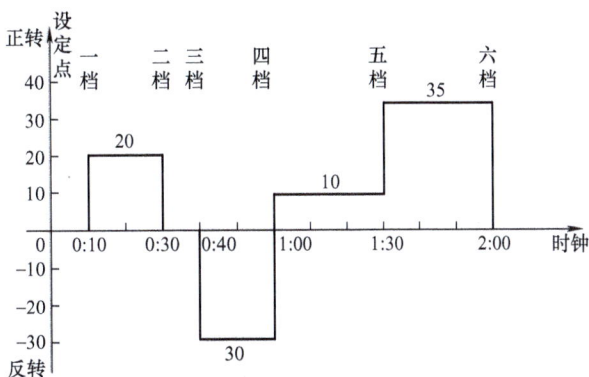

图 6-6　拖动系统的运行程序

运行组是用来存放一个运行程序所有数据的单元。一般的变频器都提供了 2～3 个运行组，供用户根据不同的负载用外部开关在各运行组中进行切换，以选择不同的运行程序。

（2）程序的给定　根据制定拖动系统的运行程序，将程序中各种参数用变频器提供的功能码进行预置。预置通常包括下面几个步骤：

1）选择程序运行的时间单位可以在"分/秒"之间选择。

2）选择一个运行组，将运行程序中各程序段的旋转方向、运行频率、持续时间（或开始时间）输入到所对应的指令中去。

（3）运行组的选择和切换　例如在变频器的控制端子中选择 3 个开关 X1、X2、X3 在各运行组之间进行切换，若 X1 闭合，选择第一运行组；若 X3 闭合，选择第三运行组；若 3 个开关都闭合，则 3 个运行组依次执行一遍。

6.2.3　优化特性功能参数

1. 节能功能

当异步电动机以某一固定转速 n 拖动一固定负载 T_L 时，其定子电压 U_x 与定子电流 I_1 之间有一定的函数关系，如图 6-7 所示。

在曲线①中可清楚看到存在一个定子电流 I_1 为最小的工作点 A，在这一点电动机取的电功率最小，也就是最节能的运行点。

当异步电动机所带的负载发生变化，由 T_L 变化

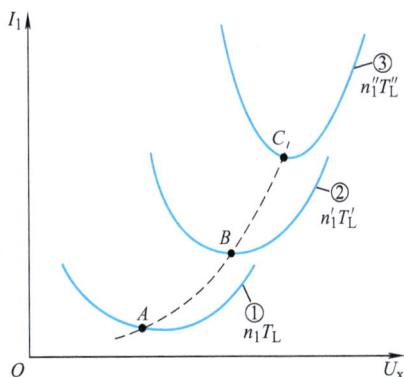

图 6-7　不同负载时的最佳工作点

至 T'_L 时，电动机转速稳定在 n'，此时的 $I_1 = f(U_x)$ 曲线变成曲线②，同样也存在着一个最佳节能的工作点 B。

对于风机、水泵等二次方律负载在稳定运行时，其负载转矩及转速都基本不变。如果能使其工作在最佳的节能点，就可以达到最佳的节能效果。

很多变频器都提供了自动节能功能，只需用户选择"用"，变频器就可自动搜寻最佳工作点，以达到节能的目的。**需要说明的是，**节能运行功能只在 U/f 控制时起作用，如果变频器选择了矢量控制，则该功能将被自动取消，因为在所有的控制功能中，矢量控制的优先级最高。

2. PID 控制功能

PID 控制是闭环控制中的一种常见形式。反馈信号取自拖动系统的输出端，当输出量偏离所要求的给定值时，反馈信号成比例地变化。在输入端，给定信号与反馈信号相比较，存在一个偏差值。对该偏差值，经过 PID 调节，变频器通过改变其输出频率，迅速、准确地消除拖动系统的偏差，回复到给定值，振荡和误差都比较小。

图 6-8 为 PID 调节的恒压供水系统示意图，供水系统的实际压力由压力传感器转换成电量（电压或电流），反馈到 PID 调节器的输入端（即 x_f），下面以该系统为例介绍 PID 调节功能。

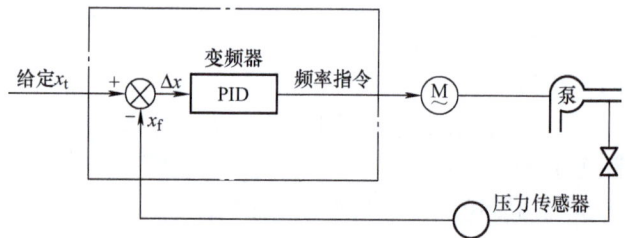

图 6-8　PID 调节的恒压供水系统示意图

（1）比较与判断功能　首先为 PID 调节器给定一个电信号 x_t，该给定电信号对应着系统的给定压力 p_p，当压力传感器将供水系统的实际压力 p_x 转变成电信号（即 x_f）送回 PID 调节器的输入端时，调节器首先将它与给定电信号 x_t 相比较，得到的偏差信号为 Δx，即

$$\Delta x = x_t - x_f$$

$\Delta x > 0$：给定值 > 供水压力，在这种情况下，水泵应升速。Δx 越大，水泵的升速幅度越大。

$\Delta x < 0$：给定值 < 供水压力，在这种情况下，水泵应降速。$|\Delta x|$ 越大，水泵的降速幅度越大。

如果 Δx 的值很小，则反应就可能不够灵敏。另外，不管控制系统的动态响应多么好也不可能完全消除静差。这里的静差，是指 Δx 的值不可能完全降到 0，而始终有一个很小的静差存在，从而使控制系统出现了误差。

为了增大控制的灵敏度，引入了 P 功能。

（2）P（比例）功能　P 功能就是将 Δx 的值按比例进行放大（放大 P 倍），这样尽管 Δx 的值很小，但是经放大后再来调整水泵的转速也会比较准确、迅速。放大后，Δx 的值大大增加，静差 s 在 Δx 中占的比例也相对减少，从而使控制的灵敏度增大，误差减小。

那么 P 值的大小对控制系统有何影响呢？如果 P 值设得过大，Δx 的值变得很大，供水系统的实际压力 p_x 调整到给定值 p_p 的速度必定很快。但由于拖动系统的惯性原因，很容易发生 $p_x > p_p$ 的情况，这种现象称为超调。于是控制又必须反方向调节，这样就会使系统的实际压力在给定值（恒压值）p_p 附近来回振荡，如图 6-9b 所示。

分析产生振荡现象的原因：主要是加、减速过程都太快的缘故，为了缓解因 P 功能给定过大而引起的超调振荡，可以引入 I 功能。

（3）I（积分）功能 I 功能就是对偏差信号 Δx 取积分后再输出，其作用是延长加速和减速的时间，以缓解因 P（比例）功能设置过大而引起的超调。P 功能与 I 功能结合，就是 PI 功能，图 6-9c 就是经 PI 调节后供水系统实际压力 p_x 的变化波形。

从图中看，尽管增加 I 功能后使得超调减少，避免了供水系统的压力振荡，但是也延长了供水压力重新回到给定值 p_p 的时间。为了克服上述缺陷，又增加了 D 功能。

（4）D（微分）功能 D 功能就是对偏差信号 Δx 取微分后再输出。也就是说，当供水压力 p_x 刚开始下降时，$\mathrm{d}p_x/\mathrm{d}t$ 最大，此时 Δx 的变化率最大，D 输出也就最大。此时水泵的转速会突然增大一下。随着水泵转速的逐渐升高，供水压力会逐渐恢复，$\mathrm{d}p_x/\mathrm{d}t$ 会逐渐减小，D 输出也会迅速衰减，供水系统又呈现 PI 调节。图 6-9d 即为 PID 调节后，供水压力 p_x 的变化情况。

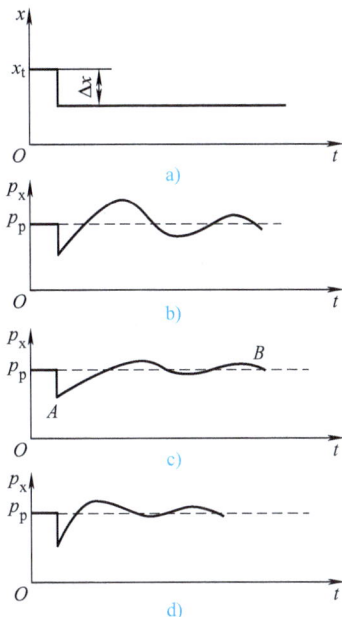

图 6-9 PID 调节功能波形

可以看到，经 PID 调节后的供水压力，既保证了系统的动态响应速度，又避免了在调节过程中的振荡，因此 PID 调节功能在恒压供水系统中得到了广泛的应用。

（5）PID 功能参数的选择 现代大部分的通用变频器都自带了 PID 调节功能，也有少部分是通过附加选件补充的。用户在选择了 PID 功能后，通常需要输入下面几个参数：

1）P 参数：比例值增益。该值越大，反馈的微小变化量就会引起执行量很大变化。也有些变频器是以比例范围给出该参数。

$$比例值增益 = \frac{1}{比例范围}$$

2）I 参数：积分时间，是指积分作用时 p_x 到达给定值的时间。也就是图 6-9c 中 A 点到 B 点的时间。该时间越小，到达给定值就越快，也越易振荡。

3）D 参数：微分时间。该时间越大，反馈的微小变化就会引起较大的响应。

4）PID 控制的给定值：该给定值是指 x_t。x_t 的值就是当系统的压力达到给定压力 p_p 时，由压力传感器反映出的 x_f 的大小，通常是给定压力与传感器量程的百分数。所以，即使是同样的给定压力，由不同量程的压力传感器所得到的 x_t 值是不一样的。

3. 自动电压调整

自动电压调整功能，很多变频器根据其英文缩写也称为 AVR 功能。变频器的输出电压会随着输入电压的变化而变化，如果输入电压下降，则会引起变频器的输出电压也下降。那么就会影响电动机的带负载能力，而这种影响是不可控制的。若选择了 AVR 功能有效，遇到这种情况，变频器就会适当提高其输出电压，以保证电动机的带负载能力不变。

4. 瞬间停电再起动

该功能的作用是在发生瞬时停电又复电时，使变频器仍然能够根据原定的工作条件自动进入运行状态，从而避免进行复位、再起动等繁琐操作，保证整个系统的连续运行。

该功能的具体实现是在发生瞬时停电时，利用变频器的自动跟踪功能，使变频器的输出频率能够自动跟踪与电动机实际转速相对应的频率，然后再升速，返回至预先给定的速度。通常当瞬时停电时间在2s以内时，可以使用变频器的这个功能。大多数变频器在使用该功能时，只需选择"用"或"不用"。有的变频器还需要输入一些其他的参数，如再起动缓冲时间等。

5. 电动机参数的自动调整

当变频器的配用电动机符合变频器说明书的使用要求时，用户只需要输入电动机的极数、额定电压等参数，变频器就可以在自己的存储器中找到该类电动机的相关参数。当选用的变频器和电动机不配套（诸如电动机型号不配套）时，变频器往往不能准确地得到电动机的参数。

在采用开环 U/f 控制时，这种矛盾并不突出；而选择矢量控制时，系统的控制是以电动机参数为依据的，此时电动机参数的准确性就显得非常重要。为了提高矢量控制的效果，很多变频器都提供了电动机参数的自动调整功能，对电动机的参数进行测试。

测试时，首先将变频器和配套电动机按要求接线，然后按以下步骤操作：

1）选择矢量控制。

2）输入电动机额定值，如额定电压、电流及频率等。

3）选择自动调整的方式为"用"或"不用"。

通过上面选择，将变频器通入电源后空转一会儿；也有的变频器需先后对电动机实施加速、减速及停止等操作，从而将电动机的定子电阻、转子电阻及电感等参数计算出来并自动保存。

6. 变频器和工频电源的切换

当变频器出现故障或电动机需要长期在工频频率下运行时，需要将电动机切换到工频电源下运行。变频器和工频电源的切换有手动和自动两种，这两种切换方式都需要配加外电路。

如果采用手动切换，则只需要在适当的时候用人工来完成，控制电路比较简单；如果采用自动切换方式，则除控制电路比较复杂外，还需要对变频器进行参数预置。大多数变频器常有下面两项选择：

1）报警时的工频电源/变频器切换选择。

2）自动变频器/工频电源切换选择。

我们只需在上面两个选项中选择"用"，那么当变频器出现故障报警或由变频器起动的电动机运行达到工频频率后，变频器的控制电路会使电动机自动脱离变频器，改由工频电源为电动机供电。

6.2.4 变频器的保护功能参数

1. 过电流保护

过电流是指变频器的输出电流的峰值超出了变频器的容许值。由于逆变器的过载能力很差，大多数变频器的过载能力只有150%，允许持续时间为1min。因此变频器的过电流保护，就显得尤为重要。

产生过电流的原因较多，大致可分为以下两种：一种就是在加、减速过程中，由于加减速时间设置过短而产生的过电流；另一种是在恒速运行时，由于负载或变频器的工作异常而引起的过电流。如：电动机遇到了冲击、变频器输出短路等。

在大多数的拖动系统中，由于负载的变动，短时间的过电流是不可避免的。为了避免频繁跳闸给生产带来的不便，一般的变频器都设置了失速防止功能（即防止跳闸功能），只有在该功能不能消除过电流或过电流峰值过大时，变频器才会跳闸，停止输出。

可以通过对变频器失速防止功能的设置来限制过电流，用户根据电动机的额定电流 I_{MN} 和负载的情况，给定一个电流限值 I_{set}（通常该电流给定为 150% I_{MN}）。

如果过电流发生在加、减速过程中，当电流超过 I_{set} 时，变频器暂停加、减速（即维持 f_x 不变），待过电流消失后再进行加、减速，如图 6-10 所示。

如果过电流发生在恒速运行时，变频器会适当降低其输出频率，待过电流消失后再使输出频率返回原来的值，如图 6-11 所示。

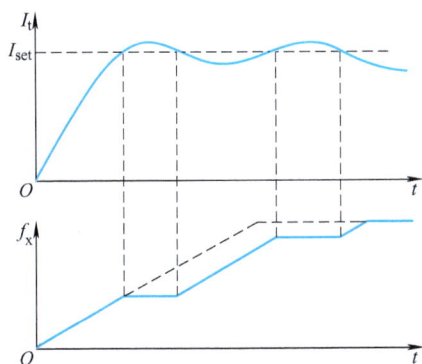

图 6-10　加、减速时的失速防止

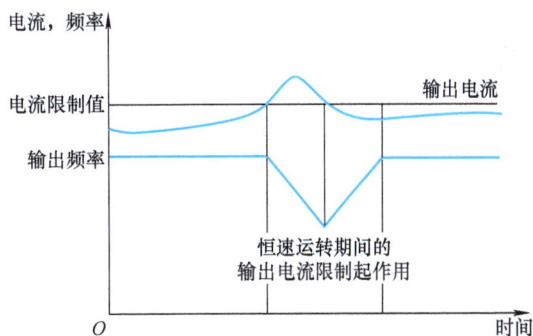

图 6-11　恒速时的失速防止

2. 电动机过载保护

在传统的电力拖动系统中，通常采用热继电器对电动机进行过载保护。热继电器具有反时限特性，即电动机的过载电流越大，电动机的温升增加越快，容许电动机持续运行的时间就越短，继电器的跳闸也越快。

变频器中的电子热敏器，可以很方便地实现热继电器的反时限特性。检测变频器的输出电流，并和存储单元中的保护特性进行比较。当变频器的输出电流大于过载保护电流时，电子热敏器将按照反时限特性进行计算，算出允许电流持续的时间 t，如果在此时间内过载情况消失，则变频器工作依然是正常的，但若超过此时间过载电流仍然存在，则变频器将跳闸，停止输出。使用变频器的该功能，只适用于一个变频器带一台电动机的情况，如图 6-12 所示。

如果一个变频器带有多台电动机，则由于电动机的容量比变频器小得多，变频器将无法对电动机的过载进行保护，通常在每个电动机上再加装一个热继电器。

3. 过电压保护

产生过电压的原因大致可分为两大类：一类是在减速制动的过程中，由于电动机处于再生制动状态，若减速时间设置得太短，因再生能量来不及释放，引起变频器中间电路的直流电压升高而产生过电压；另一类是由于电源系统的浪涌电压而引起的过电压。对于电源过电压的情况，变频器规定：电源电压的上限一般不能超过电源电压的

10%。如果超过该值，则变频器将会跳闸。

对于在减速过程中出现的过电压，也可以采用暂缓减速的方法来防止变频器跳闸。可以由用户给定一个电压的限值 U_{set}，在减速的过程中若出现直流电压 $U_D > U_{set}$ 时，则暂停减速，如图 6-13 所示。

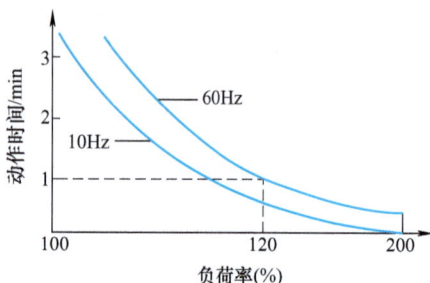

图 6-12　电子热敏器反时限特性

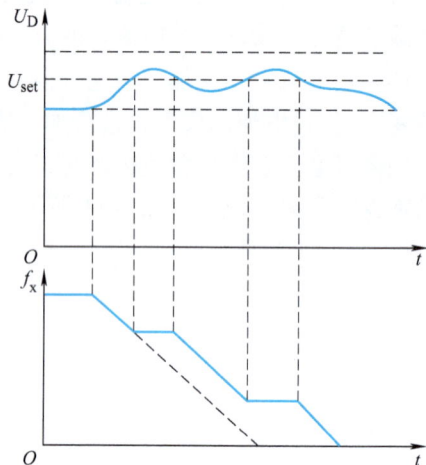

图 6-13　减速时防止跳闸功能

4. 欠电压保护和瞬间停电的处理

当电网电压过低时，会引起变频器直流中间电路的电压下降，从而使变频器的输出电压过低并造成电动机输出转矩不足和过热现象。而欠电压保护的作用，就是在变频器的直流中间电路出现欠电压时，使变频器停止输出。

当电源出现瞬间停电时，直流中间电路的电压也将下降，并可能出现欠电压的现象。为了使系统在出现这种情况时，仍能继续正常工作而不停车，现代的变频器大部分都提供了瞬间停电再起动功能。

6.3　变频器的频率参数及预置

变频器的运行涉及多项频率参数，需要对各参数进行功能预置，才能使电动机变频调速后的特性满足生产机械的要求。本节介绍一些和频率有关的参数及其预置。

6.3.1　各种基本频率参数

1. 给定频率

用户根据生产工艺的需求所设定的变频器输出频率。例如：原来工频供电的风机电动机现改为变频调速供电，就可设置给定频率为 50Hz，其设置方法有两种：一种是用变频器的操作面板来输入频率的数字量 50；另一种是从控制接线端上用外部给定（电压或电流）信号进行调节，最常见的形式就是通过外接电位器来完成。

2. 输出频率

输出频率即变频器实际输出的频率。当电动机所带的负载变化时，为使拖动系统稳定，此时变频器的输出频率会根据系统情况不断地调整。因此输出频率是在给定频率附近经常变化的。从另一个角度来说，变频器的输出频率就是整个拖动系统的运行频率。

3. 基准频率

基准频率也叫基本频率，用 f_b 表示。一般以电动机的额定频率 f_N 作为基准频率 f_b 的给定值。

基准电压是指输出频率到达基准频率时变频器的输出电压，基准电压通常取电动机的额定电压 U_N。基准电压和基准频率的关系如图 6-14 所示。

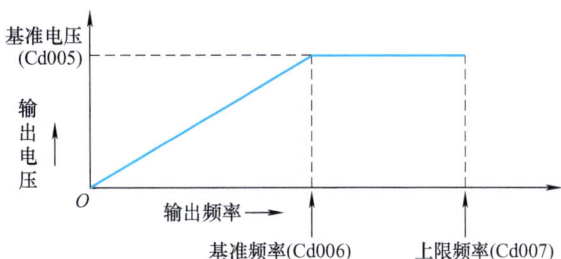

图 6-14 基准电压和基准频率的关系

4. 上限频率和下限频率

上限频率和下限频率是指变频器输出的最高、最低频率，常用 f_H 和 f_L 来表示。根据拖动系统所带的负载不同，有时要对电动机的最高、最低转速给予限制，以保证拖动系统的安全和产品的质量，另外，由操作面板的误操作及外部指令信号的误动作引起的频率过高和过低，设置上限频率和下限频率可起到保护作用。常用的方法就是给变频器的上限频率和下限频率赋值。一般的变频器均可通过参数来预置其上限频率 f_H 和下限频率 f_L，当变频器的给定频率高于上限频率 f_H 或者是低于下限频率 f_L 时，变频器的输出频率将被限制为 f_H 或 f_L，如图 6-15 所示。

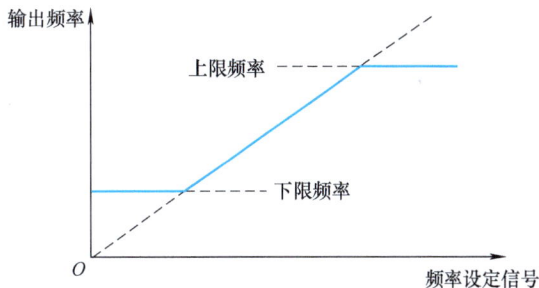

图 6-15 上限频率和下限频率

例如：预置 $f_H = 60\text{Hz}$，$f_L = 10\text{Hz}$。

若给定频率为 50Hz 或 20Hz，则输出频率与给定频率一致；

若给定频率为 70Hz 或 5Hz，则输出频率被限制为 60Hz 或 10Hz。

5. 跳跃频率

跳跃频率也叫回避频率，是指不允许变频器连续输出的频率，常用 f_J 表示。由于生产机械运转时的振动是和转速有关的，当电动机调到某一转速（变频器输出某一频率）时，机械振动的频率和它的固有频率一致时就会发生谐振，此时对机械设备的损害是非常大的。为了避免机械谐振的发生，应当让拖动系统跳过谐振所对应的转速，所以变频器的输出频率就要跳过谐振转速所对应的频率。

变频器在预置跳跃频率时通常采用预置一个跳跃区间，区间的下限是 f_{J1}、上限是 f_{J2}，如果给定频率处于 f_{J1} 和 f_{J2} 之间，则变频器的输出频率将被限制在 f_{J1}。为方便用户使用，大部分的变频器都提供了 2~3 个跳跃区间。跳跃频率的工作区间如图 6-16 所示。

例如：如已经设定 $f_{J1} = 30\text{Hz}$，$f_{J2} = 35\text{Hz}$。若给定频率为 32Hz 时，则变频器的输出频率为 30Hz。

6.3.2 变频器的其他频率参数

1. 点动频率

点动频率是指变频器在点动时的给定频率。
生产机械在调试以及每次新的加工过程开始前
常需进行点动，以观察整个拖动系统各部分运
转是否良好。为防止意外，大多数点动运转的
频率都较低。如果每次点动前都需将给定频率
修改成点动频率是很麻烦的，所以一般的变频
器都提供了预置点动频率的功能。如果预置了

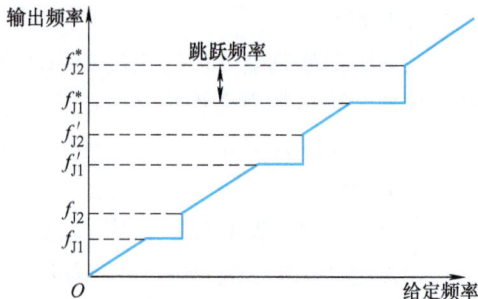

图 6-16　变频器的跳跃频率

点动频率，则每次点动时，只需要将变频器的运行模式切换至点动运行模式即可，不必再改
动给定频率了。

2. 载波频率（PWM 频率）

PWM 变频器的输出电压是一系列脉冲，脉冲的宽度和间隔均不相等，其大小取决于调
制波（基波）和载波（三角波）的交点。载波频率越高，一个周期内脉冲的个数越多，也
就是说脉冲的频率越高，电流波形的平滑性就越好，但是对其他设备的干扰也越大。载波频
率如果预置不合适，还会引起电动机铁心的振动而发出噪声，因此一般的变频器都提供了
PWM 频率调整的功能，使用户在一定的范围内可以调节该频率，从而使得系统的噪声最小，
波形平滑性最好，同时干扰也最小。

3. 起动频率

起动频率是指电动机开始起动时的频率，常用 f_s 表示；这个频率可以从 0 开始，但是
对于惯性较大或是摩擦转矩较大的负载，需加大起动转矩。此时可使起动频率加大至 f_s，此
时起动电流也较大。一般的变频器都可以预置起动频率，一旦预置该频率，变频器对小于起
动频率的运行频率将不予理睬。

给定起动频率的原则是：在起动电流不超过允许值的前提下，拖动系统能够顺利起动
为宜。

4. 直流制动起始频率

在减速的过程中，当频率降至很低时，电动机的制动转矩也随之减小。对于惯性较大的拖
动系统，由于制动转矩不足，常在低速时出现停不住的爬行现象。针对这种情况，当频率降到
一定程度时，向电动机绕组中通入直流电，以使电动机迅速停止，这种方法叫直流制动。

设定直流制动功能时主要考虑 3 个参数：

（1）直流制动电压 U_{DB}　施加于定子绕组上的直流电压，其大小决定了制动转矩的大
小。拖动系统惯性越大，U_{DB} 的设定值也应该越大。

（2）直流制动时间 t_{DB}　是向定子绕组内通入直流电流的时间。

（3）直流制动的起始频率 f_{DB}　当变频器的工作频率下降至 f_{DB} 时，通入直流电，如果
对制动时间没有要求，f_{DB} 可尽量设定得小一些。

5. 多档转速频率

由于工艺上的要求，很多生产机械在不同的阶段需要在不同的转速下运行。为方便这种
负载，大多数变频器均提供了多档频率控制功能。它是通过几个开关的通、断组合来选择不

同的运行频率。常见的形式是用 3 个输入端来选择 7~8 档频率。

　　在变频器的控制端子中设置有 3 个开关 X1、X2、X3，用其开关状态的组合来选择各档频率，一共可选择 7 个频率档，见表6-7。

表6-7　X1、X2、X3 状态组合与转速频率档次

频率	0	f_{x1}	f_{x2}	f_{x3}	f_{x4}	f_{x5}	f_{x6}	f_{x7}
X1 状态	0	0	0	0	1	1	1	1
X2 状态	0	0	1	1	0	0	1	1
X3 状态	0	1	0	1	0	1	0	1

　　将表6-7 中开关状态的组合与各档频率之间的关系画成曲线图，如图6-17 所示。

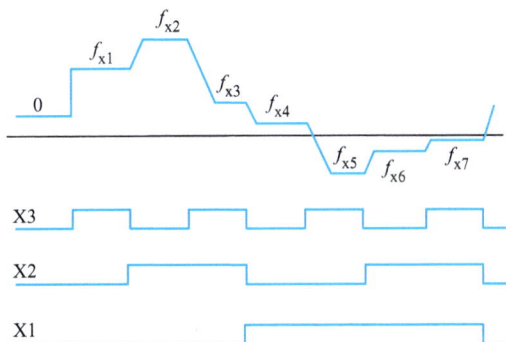

图 6-17　开关状态的组合与各档频率之间的关系

通常对于多档转速运转的频率，也可以利用变频器的操作面板直接设定或步进设定。

本 章 小 结

变频器的基本组成可分为两大部分：由电力电子器件构成的主电路；以微处理器为核心的控制电路。

变频器与外部连接的端子分为主电路端子和控制电路端子。

变频器在使用前，一定要对功能参数进行预置，预置过程大致有下面几个步骤：

1）查功能参数码表，找出需要预置参数的功能码。

2）在参数设定模式（编程模式）下，读出该功能码中原有的数据。

3）修改数据，送入新数据。

习　题　6

1. 变频器的主电路端子有哪些？分别与什么相连接？

2. 变频器的控制端子大致分为哪几类？

3. 如何预置变频器的基本频率参数？

4. 变频器有哪些运行功能需要进行设置？如何设置？

5. 变频器有哪些保护功能需要进行设置？如何设置？

6. 变频器的节能控制功能有什么意义？

7. 说明设置变频器的 PID 功能的意义。

第7章
变频器的控制方式

知识目标

1. 理解变频器控制方式的分类，包括 U/f 控制、转差频率控制、矢量控制和直接转矩控制的基本原理。

2. 掌握 U/f 控制的核心思想，即保持 U/f 恒定以维持电动机磁通不变，以及低频下通过转矩补偿提升输出转矩的方法。

3. 理解转差频率控制的速度闭环结构及其通过控制转差频率减少速度静态误差的机制。

4. 掌握矢量控制的原理，即通过精确控制输出电流的大小、频率和相位来优化磁通和转矩的控制。

5. 了解直接转矩控制的模型分析方法及其通过磁链和转矩的直接控制实现高效控制的特点。

能力目标

1. 能够根据电动机应用场景选择合适的变频器控制方式以满足性能要求。

2. 熟练分析不同控制方式对电动机转矩、效率及功率因数的影响，并进行优化配置。

3. 能够应用矢量控制和直接转矩控制方法设计高性能的电动机控制系统。

素质目标

1. 培养对高效电动机控制技术的学习兴趣，增强在复杂场景中解决问题的能力。

2. 提高对自动化系统中调速控制的理解和实践水平，树立系统化设计理念。

3. 增强对先进控制技术的创新意识，为实现更高效、更精确的电机控制奠定基础。

目前常用的变频器采用的控制方式有：U/f 控制、转差频率控制、矢量控制和直接转矩控制等。

7.1　U/f 控制

作为变频器调速控制方式，U/f 控制比较简单，多用于通用变频器，例如风机、泵类机械的节能运转及生产流水线的工作台传动等。

7.1.1　U/f 控制原理

在进行电动机调速时，通常要考虑的一个重要因素是希望保持电动机中每极磁通量为额定值，并保持不变。如果磁通太弱就等于没有充分利用电动机的铁心，是一种浪费；如果过分增大磁通，又会使铁心饱和，过大的励磁电流会使绕组过热，从而损坏电动机。

U/f 控制是使变频器的输出在改变频率的同时也改变电压，通常是使 U/f 为常数，这样可使电动机磁通保持一定，在较宽的调速范围内，电动机的转矩、效率及功率因数不下降。

1. 异步电动机的等效电路

异步电动机的转子能量是通过电磁感应而得到的。定子和转子之间在电路上没有直接联系，其电路可用图 7-1 来表示。

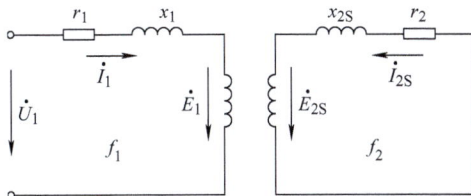

图 7-1　异步电动机定子和转子等效电路

在图 7-1 中，$\dot{U}_1$ 为定子的相电压；$\dot{I}_1$ 为定子的相电流；r_1 为定子每相绕组的电阻；x_1 为定子每相绕组的漏电抗；$\dot{E}_{2S}$、$\dot{I}_{2S}$、x_{2S} 分别为转子电路中产生的电动势、电流及漏电抗；$\dot{E}_1$ 为每相定子绕组的反电动势，它是定子绕组切割旋转磁场而产生的，其有效值计算如下：

$$E_1 = 4.44 f_1 k_{N1} N_1 \Phi_M \tag{7-1}$$

式中，f_1 为电源频率；k_{N1} 为与绕组结构有关的常数；N_1 为每相定子绕组的匝数；Φ_M 为每极气隙磁通量（Wb）。

由式（7-1）可见，只要控制好 E_1 和 f_1，便可达到控制磁通量 Φ_M 的目的。

2. 变频调速要求

由于 $4.44 k_{N1} N_1$ 为常数，所以定子绕组的反电势 E_1 可用下式表示：

$$E_1 \propto f_1 \Phi_M \tag{7-2}$$

在额定频率时即 $f_1 = f_N$ 时，可以忽略定子绕组的阻抗电压降 ΔU，可得到

$$U_1 \approx E_1 \tag{7-3}$$

因此进而得到　　　　　　　　　$U_1 \approx E_1 \propto f_1 \Phi_M$

此时若 U_1 没有变化，则 E_1 也可认为基本不变。如果这时从额定频率 f_N 向下调节频率，必将使 Φ_M 增加，即 $f_1 \downarrow \rightarrow \Phi_M \uparrow$。

由于额定工作时电动机的磁通已接近饱和，Φ_M 增加将会使电动机的铁心出现深度饱和，这将使励磁电流急剧升高，导致定子电流和定子铁心损耗急剧增加，使电动机工作不正常。可见，在变频调速时单纯调节频率是行不通的。

为了达到下调频率时磁通 Φ_M 不变，可以根据式（7-2），使

$$\frac{E_1}{f_1} = 常数 \tag{7-4}$$

即在频率 f_1 下调时，也同步下调反电势 E_1，但是由于 E_1 是定子反电动势，无法直接进行检测和控制，但根据式（7-3）有 $U_1 \approx E_1$，式（7-4）即可写为

$$\frac{U_1}{f_1} = 常数 \tag{7-5}$$

因此，在额定频率以下，即 $f_1 < f_N$ 调频时，同时下调加在定子绕组上的电压，即恒 U/f

控制。

这时应当注意的是，电动机工作在额定频率时，其定子电压也应是额定电压，即

$$f_1 = f_N \qquad U_1 = U_N$$

若在额定频率以上调频时，U_1 就不能跟着上调了，因为电动机定子绕组上的电压不允许超过额定电压，即必须保持 $U_1 = U_N$ 不变。

7.1.2 恒 U/f 控制方式的机械特性

下面对恒 U/f 控制方式的机械特性进行分析。

1. 调频比和调压比

调频时，通常都是相对于其额定频率 f_N 来进行调节的，那么调频频率 f_x 就可以表示为

$$f_x = k_f f_N \tag{7-6}$$

式中，k_f 为频率调节比（也叫调频比）。k_f 的值可能大于1，等于1，或小于1。

根据变频也要变压的原则，在变压时也存在着调压比，调整电压 U_x 可表示为

$$U_x = k_u U_N \tag{7-7}$$

式中，k_u 为调压比；U_N 为电动机的额定电压。

2. 变频后电动机的机械特性

调频的过程中，若频率调至 f_x，则有 $f_x = k_f f_N$，此时电压跟着调为 $U_x = k_u U_N$。

下面介绍机械特性上的几个特殊点，及异步电动机的机械特性。

（1）理想空载点（0，n_{0x}）

$$n_{0x} = \frac{60 k_f f_N}{p} = k_f n_0 \tag{7-8}$$

（2）临界转矩点（T_{Kx}，n_{Kx}）　临界点是确定机械特性的关键点，由于理论推导过于繁琐，下面通过一组实验数据来观察临界点随频率变化的规律，从而得出机械特性的大致轮廓。表 7-1 是某 4 极电动机在 $k_f = k_u < 1$ 时的实验结果。

表 7-1　$k_f = k_u < 1$ 时的临界点坐标

k_f	1.0	0.9	0.8	0.7	0.6	0.5	0.4	0.3	0.2
$n_{0x}/(\text{r} \cdot \text{min}^{-1})$	1500	1350	1200	1050	900	750	600	450	300
T_{Kx}/T_{KN}	1.0	0.97	0.94	0.9	0.85	0.79	0.7	0.6	0.45
$\Delta n_{Kx}/(\text{r} \cdot \text{min}^{-1})$	285	285	285	285	279	270	255	225	186

注：T_{KN} 为额定频率时的临界转矩。

（3）调速时的机械特性曲线　结合表 7-1 中的数据，就可以做出 $k_f = 1$、0.9、0.5、0.3 时的机械特性曲线 f_N、$f_x^{0.9}$、$f_x^{0.5}$、$f_x^{0.3}$，如图 7-2 所示。

观察各条机械特性曲线，它们的特征如下：

1）从 f_N 向下调频时，n_{0x} 下移，T_{Kx} 逐渐减小。

2）f_x 在 f_N 附近下调时，$k_f = k_u \rightarrow 1$，T_{Kx} 减小很少，可近似认为 $T_{Kx} \approx T_{KN}$；f_x 调的很低时，$k_f = k_u \rightarrow 0$，T_{Kx} 减小很快。

3）f_x 不同时，临界转差 Δn_{Kx} 变化不是很大，所以稳定工作区的机械特性曲线基本是平行的，且机械特性较硬。

下面分析 $f_x > f_N$ 时的机械特性：

当 $f_x > f_N$ 时，电动机定子电压保持额定电压不变，理想空载点 n_{0x} 在 n_0 的上方随着 k_f 的增加而上移。

同样使用实验数据来观察临界点位置的变化。表 7-2 是某 4 极电动机在 $k_f > 1$ 时的实验结果。

结合表 7-2 中的数据，做出 $k_f = 1.2$、1.4 时的机械特性曲线 $f_x^{1.2}$、$f_x^{1.4}$，如图 7-2 所示，各条机械特性曲线具有以下特征：

1）f_N 向上调频时，n_{0x} 上移，T_{Kx} 大幅减小。

2）临界转差 Δn_{Kx} 几乎不变。但由于 T_{Kx} 减小很多，所以机械特性曲线斜度加大，特性变软。

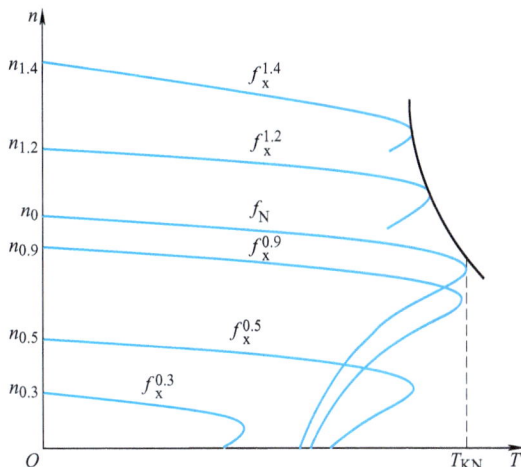

图 7-2　异步电动机变频调速的机械特性曲线

表 7-2　$k_f > 1$ 时的临界点坐标

k_f	1.0	1.2	1.4	1.6	1.8	2.0
$n_{0x}/(\text{r} \cdot \text{min}^{-1})$	1500	1800	2100	2400	2700	3000
T_{Kx}/T_{KN}	1.0	0.72	0.55	0.43	0.34	0.28
$\Delta n_{Kx}/(\text{r} \cdot \text{min}^{-1})$	291	294	296	297	297	297

7.1.3　对额定频率 f_N 以下变频调速特性的修正

在低频时，T_{Kx} 的大幅减小，严重影响到电动机在低速时的带负载能力，为解决这个问题，必须了解低频时 T_{Kx} 减小的原因。

1. T_{Kx} 减小的原因分析

由于调频时为维持电动机的主磁通 Φ_M 不变，需保证 $E/f = $ 常数，由于 E 不易检测和控制，用 $U/f = $ 常数来代替上述等式。这种近似代替是以忽略电动机定子绕组阻抗压降为代价的。但低频时 f_x 降得很低，U_x 也很小，此时再忽略 ΔU 就会引起很大的误差，从而引起 T_{Kx} 大幅下降。

参考图 7-1，可得电动机的定子电压为

$$U_x = E_x + \Delta U_x \tag{7-9}$$

式中，ΔU_x 为电动机定子绕组的阻抗压降。

由式（7-9）可以看出，当 f_x 降低时，U_x 也已很小，ΔU_x 在 U_x 中的比重越来越大，而 E_x 在 U_x 的比重却越来越小。如仍保持 $U_x/f_x = $ 常数，E_x/f_x 的比值却在不断减小。此时主磁通 Φ_M 减少，从而引起电磁转矩的减小。

以上分析过程可表示为

$$k_f \downarrow (k_u = k_f) \xrightarrow{} \frac{\Delta U_x}{U_x} \uparrow \xrightarrow{} \frac{E_x}{U_x} \downarrow \xrightarrow{} \Phi_M \downarrow \xrightarrow{} T_{Kx} \downarrow$$

2. 解决的办法

针对 $k_f = k_u$ 下降时 E_x 在 U_x 中的比重减小，从而造成主磁通 Φ_M 和电磁转矩 T_{Kx} 下降的情况，可适当提高调压比 k_u，使 $k_u > k_f$，即提高 U_x 的值，使得 E_x 的值增加，从而保证 $E_x/f_x = $ 常数。这样就能保证主磁通 Φ_M 基本不变，最终使电动机的临界转矩得到补偿。由于这种方法是通过提高 U/f 比（即 $k_u > k_f$）使 T_{Kx} 得到补偿的，因此这种方法被称为电压补偿，也有些资料称为转矩提升。经过电压补偿后，电动机机械特性在低频时的 T_{Kx} 得到了大幅提高，如图7-3所示。

图 7-3 所示的机械特性曲线具有以下的特征：

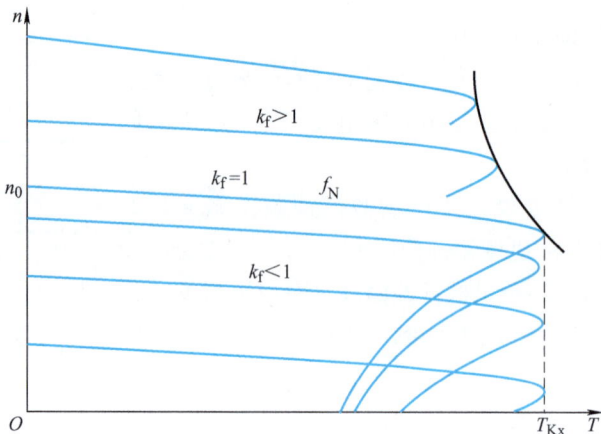

图 7-3　U/f 采用电压补偿后异步电动机的机械特性曲线

在全频范围内调速时，电动机的调速特性可以分为恒转矩区和恒功率区。

（1）恒转矩的调速特性　这里的恒转矩，是指在转速变化的过程中，电动机具有输出恒定转矩的能力。在 $f_x < f_N$ 的范围内变频调速时，经过补偿后，各条机械特性曲线的 T_{Kx} 基本为一定值，因此这区域基本为恒转矩调速区域，适合带恒转矩的负载。

从另一方面来看，经补偿后的 $f_x < f_N$ 调速，可基本认为 $E/f = $ 常数，即 Φ_M 不变，因此，在负载不变的情况下 T 基本为一定值。

（2）恒功率的调速特性　这里的恒功率，是指在转速变化的过程中，电动机具有输出恒定功率的能力。在 $f_x > f_N$ 情况下，通常 k_f 的取值为 $1 \sim 1.5$，在这个范围内变频调速时，各条机械特性曲线的最大电磁功率 P_{Kx} 可表示为

$$P_{Kx} = \frac{T_{Kx} n_{Kx}}{9550} \approx 常数 \tag{7-10}$$

因此在 $f_x > f_N$ 时，电动机近似具有恒功率的调速特性，适合带恒功率的负载。

7.1.4　U/f 控制的功能

1. 转矩提升

转矩提升是指通过提高 U/f 比来补偿 f_x 下调时引起的 T_{Kx} 下降。但并不是 U/f 比取大些就好。

（1）电压完全补偿　电压完全补偿的含义是不论 f_x 调多小（即 $k_f = k_u$ 的值多小），通过提高 $U_x(k_u > k_f)$ 都能使得最大转矩 T_{Kx} 与额定频率时的最大转矩 T_{KN} 相等，以保证电动机的过载能力不变，这种补偿称作电压完全补偿。

（2）补偿过分的后果　如果变频时的 U/f 比选择不当，使得电压补偿过多，即 U_x 提升过多，E_x 在 U_x 中占的比例会相对减小（E_x/U_x 减小），其结果是使磁通 Φ_M 增大，从而达到新的平衡，即

$$U_x \uparrow \uparrow \to \frac{E_x}{U_x} \downarrow \to I_1 \uparrow \to I_0 \uparrow \to \Phi_M \uparrow \to E_x \uparrow \to \frac{E_x}{U_x} \uparrow$$

由于 Φ_M 的增大会引起电动机铁心饱和，而铁心饱和会导致励磁电流的波形畸变，产生很大的峰值电流。补偿越过分，电动机铁心饱和越厉害，励磁电流 I_0 的峰值越大，严重时可能会引起变频器因过电流而跳闸。

通过以上分析可知，低频时 U/f 比决不可取得太大。但在负载变化较大的拖动系统，会不可避免地出现上述情况。例如：起重机械起吊的重物有时重，有时轻；电梯里的乘客有时多，有时少等。负载变动，则电流也必变动，阻抗压降也就变动。而 U/f 比只能根据负载最重时的工作状况进行设定，设定后是不能随负载而变的。因此，在轻载时就会出现补偿过分。

针对 U/f 控制中的过分补偿问题，一些高性能的变频器都设置了自动转矩补偿功能，变频器可以根据电流 I_1 的大小自动决定补偿的程度。当然实际使用中，"自动 U/f 比设定"功能的运行情况也并不理想，否则"手动 U/f 比设定"功能就可以取消了。

2. U/f 控制功能的选择

为了方便用户选择 U/f 比，变频器通常都是以 U/f 控制曲线的方式提供给用户，让用户选择的，如图 7-4 所示。

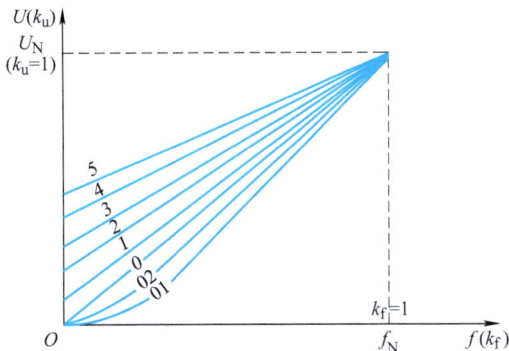

图 7-4　变频器的 U/f 控制曲线

（1）U/f 控制曲线的种类

1）基本 U/f 控制曲线。把 $k_f = k_u$ 时的 U/f 控制曲线称为基本 U/f 线，它表明了没有补偿时的电压 U_x 和频率 f_x 之间的关系，它是进行 U/f 控制时的基准线。基本 U/f 线上，与额定输出电压对应的频率称为基本频率，用 f_b 表示，有

$$f_b = f_N$$

基本 U/f 线如图 7-5 所示。

2）转矩补偿的 U/f 曲线。

特点：在 $f_x = 0$ 时，不同的 U/f 曲线，电压补偿值 U_x 不同，如图 7-4 中曲线 1 ~ 5 所示。

适用负载：经过补偿的 U/f 线适用于低速时需要较大转矩的负载。可根据低速时负载的大小来确定补偿的程度，选择 U/f 线。

3）负补偿的 U/f 曲线。

特点：低速时，U/f 线在基本 U/f 曲线的下方，如图 7-4 中的 01、02 线。这种在低速时减少电压 U_x 的做法称为负补偿，也称为低减 U/f 比。

适用负载：主要适用于风机、泵类的二次方率负载。由于这种负载的阻转矩和转速二次方成正比，即低速时负载转矩很小，即使不补偿，电动机输出的电磁转矩都足以带动负载，而且还有富裕。从节能的角度来考虑，U_x（即 k_u）还可以减小。

4）U/f 比分段的补偿线。

特点：U/f 曲线由几段组成，每段的 U/f 值均由用户自行给定，如图 7-6 所示。

适用负载：这种补偿线主要适合负载转矩与转速大致成比例的负载。在低速时补偿少，在高速时补偿程度需要加大。

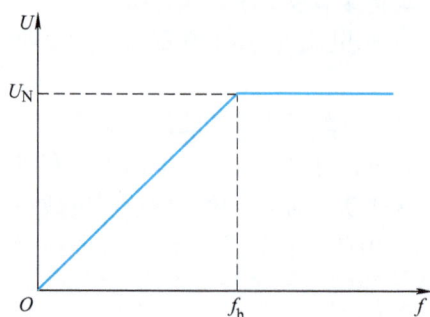

图 7-5 基本 U/f 线

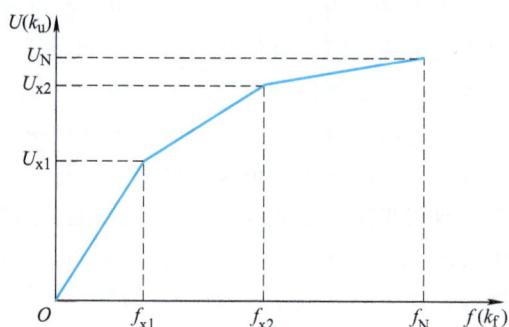

图 7-6 U/f 比分段的补偿线

（2）选择 U/f 控制曲线时常用的操作方法　上面讲解了 U/f 控制曲线的选择方法和原则，但是由于具体的补偿量的计算非常复杂，因此在实际操作中，常用实验的办法来选择 U/f 曲线。具体操作有下面几个步骤：

1）将拖动系统连接好，带以最重的负载。

2）根据所带负载的性质，选择一个较小的 U/f 曲线，在低速时观察电动机的运行情况，如果此时电动机的带负载能力达不到要求，需将 U/f 曲线提高一档。依此类推，直到电动机在低速时的带负载能力达到拖动系统的要求。

3）如果负载经常变化，在步骤2）中选择的 U/f 曲线还需要在轻载和空载状态下进行检验。

方法是：将拖动系统带以最轻的负载或空载，在低速下运行，观察定子电流 I_1 的大小，如果 I_1 过大，或者变频器跳闸，说明原来选择的 U/f 曲线过大，补偿过分，需要适当调低 U/f 曲线。

7.2　转差频率控制

转差频率控制（SF 控制）就是检测出电动机的转速，构成速度闭环，速度调节器的输出为转差频率，然后以电动机速度对应的频率与转差频率之和作为变频器的给定输出频率。由于通过控制转差频率来控制转矩和电流，与 U/f 控制相比其加、减速特性和限制过电流的能力得到提高。另外，它有速度调节器，利用速度反馈进行速度闭环控制，速度的静态误差小，适用于自动控制系统。

由于在转差频率控制中需要速度检出器，通常用于单电动机运转，即一台变频器控制一台电动机。

7.2.1　转差频率控制原理

如果保持电动机的气隙磁通一定，则电动机的转矩及电流由转差角频率决定，因此，若添加控制电动机转差角频率的功能，那么异步电动机产生的转矩就可以控制。

转差频率是施加于电动机的交流电压频率与电动机速度（电气角频率）的差频率，在电动机转子上安装测速发电机（PG）等速度检出器可以检测电动机的速度，检测出的转子速度加上转差频率（与产生所要求的转矩相对应）就是逆变器的输出频率。

转差频率与转矩的关系为图 7-7 所示的特性，在电动机允许的过载转矩（额定转矩的 150%~200%）以下，大体可以认为产生的转矩与转差频率成比例。另外，电流随转差频率的增加而单调增加。所以，如果给出的转差频率不超过允许过载时的转差频率，那么就可以具有限制电流的功能。

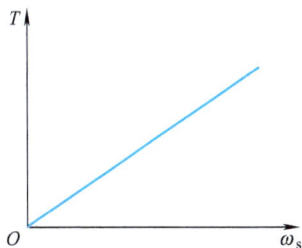

图 7-7　转差频率与转矩的关系

为了控制转差频率，需要增加检出电动机速度的装置，虽然设备成本提高了，但系统的加、减速特性和稳定性比开环的 U/f 控制获得了提高，过电流的限制效果也变好。

7.2.2　转差频率控制的系统构成

图 7-8 为异步电动机的转差频率控制系统框图。采用转子速度闭环控制，速度调节器通常采用 PI 控制。它的输入为速度设定信号 ω_2^* 和检测的电动机实际速度 ω_2 之间的误差信号。速度调节器的输出为转差频率设定信号 ω_s^*。变频器的设定频率即电动机的定子电源频率 ω_1^* 为转差频率设定值 ω_s^* 与实际转子转速 ω_2 之和。当电动机带负载运行时，定子频率设定将会自动补偿由负载所产生的转差，保持电动机的速度为设定速度。速度调节器的限幅值决定了系统的最大转差频率。

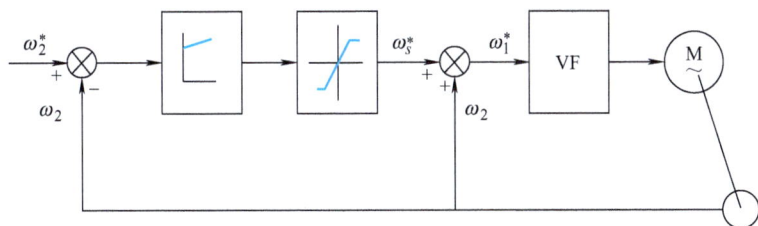

图 7-8　异步电动机的转差频率控制系统框图

7.3　矢量控制

矢量控制（VC）是通过控制变频器输出电流的大小、频率及相位，以维持电动机内部的磁通为设定值，产生所需的转矩。它是从直流电动机的调速方法得到启发，利用现代计算机技术解决了大量的计算问题，从而使得矢量控制方式得到了成功的实施，成为高性能的异步电动机控制方式。

7.3.1　直流电动机与异步电动机调速上的差异

1. 直流电动机的调速特征

直流电动机具有两套绕组，即励磁绕组和电枢绕组，它们的磁场在空间上互差 π/2 电角度，两套绕组在电路上是互相独立的，如图 7-9 所示。直流电动机的励磁绕组流过电流 I_F

时产生主磁通 Φ_M，电枢绕组流过负载电流 I_A，产生的磁场为 Φ_A，两磁场在空间互差 $\pi/2$ 电角度。

直流电动机的电磁转矩可以表示为

$$T = C_T \Phi_M I_A \qquad (7\text{-}11)$$

当励磁电流 I_F 恒定时，Φ_M 的大小不变。直流电动机所产生的电磁转矩 T 和电枢电流 I_A 成正比，因此调节 I_A（调节 Φ_A）就可以调速。而当 I_A 一定时，控制 I_F 的大小，可以调节 Φ_M，也就可以调速。这就是说，只需要调节两个磁场中的一个就可以对直流电动机调速。这种调速方法使直流电动机具有良好的控制性能。

图 7-9 直流电动机的结构
1—主磁极 2—励磁绕组
3—电枢 4—电刷

2. 异步电动机的调速特征

异步电动机虽然也有两套绕组，即定子绕组和转子绕组，但只有定子绕组和外部电源相接，定子电流 I_1 是从电源吸取电流，转子电流 I_2 是通过电磁感应产生的感应电流。因此异步电动机的定子电流应包括两个分量，即励磁分量和负载分量。励磁分量用于建立磁场；负载分量用于平衡转子电流磁场。

综上所述，直流电动机与交流电动机的不同主要有下面几点：

1）直流电动机的励磁回路、电枢回路相互独立，而异步电动机将两者都集中于定子回路。

2）直流电动机的主磁场和电枢磁场互差 $\pi/2$ 电角度。

3）直流电动机是通过独立地调节两个磁场中的一个来进行调速的，而异步电动机则做不到。

3. 对异步电动机调速的思考

既然直流电动机的调速有那么多的优势，调速后电动机的性能又很优良，那么能否将异步电动机的定子电流分解成励磁电流和负载电流，并分别进行控制，而它们所形成的磁场在空间上也能互差 $\pi/2$ 电角度？如果能实现上述设想，异步电动机的调速就可以和直流电动机相差无几了。

7.3.2 矢量控制中的等效变换

异步电动机的定子电流，实际上就是电源电流，我们知道，将三相对称电流通入异步电动机的定子绕组中，就会产生一个旋转磁场，这个磁场就是主磁场 Φ_M。设想一下，如果将直流电流通入某种形式的绕组中，也能产生和上述旋转磁场一样的 Φ_M，就可以通过控制直流电流实现先前所说的调速设想。

1. 坐标变换的概念

由三相异步电动机的数学模型可知，研究其特性并控制时，若用两相就比三相简单，如果能用直流控制就比交流控制更方便。为了对三相系统进行简化，就必须对电动机的参考坐标系进行变换，这就称为坐标变换。在研究矢量控制时，定义有三种坐标系，即三相静止坐标系（3s）、两相静止坐标系（2s）和两相旋转坐标系（2r）。

众所周知，交流电动机三相对称的静止绕组 A、B、C 通入三相平衡的正弦电流 i_A、i_B、i_C 时，所产生的合成磁动势是旋转磁动势 F，它在空间呈正弦分布，并以同步转速 ω_1 按 A→B→C 相序旋转，其等效模型如图 7-10a 所示。图 7-10b 则给出了两相静止绕组 α 和 β，

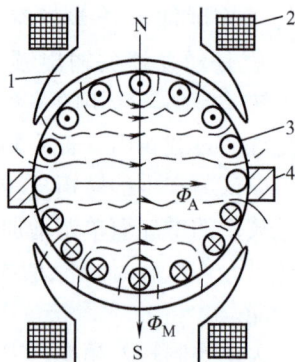

它们在空间相互差 90°，再通以时间上互差 90°的两相平衡交流电流，也能产生旋转磁动势 F 与三相等效。图 7-10c 则给出两个匝数相等且互相垂直的绕组 M 和 T，在其中分别通以直流电流 i_M 和 i_T，在空间产生合成磁动势 F。如果让包含两个绕组在内的铁心（图中以圆表示）以同步转速 ω_1 旋转，则磁动势 F 也随之旋转成为旋转磁动势。如果能把这个旋转磁动势的大小和转速也控制成 A、B、C 和 α 和 β 坐标系中的磁动势一样，那么，这套旋转的直流绕组也就和这两套交流绕组等效了。当观察者站到铁心上和绕组一起旋转时，会看到 M 和 T 是两个通以直流而相互垂直的静止绕组，如果使磁通矢量 Φ 的方向在 M 轴上，就和一台直流电动机模型没有本质上的区别。可以认为：绕组 M 相当于直流电动机的励磁绕组，T 相当于电枢绕组。

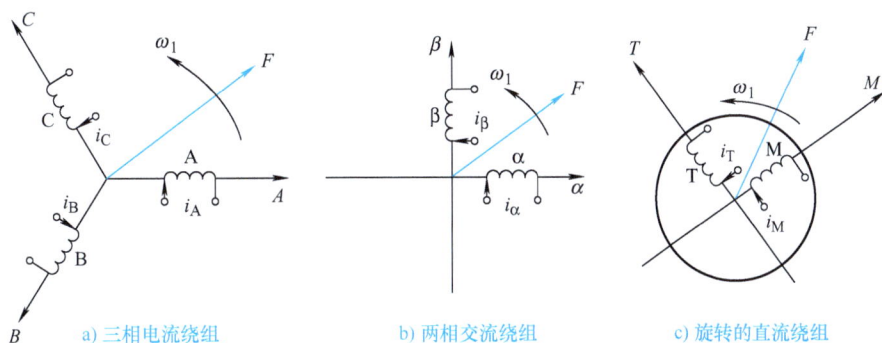

a) 三相电流绕组　　　b) 两相交流绕组　　　c) 旋转的直流绕组

图 7-10　异步电动机的几种等效模型

2. 三相/二相（3s/2s）变换

三相静止坐标系 A、B、C 和两相静止坐标系 α 和 β 之间的变换，称为 3s/2s 变换。变换原则是保持变换前的功率不变。

设三相对称绕组（各相匝数相等、电阻相同、互差 120°空间角）内通入三相对称电流 i_A、i_B、i_C，形成定子磁动势，用 F_3 表示，如图 7-11a 所示。两相对称绕组（匝数相等、电阻相同、互差 90°空间角）内通入两相电流后产生定子旋转磁动势，用 F_2 表示，如图 7-11b 所示。适当选择和改变两套绕组的匝数和电流，即可使 F_3 和 F_2 的幅值相等。若将这两种绕组产生的磁动势置于同一图中比较，并使 F_α 与 F_A 重合，如图 7-11c 所示，且令 $F \propto I$，则可得出如下等效关系：

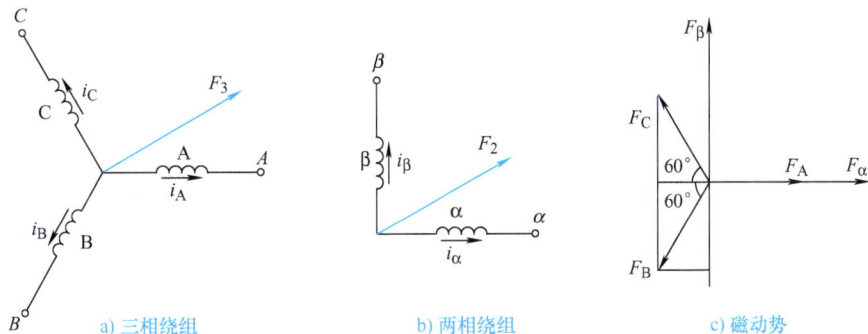

a) 三相绕组　　　b) 两相绕组　　　c) 磁动势

图 7-11　绕组磁动势的等效关系

$$i_\alpha = i_A - \frac{i_B}{2} - \frac{i_C}{2} \tag{7-12}$$

$$i_\beta = \frac{\sqrt{3}}{2}i_B - \frac{\sqrt{3}}{2}i_C \tag{7-13}$$

3. 二相/二相（2s/2r）旋转变换

二相/二相旋转变换又称为矢量旋转变换。因为 α、β 绕组在静止的直角坐标系（2s）上，而 M、T 绕组则在旋转的直角坐标系（2r）上，所以变换的运算功能由矢量旋转变换来完成。图 7-12 为旋转变换矢量图。

图中，静止坐标系的两相交流电流 i_α、i_β 和旋转坐标系的两相直流电流 i_M、i_T 均合成为 i_1，产生以 ω_1 转速旋转的磁动势 F_1。由于 $F_1 \propto i_1$，故在图上亦用 i_1 代替 F_1。图中的 i_α、i_β、i_M、i_T 实际上是磁动势的空间矢量，而不是电流的时间相量。设磁通矢量为 Φ，并定向于 M

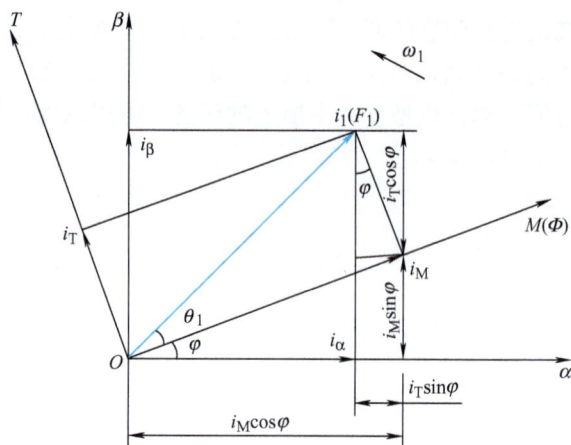

图 7-12 旋转变换矢量图

轴上，Φ 和 α 轴的夹角为 φ，φ 是随时间变化的，这就表示 i_1 的分量 i_α、i_β 长短也随时间变化，但 $i_1(F_1)$ 和 Φ 之间的夹角 θ_1 是表示空间的相位角。稳态运行时 θ_1 不变。因此，i_M、i_T 大小不变，说明 M、T 绕组只是产生直流磁动势。由图 7-12 中可推导出下列关系：

$$i_\alpha = i_M\cos\varphi - i_T\sin\varphi \tag{7-14}$$

$$i_\beta = i_M\sin\varphi + i_T\cos\varphi \tag{7-15}$$

由以上两式可推导出

$$i_M = i_\alpha\cos\varphi + i_\beta\sin\varphi \tag{7-16}$$

$$i_T = -i_\alpha\sin\varphi + i_\beta\cos\varphi \tag{7-17}$$

在矢量控制系统中，由于旋转坐标轴 M 是由磁通矢量的方向决定的，故旋转坐标 M、T 又叫作磁场定向坐标，矢量控制系统又称为磁场定向控制系统。

7.3.3 直角坐标/极坐标变换

在矢量控制系统中，有时需将直角坐标变换为极坐标，用矢量幅值和相位夹角表示矢量。图 7-12 中矢量 i_1 和 M 轴的夹角为 θ_1，若由已知的 i_M、i_T 来求 i_1、θ_1，则必需进行直角坐标/极坐标变换，其关系式为

$$i_1 = \sqrt{i_M^2 + i_T^2} \tag{7-18}$$

$$\theta_1 = \arctan\left(\frac{i_T}{i_M}\right) \tag{7-19}$$

当 θ_1 在 $0 \sim 90°$ 内变化时，$\tan\theta_1$ 的变化范围是 $0 \sim \infty$，由于变化幅度太大，电路或微机均难于实现。因此，利用三角公式进行变换的关系式可改写为

$$\tan\frac{\theta_1}{2}=\frac{\sin\theta_1}{1+\cos\theta_1} \qquad (7\text{-}20)$$

由图 7-12 可知

$$\sin\theta_1=\frac{i_T}{i_1} \qquad \cos\theta_1=\frac{i_M}{i_1}$$

故

$$\tan\frac{\theta_1}{2}=\frac{i_T}{i_1+i_M} \qquad (7\text{-}21)$$

7.3.4　变频器矢量控制的基本思想

1. 矢量控制的基本理念

图 7-10 所示三种绕组所形成的旋转磁场中，旋转的直流绕组磁场无论是在绕组的结构上，还是在控制的方式上都和直流电动机最相似。可以设想有两个相互垂直的直流绕组同处一个旋转体上，通入的是直流电流 i_M 和 i_T，其中 i_M 为励磁电流分量，i_T 为转矩电流分量。它们都是由变频器的给定信号分解而来的（＊表示变频中的控制信号）。经过直/交变换，将 i_M^* 和 i_T^* 变换成两相交流信号 i_α^* 和 i_β^*，再经二相/三相变换得到三相交流控制信号 i_A^*、i_B^*、i_C^* 去控制三相逆变器，如图 7-13 所示。

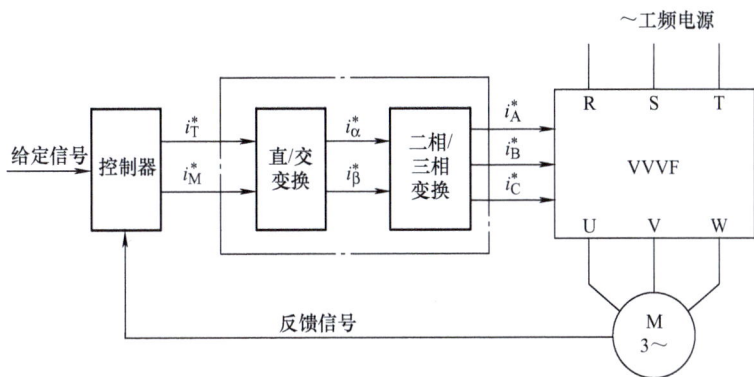

图 7-13　矢量控制的示意图

因此控制 i_M^* 和 i_T^* 中的任意一个，就可以控制 i_A^*、i_B^*、i_C^*，也就控制了变频器的交流输出。通过以上变换，可以成功地将交流电动机的调速转化成控制两个电流量 i_M^* 和 i_T^*，从而更接近直流电动机的调速。

2. 矢量控制中的反馈

电流反馈用于反映负载的状态，使 i_T^* 能随负载而变化。速度反馈反映出拖动系统的实际转速和给定值之间的差异，从而以最快的速度进行校正，提高了系统的动态性能。速度反馈的反馈信号可由光电编码器 PG 测得。现代的变频器又推广使用了无速度传感器矢量控制技术，它的速度反馈信号不是来自速度传感器，而是通过 CPU 对电动机的各种参数，如 I_1、r_2 等进行计算得到的一个转速的实在值，由这个计算出的转速实在值和给定值之间的差异来调整 i_M^* 和 i_T^*，改变变频器的输出频率和电压。

对于很多新系列的变频器都设置了"无反馈矢量控制"功能，这里的"无反馈"，是指不需要由用户在变频器的外部再加其他的反馈环节。而矢量控制时变频器的内部还是有反馈存在的，因此无反馈矢量控制已使异步电动机的机械特性可以和直流电动机的机械特性相媲美。

7.3.5 使用矢量控制的要求

1. 矢量控制的给定

现在大部分的新型通用变频器都有了矢量控制功能，如何选择使用这种功能，有以下两种方法：

1）在矢量控制功能中，选择"用"或"不用"。

2）在选择矢量控制后，还需要输入电动机的容量、极数、额定电流、额定电压及额定功率等。

由于矢量控制是以电动机的基本运行数据为依据，因此电动机的运行数据就显得很重要，如果使用的电动机符合变频器的要求，且变频器容量和电动机容量相吻合，变频器就会自动搜寻电动机的参数，否则就需重新测定。很多类型的变频器为了方便测量电动机的参数都设计有电动机参数自动测定功能。通过该功能可准确测定电动机的参数，且提供给变频器的记忆单元，以便在矢量控制中使用。

2. 矢量控制的要求

若选择矢量控制模式，则对变频器和电动机有如下要求：

1）一台变频器只能带一台电动机。

2）电动机的极数要按说明书的要求，一般以4极电动机为最佳。

3）电动机容量与变频器的容量相当，最多差一个等级。如：根据变频器的容量应选配11kW的电动机，使用矢量控制时，电动机的容量可以是11kW或7.5kW，再小就不行了。

4）变频器与电动机间的连接线不能过长，一般应在30m以内。如果超过30m，则需要在连接好电缆后，进行离线自动调整，以重新测定电动机的相关参数。

3. 使用矢量控制的注意事项

在使用矢量控制时，一些需要注意的问题如下：

1）使用矢量控制时，可以选择是否需要速度反馈。对于无反馈的矢量控制，尽管存在对电动机的转速估算精度稍差，动态响应较慢的弱点，但其静态特性已很完美，如果对拖动系统的动态特性无特殊要求，一般可以不选用速度反馈。

2）频率显示以给定频率为好。矢量控制在改善电动机机械特性时，最终是通过改变变频器的输出频率来完成，在矢量控制的过程中，其输出频率会经常跳动，因此在实际使用时频率显示以"给定频率"为好。

7.3.6 矢量控制系统的优点和应用范围

异步电动机矢量控制变频调速系统的开发，使异步电动机的调速可获得和直流电动机相媲美的高精度和快速响应性能。异步电动机的机械结构又比直流电动机简单、坚固，且转子无电刷、集电环等电气接触点，故应用前景十分广阔。现将其优点和应用范围综述如下。

1. 矢量控制系统的优点

（1）动态的高速响应　直流电动机受整流的限制，过高的 di/dt 是不容许的。异步电动机只受逆变器容量的限制，强迫电流的倍数可取得很高，故速度响应快，一般可达到毫秒级，在快速性方面已超过直流电动机。

（2）低频转矩增大　一般通用变频器（VVVF控制）在低频时的转矩常低于额定转矩，故在5Hz以下不能带满负载工作。而矢量控制变频器由于能保持磁通恒定，转矩与i_T呈线性关系，故在极低频时也能使电动机的转矩高于额定转矩。

（3）控制灵活　直流电动机常根据不同的负载对象，选用他励、串励及复励等形式，它们各有不同的控制特点和机械特性。而在异步电动机矢量控制系统中，可使同一台电动机输出不同的特性。在系统内用不同的函数发生器作为磁通调节器，即可获得他励或串励直流电动机的机械特性。

2. 矢量控制系统的应用范围

（1）要求高速响应的工作机械　如工业机器人驱动系统在速度响应上至少需要100rad/s，而矢量控制驱动系统能达到的速度响应最高值可达1000rad/s，故能保证机器人驱动系统快速、精确地工作。

（2）适应恶劣的工作环境　如造纸机、印染机均要求在高湿、高温并有腐蚀性气体的环境中工作，异步电动机比直流电动机更为适应。

（3）高精度的电力拖动　如钢板和线材卷取机属于恒张力控制，对电力拖动的动、静态精确度有很高的要求，能做到高速（弱磁）、低速（点动）、停车时强迫制动。异步电动机应用矢量控制后，静差度<0.02%，有可能完全代替直流调速系统。

（4）四象限运转　如高速电梯的拖动，过去均用直流拖动，现在也逐步用异步电动机矢量控制变频调速系统代替。

7.4　直接转矩控制

直接转矩控制系统是继矢量控制之后发展起来的另一种高性能的交流变频调速系统。直接转矩控制与矢量控制不同，它不是通过控制电流、磁通等来间接控制转矩，而是把转矩直接作为控制量来控制。

7.4.1　直接转矩控制系统

图7-14所示为按定子磁场控制的直接转矩控制系统的原理框图，采用在转速环内设置转矩内环的方法，以抑制磁链变化对转子系统的影响，因此，转速与磁链子系统也是近似独立的。

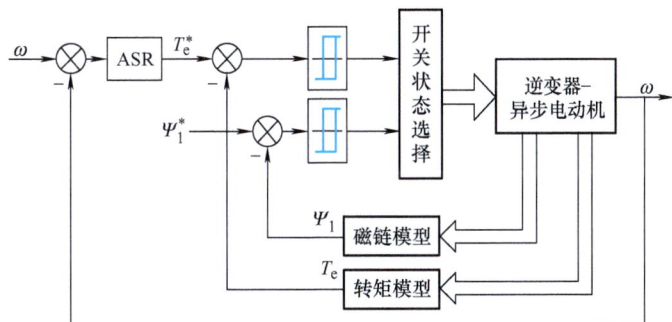

图7-14　直接转矩控制系统原理框图

7.4.2 直接转矩控制的优势

直接转矩控制的优势在于：转矩控制是控制定子磁链，在本质上并不需要转速信息；控制上对除定子电阻外的所有电动机参数变化鲁棒性好；所引入的定子磁链观测器能很容易地估算出同步速度信息。因而能方便地实现无速度传感器化。这种控制也称为无速度传感器直接转矩控制。

然而，这种控制依赖于精确的电动机数学模型和对电动机参数的自动识别（ID），通过 ID 运行自动地确定电动机实际的定子阻抗互感、饱和因数及电动机转动惯量等重要参数，然后根据精确的电动机模型估算出电动机的实际转矩、定子磁链和转子速度，并由磁链和转矩的 Band-Band 控制产生 PWM 信号对逆变器的开关状态进行控制。这种系统可实现很快的转矩响应速度和很高的速度、转矩控制的精度，但也带来了转矩脉动，因而限制了调速范围。

本 章 小 结

变频器的控制方式有：U/f 控制、转差频率控制、矢量控制和直接转矩控制等。

U/f 控制是使变频器的输出在改变频率的同时也改变电压，通常是使 U/f 为常数，这样可使电动机磁通保持一定，在较宽的调速范围内，电动机的转矩、效率及功率因数不下降。

低频时，可通过提高 U/f 比使输出转矩得到补偿，这种方法被称作转矩补偿。

转差频率控制就是检测出电动机的转速，构成速度闭环，速度调节器的输出为转差频率，通过控制转差频率来控制转矩和电流，使速度的静态误差变小。

矢量控制是通过控制变频器输出电流的大小、频率及相位，用以维持电动机内部的磁通为设定值，产生所需的转矩，是一种高性能的异步电动机控制方式。

直接转矩控制是直接分析交流电动机的模型，控制电动机的磁链和转矩。

习 题 7

1. 什么是 U/f 控制？变频器在变频时为什么还要变压？
2. 说明恒 U/f 控制的原理。
3. 什么是转矩补偿？
4. 转矩补偿过分会出现什么情况？
5. 为什么变频器总是给出多条 U/f 控制曲线供用户选择？
6. U/f 控制曲线分为哪些种类，分别适用于何种类型的负载？
7. 选择 U/f 控制曲线常用的操作方法分为哪几步？
8. 什么是转差频率控制？说明其控制原理。
9. 转差频率控制与 U/f 控制相比，有什么优点？
10. 矢量控制的理念是什么？矢量控制经过哪几种变换？
11. 矢量控制有什么优越性？使用矢量控制时有哪些具体要求？

第 8 章

变频调速系统的选择与操作

知识目标

1. 理解变频调速系统的组成部分，包括变频器、电动机和负载，掌握系统设备选择的原则。

2. 掌握变频器容量和电压等级的选择依据，理解电动机类型、运行方式及负载机械特性对选择的影响。

3. 熟悉变频调速系统主电路中常用电器的功能及选择要求，包括断路器、接触器、传感器及电抗器等元件的作用。

4. 了解变频调速系统的基本控制方式，如正转、反转、"1 控 X"和工频-变频切换的实现方法。

5. 理解计算机与变频器通信的基本要求，包括通信协议、数据格式及波特率的设置。

能力目标

1. 能够根据变频调速系统的实际应用需求，合理选择系统设备，优化运行效率。

2. 熟练配置主电路元件，设计规范且可靠的变频调速系统电路。

3. 能够设计和调试接触器继电器电路，结合功能参数设置实现复杂控制。

4. 具备计算机与变频器通信的基本技能，能够正确设置通信参数并实现信息交互。

素质目标

1. 提升对电力电子技术和自动化控制系统的综合理解和实践能力。

2. 培养严谨规范的操作意识，树立保障系统安全、可靠、经济运行的责任感。

3. 增强对先进控制技术和通信技术的学习兴趣，提升解决实际工程问题的能力。

变频调速系统包括变频器、电动机和负载等，合理选择系统设备和规范地操作，是实现系统安全、可靠和经济运行的保证。

8.1 变频器的选择

8.1.1 变频器电压等级的选择

国内外变频器制造商提供了多种电压等级的产品，低压产品有 200V、400V（380V）、440V、460V、480V、500V、525V、550V、575V、600V、660V、690V 和 950V 等系列。低压产品中功率范围很大，电压型变频器目前最大可做到 630kW，电流型变频器可以做到 6000kW。对于高（中）压变频器，设有 2.3kV、3kV、4.16kV、6kV 及 10kV 等电压等级。

变频器电压等级的选择应考虑以下因素：系统的综合造价、电源谐波的影响以及场地环境等。一般情况下，400kW 以下的功率范围建议选用 400V（380V）的变频器产品；400 ~ 1000kW 的功率范围建议选用 660V 或以上电压等级的变频器产品；1000 ~ 2000kW 的功率范围建议选用 2.3kV 电压等级的变频器产品；5000kW 及以上建议选用 4.16kV 或以上电压等级的变频器产品。

8.1.2　变频器容量的选择

变频器的容量以千伏安（kVA）值表示，同时也标明它所适配的电动机功率（kW）值。变频器容量的选择主要依据以下几个方面。

1）根据原有的电动机功率。在大多数情况下，电动机功率已经确定，并且认为是合适的，选择变频器容量大于电动机功率的 1.1 倍即可。

2）根据电动机的实际功率。对于明显"大马拉小车"的电动机，可根据电动机实际负载功率的大小选择功率相当的变频器，没有必要根据电动机的铭牌功率去选择变频器，否则会造成很大的浪费。

3）根据代换后的功率。实际工作中，有时采取临时措施将不同工作制的电动机代用。例如短时工作制的电动机使用到连续工作的负载上，这时需要合理计算代换后的电动机功率，然后再去选择变频器。表 8-1 给出了短时工作制电动机与连续工作制互换时输出功率的系数。

表 8-1　短时工作制电动机与连续工作制互换时输出功率的系数

运行方式	连续运行		短时运行（60min）		短时运行（30min）	
负载要求	60min	30min	连续	30min	连续	60min
开启式	1.1 ~ 1.15	1.25 ~ 1.35	≈0.9	≈1.25	≈0.7	≈0.8
封闭式	1.25 ~ 1.55	≈1.6	0.3 ~ 0.65	1.35 ~ 1.55	0.35 以下	0.5 ~ 0.65

8.1.3　依据电动机的类型选用变频器

1. 笼型电动机

对于笼型电动机选择变频器拖动时，主要依据以下几项要求：

（1）依据负载电流选择变频器　电动机采用变频器运转同采用工频电源运转相比，由于输出电压、电流中所含高次谐波的影响，电动机的效率、功率因数将降低，电流增加 10%。

1）标准电动机在额定电压、额定电流和额定频率下运行时电流为最大，温升也为最大，不允许超负载转矩使用。额定频率为 50Hz 的电动机在 60Hz 下运转时温度有裕量，可以在额定电流（额定转矩）下使用。

选择变频器的额定电流应大于标准电动机的额定电流，变频器的容量应等于或大于标准电动机的容量。

2）一般的通用变频器，是考虑对 4 极电动机的电流值和各参数能满足运转进行设计制造的。因此，当电动机不是 4 极（如 8 极、10 极等多极电动机）时，就不能仅以电动机的容量来选择变频器的容量，必须用电流来校核。

3）电动机负载非常轻时，即使电动机电流在变频器额定电流以内，也不能使用比电动机容量小很多的变频器。这是因为电动机的电抗随电动机的容量而不同，当电动机的负载相同时，电动机的容量越大其脉动电流值也越大，因而有可能超过变频器的过电流耐量。以7.5kW、4极、200V、50Hz的电动机为例，当其轻载运行在2.2kW时，按电流大小选用3.7kW的变频器就足够了。但是，考虑电动机电流相同时，容量越大脉动电流值越大的因素，必须选用5.5kW以上的变频器。

（2）考虑低速转矩特性 标准电动机采用变频器低速运转时，对于恒U/f的恒转矩控制，各频率下的运转电流大体同电动机额定频率下的运转电流一样。因此，主要应考虑电动机铜损造成的温升的影响。

在低速运转情况下，即使电动机的铜损大体上与额定时相同，但是由于速度越低电动机冷却效果越差，故电动机定子绕组温升也会发生变化，如图8-1所示。

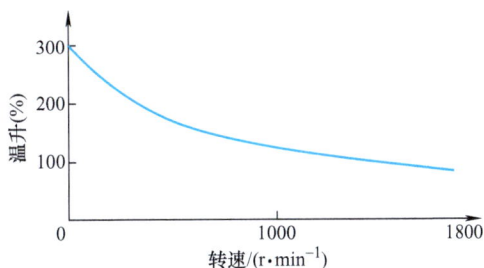

图8-1 电动机转速与温升的关系

因此，通常标准电动机在低速下使用时，必须考虑温升因素相应地减小运转转矩（电流）使用，对于恒转矩负载必须加大电动机和变频器的容量，但对于风机、泵类等二次方律转矩负载可以使用。

（3）考虑短时最大转矩 标准电动机在额定电压、额定频率下通常具有输出200%左右最大转矩的能力。但控制标准电动机的变频器的主电路是由电力电子器件组成的，过电流耐量通常为变频器额定电流的150%左右，所以电动机流过的电流不会超过此值，最大转矩也被限制在150%左右。

此外，在低频区运转时，电动机电阻在阻抗中占的比例增大，转矩特性大幅度降低。

由于以上两个限制，在负载变动大或需要起动转矩大等情况下，要选择容量高一个等级的电动机与变频器。

（4）考虑允许最高频率范围 通用变频器中有的可以输出工频以上的频率（例如120Hz或240Hz），但电动机是以工频条件下运转为前提而制造的，因此在工频以上频率使用时，必须确认电动机允许最高频率范围。通常电动机允许最高频率范围受下列因素限制：

1）轴承的极限转速。

2）风扇、端子等的强度。

3）转子的极限速度。

4）其他特殊零件的强度。

考虑了这些限制因素，电动机容许最高频率范围见表8-2。

（5）考虑噪声 变频器控制电动机运转时，与工频电源相比噪声有些增大。特别是电动机在额定转速（频率）以上运转时，通风噪声非常大，采用时必须充分考虑。

表 8-2 电动机容许最高频率范围

机号	室内式/Hz			室外式/Hz		
	2极	4极	6极	2极	4极	6极
71	120以下	120以下	120以下	65以下	120以下	120以下
80						
90						
100						
112	90以下					
132						
160	75以下	100以下			100以下	
180	65以下				65以下	90以下

另外，低速运转同工频电源相比也有刺耳的金属声（磁噪声）发生（采用 IGBT、IPM 器件的变频器，这种现象几乎没有），可以使用噪声滤波电抗器（选件）降低磁噪声。

（6）考虑振动 变频器控制电动机时，就电动机本身来说，同工频电源相比，振动并没有大幅增加。

但是，把电动机安装在机械上，由于与机械系统的固有频率发生谐振以及与所传动机械的旋转体不平衡量大时，往往会发生异常振动。此时，需要考虑修正平衡，可采用轮箍式联轴器或防振橡胶等措施。

2. 绕线转子异步电动机

绕线转子异步电动机采用变频器控制运行，大多是对老设备进行改造，即利用已有的电动机。改用变频器调速时，可将绕线转子异步电动机的转子短路，去掉电刷和起动器。考虑电动机输出时的温升问题，所以容量要降低 10% 以上。由于绕线转子异步电动机转子内阻较小，是一种高效的笼型异步电动机，但容易发生谐波电流引起的过电流跳闸现象，所以应选择比通常容量稍大的变频器。

由于绕线转子异步电动机变速负荷的 GD^2（飞轮矩）一般比较大，因此设定变频器的加、减速时间要长一些。

3. 变频器专用电动机

普通电动机是按工频电源下能获得最佳特性而设计的，所以使用通用变频器时，根据用途在特性及强度等方面会受到限制。因此，为变频器传动而设计的各种专用电动机已有系列化产品。

变频器专用电动机的分类有以下几种：

1）在运转频率区域内低噪声、低振动。

2）在低频区内提高连续容许转矩（恒转矩式电动机）。

3）高速用电动机。

4）用于闭环控制（抑制转速变动）的带测速发电机的电动机。

5）矢量控制用电动机。

下面说明各种专用电动机及选择时的注意事项等。

（1）低噪声、低振动的专用电动机 磨床、自动车床等机床，由于加工精度上的原因要求低振动，近年来，这些电动机的调速多使用变频器。另外从无公害和改善工作环境等方面也要求电动机低噪声。因此，作为系列化了的产品，变频器专用电动机与一般电动机相比，多数解决了噪声及振动问题。这种专用电动机用变频器驱动时，其噪声、振动比标准电动机小得多。

如前所述，变频器传动时噪声、振动变大，除高速区的风声外，其原因是由于较低次的脉动转矩引起的。特别是电动机气隙的不平衡和转子的谐振是振动较大的原因，也是电磁噪声增大的原因。另外，与风扇罩等电动机零件的谐振也能产生电磁噪声。其大小随电磁脉动的增大而增大。因此，为降低振动与电磁噪声，可以考虑以下几点：

1）减小气隙不平衡。

2）使各部件的固有频率与电磁脉动的分量错开。

3）减小电磁脉动的大小。

4）采用五相集中绕组变频器调速异步电动机。五相集中绕组变频器调速异步电动机具有功率密度高、输出转矩大、电磁振动和噪声低等优点。

（2）提高转矩特性的变频器专用电动机　标准电动机用变频器传动时，即使频率与工频电源相同，电流也增加约10%，温升则要提高约20%；在低速区，冷却效果和电动机产生的最大转矩均降低，因而必须减轻负载。但是要求低速区有100%的转矩或者为了缩短加速时间要求低速输出大转矩的情况时有发生，对于这样的用途如果采用标准电动机，则电动机容量需要增大，根据情况变频器的容量也要增大。基于此，制造厂家生产了100%转矩可以连续使用到低速区的专用电动机，并系列化。这种专用电动机转矩特性曲线如图8-2所示。

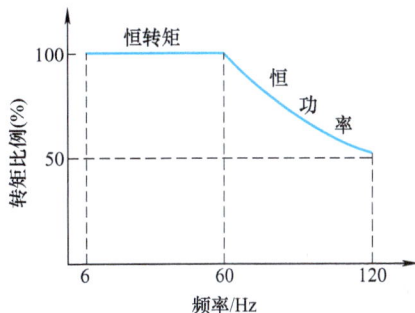

图8-2　专用电动机转矩特性曲线

由图可见，从6Hz到60Hz可以用额定转矩连续运转。给这种专用电动机供电的变频器，可以采用标准规格，也可采用 U/f 模式等特殊化的专用变频器。

（3）高速变频器专用电动机　高速电动机的转速为10000～300000r/min，为了抑制高频铁损产生的温升，多采用水冷却。另外采用空气轴承、油雾轴承及磁轴承等，在结构上与一般电动机完全不同，是一种特殊电动机。

另一方面，在通用变频器的普及方面，变频器的最高频率已上升到60Hz、120Hz、240Hz，与此相应，高达10000r/min左右的廉价高速电动机需求量也增加了。

高速化运转的问题有：

1）轴承的极限转速。

2）冷却风扇、端子的强度。

3）由于机械损耗的增加造成的轴承温度升高。

4）噪声的增加。

5）转子的不平衡等。

为此，有去掉端环风叶、去掉冷却风扇（采用全封闭自冷或冷却风扇单独转动的强迫通风方式）及设置平衡环等措施。

（4）带测速发电机的专用电动机　为变频器闭环控制而设计制造的带测速发电机的专用电动机，多用于为了提高速度精度，要求采用转差频率控制的闭环控制。测速发电机的规格是三相交流式，能产生较高的输出电压。

（5）矢量控制电动机　矢量控制调速系统要求电动机惯性小，作为专用电动机已系列化。检出器采用磁编码器及光编码器等，变频器也为矢量控制电动机专门设计。

8.1.4　依据电动机的运行方式选择变频器

1. 一台变频器驱动一台电动机

一台变频器驱动一台电动机，变频器的额定工作电流应满足

$$I > 1.1 I_m \tag{8-1}$$

式中，I 为变频器的额定工作电流（A）；I_m 为电动机最大工作电流（A）。该电流值与电动机种类、极数等有关，当最大电流小于额定电流时取额定电流。

2. 一台变频器驱动多台电动机

1）n 台电动机同时起动、停止，变频器工作电流 I 应满足

$$I > 1.1 \sum I_M \tag{8-2}$$

式中，$\sum I_M$ 为 n 台电动机输出电流总和（A）。

2）先投入 n_1 台，后投入 n_2 台，变频器工作电流 I 应满足

$$I > \left(1.1 \sum_{n_1} I_M + \sum_{n_2} I_{st} \right) \tag{8-3}$$

式中，I_{st} 为电动机的起动电流（A）。

这种根据电动机的起动电流选择变频器的容量，一定选得很大，一旦起动结束，电动机的实际工作电流却很小，变频器的利用率低，非特殊需要不应采取此种方式。

3）电动机周期性运行。多台电动机周期性地加速或减速，电流变化有一定的规律，则变频器的额定电流应满足

$$I \geqslant K \frac{I_1 t_1 + I_2 t_2 + \cdots + I_n t_n}{t_1 + t_2 + \cdots + t_n} \tag{8-4}$$

式中，I_1、I_2、$\cdots$、I_n 为 1 周期内各电动机电流（A）；t_1、t_2、$\cdots$、t_n 为 1 周期内各电动机的运行时间（s）；K 为系数，通常取 1.2。

4）电动机非周期运行。变频器的工作电流取

$$I \geqslant K I_M \tag{8-5}$$

式中，I_M 为电动机可输出的最大电流（A）；K 为系数，通常取 1.05。

3. 电动机快速加速或快速减速

在实际生产中为了提高效率，常常要求电动机在很短时间里骤加速和骤减速，例如集装箱起重机变频调速系统，此时变频器容量不能按常规方法确定，其功率要适当放大，否则会因瞬间峰值电流过大或持续过载而跳闸，致使变频器无法正常工作。容量需放大的倍数与加速时间或减速时间的长短有关，通常情况需放大 2 ~ 3 倍为宜。另外要求快速响应的变频调速系统，加速和减速时间也是越短越好，因此原则上都应以电动机的实际加速电流的大小来确定变频器的容量。同样，骤减速必须通过内置或外置与变频器容量相匹配的制动单元，以此获得足够大的制动电流来实现。

8.1.5 依据负载的机械特性选择变频器

在电力拖动系统中，存在着两个主要转矩：一个是生产机械的负载转矩 T_L；一个是电动机的电磁转矩 T。这两个转矩与转速之间的关系分别叫作负载的机械特性 $n = f(T_L)$ 和电动机的机械特性 $n = f(T)$。由于电动机和生产机械是紧密相连的，它们的机械特性必须适当配合，才能得到良好的工作状态。因此为了满足生产工艺过程的要求，正确选配变频调速拖动系统，除了研究电动机的机械特性外，还需要了解负载的机械特性。

生产机械的负载转矩 T_L 大部分情况下与电动机的电磁转矩 T 方向相反。不同负载的机械特性是不一样的，可以将其归纳为以下几种类型。

1. 恒转矩负载变频器的选择

恒转矩负载是指那些负载转矩的大小仅仅取决于负载的轻重，而和转速大小无关的负载。带式输送机和起重机械都是恒转矩负载的典型例子。图 8-3 所示为带式输送机的工作示意。

带式输送机负载转矩 T_L 的大小决定于传输带与滚筒间摩擦阻力和滚筒的半径，有

$$T_L = Fr \qquad (8\text{-}6)$$

式中，F 为传输带与滚筒间的摩擦阻力；r 为滚筒的半径。

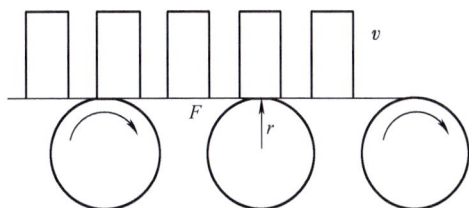

图 8-3 带式输送机工作示意

（1）恒转矩负载的基本特点

1）恒转矩。由于 F 和 r 都和转速的快慢无关，所以在调节转速 n_L 的过程中负载转矩 T_L 保持不变，具有恒转矩的特点，即

$$T_L = 常数$$

其机械特性曲线如图 8-4a 所示。

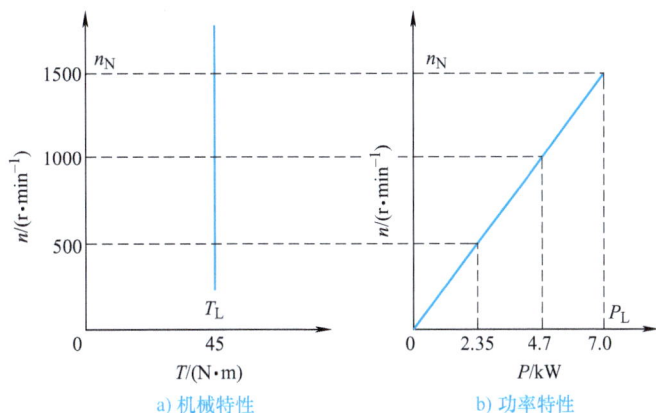

a) 机械特性 b) 功率特性

图 8-4 恒转矩负载的机械特性和功率特性

注意：这里所说的转矩大小的是否变化，是相对于转速变化而言的，不能和负载轻重变化时转矩大小的变化相混淆。或者说，"恒转矩"负载的特点是：负载转矩的大小，仅仅取

决于负载的轻重，而和转速大小无关。拿带式输送机来说，当传输带上的物品较多时，不论转速有多大，负载转矩都较大；而当传输带上的物品较少时，也不论转速有多大，负载转矩都较小。

2）负载功率与转速成正比。根据负载的机械功率 P_L 和转矩 T_L、转速 n_L 之间的关系，有

$$P_L = \frac{T_L n_L}{9550} \tag{8-7}$$

即负载功率与转速成正比，其功率特性曲线如图8-4b所示。

（2）恒转矩负载下变频器的选择

1）依据调速范围。在调速范围不大、对机械特性的硬度要求也不高的情况下，可考虑选择较为简易的只有 U/f 控制方式的变频器，或无反馈的矢量控制方式。当调速范围很大时，应考虑采用有反馈的矢量控制方式。

2）依据负载转矩的变动范围。对于转矩变动范围不大的负载，首先应考虑选择较为简易的只有 U/f 控制方式的变频器。但对于转矩变动范围较大的负载，由于 U/f 控制方式不能同时满足重载与轻载时的要求，故不宜采用 U/f 的控制方式。

3）考虑负载对机械特性的要求。如负载对机械特性要求不很高，则可考虑选择较为简易的只有 U/f 控制方式的变频器，而在要求较高的场合，则必须采用矢量控制方式。如果负载对动态响应性能也有较高要求，还应考虑采用有反馈的矢量控制方式。

2. 恒功率负载变频器的选择

恒功率负载是指负载转矩 T_L 的大小与转速 n 成反比，而其功率基本维持不变的负载。属于这类负载的有：

1）各种卷取机械是恒功率负载的典型例子，如图8-5所示。例如，卷绕机以相同张力卷绕线材，开始卷绕的卷筒直径小，用较小的转矩即可，但转速高；随着不断卷绕，卷筒直径变大，电动机带动的转矩变大，但转速减低，故功率不变。

2）轧机在轧制小件时用高速轧制，但转矩小；轧制大件时轧制量大需较大转矩，但速度低，故总的轧制功率不变。

3）车床加工零件，在精加工时切削力小，但切削速度高；相反，粗加工时切削力大，切削速度低，故总的切削功率不变。

（1）恒功率负载的特点

1）功率恒定。恒功率负载的力 F 必须保持恒定，且线速度 v 保持恒定。所以，在不同的转速下，负载的功率基本恒定，即

$$P_L = Fv = 常数$$

即负载功率的大小与转速的高低无关，其功率特性曲线如图8-6b所示。

注意：这里所说的恒功率，是指在转速变化过程中，功率基本不变，不能和负载轻重的变化相混淆。就卷取机械而言，当被卷物体的材质不同时，所要求的张力和线速度是不一样的，其卷取功率的大小也就不相等。

2）负载转矩的大小与转速成反比。负载转矩的大小决定于卷取物的张力与卷取半径，有

$$T_L = Fr \tag{8-8}$$

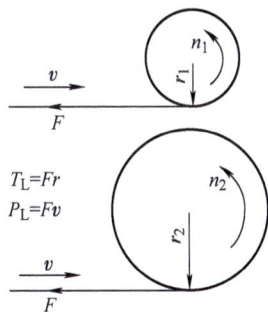

图 8-5　恒功率负载

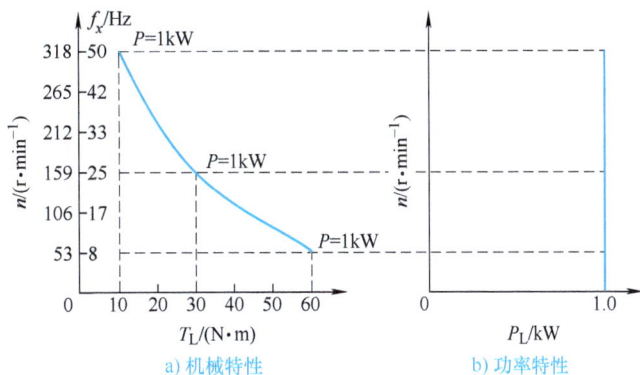

图 8-6　恒功率负载的机械特性和功率特性

式中，F 为卷取物的张力；r 为卷取物的卷取半径。

在卷取机械工作过程中，随着卷取物不断地卷绕到卷取辊上，卷取半径 r 将越来越大，负载转矩也随之增大。另一方面，由于要求线速度 v 保持恒定，故随着卷取半径 r 的不断增大，转速 n_L 必将不断减小。

根据负载的机械功率 P_L 和转矩 T_L、转速 n_L 之间的关系，有

$$T_L = \frac{9550P_L}{n_L} \tag{8-9}$$

即负载阻转矩的大小与转速成反比，如图 8-6a 所示。

（2）恒功率负载变频器的选择　对恒功率负载，一般可选择通用型的，采用 U/f 控制方式的变频器。但对于动态性能有较高要求的卷取机械，则必须采用具有矢量控制功能的变频器。

3. 二次方律负载变频器的选择

二次方律负载是指转矩与速度的二次方成正比例变化的负载，例如：风扇、风机、泵、螺旋桨等机械的负载转矩，如图 8-7 所示。

（1）二次方律负载的特点　二次方律负载机械在低速时由于流体的流速低，所以负载转矩很小，随着电动机转速的增加，流速增快，负载转矩和功率也越来越大，负载转矩 T_L 和功率 P_L 可用下式表示：

$$T_L = T_0 + K_T n_L^2 \tag{8-10}$$

$$P_L = P_0 + K_P n_L^3 \tag{8-11}$$

式中，T_0、P_0 分别为电动机轴上的转矩损耗和功率损耗；K_T、K_P 分别为二次方律负载的转矩常数和功率常数。

二次方律负载的机械特性和功率特性如图 8-8a 和图 8-8b 所示。

（2）二次方律负载变频器的选择　可以选用"风机、水泵用变频器"，这是因为：

1）风机和水泵一般不容易过载，所以，这类变频器的过载能力较低，为 120%，1min（通用变频器为 150%，1min），因此在进行功能预置时必须注意。由于负载转矩与转速的平方成正比，当工作频率高于额定频率时，负载的转矩有可能大大超过变频器额定转矩，使电动机过载。所以，其最高工作频率不得超过额定频率。

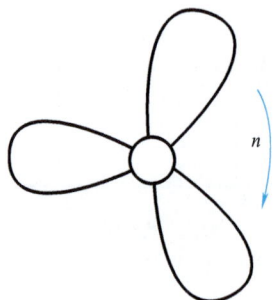

图 8-7　风机叶片

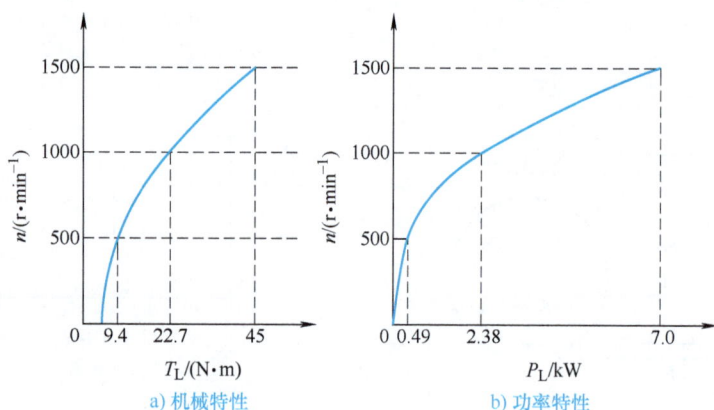

a) 机械特性　　　　　　b) 功率特性

图 8-8　二次方律负载的特性

2）配置了进行多台控制的切换功能。

3）配置了一些其他专用的控制功能，如"睡眠"与"唤醒"功能、PID 调节功能。

4. 直线律负载变频器的选择

轧钢机和辗压机等都是直线律负载。

（1）直线律负载及其特性

1）转矩特点。负载阻转矩 T_L 与转速 n_L 成正比，有

$$T_L = K'_T n_L \tag{8-12}$$

式中，K'_T 为直线律负载的转矩常数。

直线律负载的机械特性曲线如图 8-9b 所示。

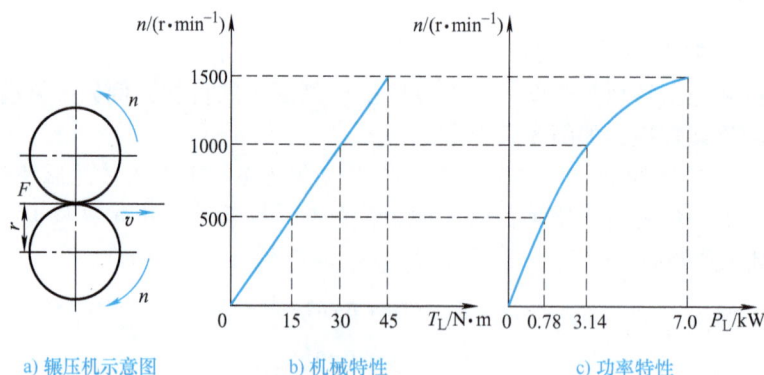

a) 辗压机示意图　　　　b) 机械特性　　　　c) 功率特性

图 8-9　直线律负载及其特性

2）功率特点。将式（8-12）代入式（8-9）中，可得

$$P_L = \frac{K'_T n_L n_L}{9550} = K'_P n_L^2 \tag{8-13}$$

式中，K'_T 和 K'_P 为直线律负载的转矩常数和功率常数。

可见，负载的功率 P_L 与转速 n_L 的二次方成正比。直线律负载的功率特性曲线如图 8-9c 所示。

3）典型实例。辗压机如图 8-9a 所示。负载转矩的大小为

$$T_L = Fr \tag{8-14}$$

式中，F 为辗压辊与工件间的摩擦阻力（N）；r 为辗压辊的半径（m）。

在工件厚度相同的情况下，要使工件的线速度 v 加快，必须同时加大上、下辗压辊间的压力（从而也加大了摩擦力 F），即摩擦力与线速度 v 成正比，故负载的转矩与转速成正比。

（2）变频器的选择　直线律负载的机械特性虽然也有典型意义，但在考虑变频器时的基本要点与二次方律负载相同，故不作为典型负载来讨论。

5. 特殊性负载变频器的选择

大部分金属切削机床属于混合特殊性负载。

（1）混合特殊性负载及其特性　金属切削机床中的低速段，由于工件的最大加工半径和允许的最大切削力相同，故具有恒转矩性质；而在高速段，由于受到机械强度的限制，将保持切削功率不变，属于恒功率性质。以某龙门刨床为例，其切削速度小于 25m/min 时，为恒转矩特性区，切削速度大于 25m/min 时，为恒功率特性区。其机械特性如图 8-10a 所示，功率特性如图 8-10b 所示。

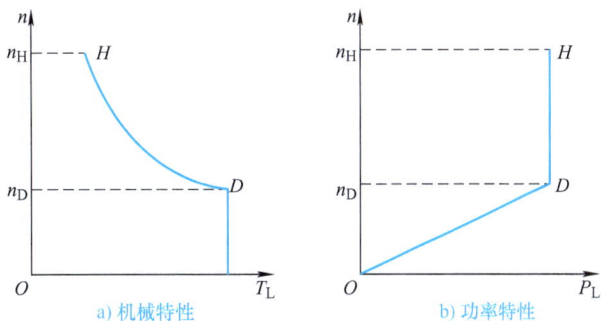

图 8-10　混合负载的机械特性和功能特性

（2）变频器的选择　金属切削机床除了在切削加工毛坯时，负载大小有较大变化外，其他切削加工过程中，负载的变化通常是很小的。就切削精度而言，选择 U/f 控制方式能够满足要求。但从节能角度看并不理想。

矢量变频器在无反馈矢量控制方式下，已经能够在 0.5Hz 时稳定运行，完全可以满足要求。而且无反馈矢量控制方式能够克服 U/f 控制方式的缺点。

当机床对加工精度有特殊要求时，才考虑有反馈矢量控制方式。

8.1.6　变频器控制方式的选择

变频器控制方式的选择是依据电动机特性的以下几个主要指标。

1）机械特性的硬度。即负载的轻重改变时转速的波动程度。当负载加大时，转速降落小，则说明机械特性硬，反之为机械特性软。

2）低频时带负载能力。即低频时能否具有足够大的电磁转矩。

3）起动转矩值。即起动时的转矩大小。

4）调速范围。即最高运行频率与最低运行频率之比。调速范围的大小实际上与机械特性的硬度和低频时的带负载能力有关。U/f 控制方式适用于调速范围为 1:25 的场合；矢量控制（VC）方式适用于调速范围为 1:100（无速度传感器）至 1:1000（有速度传感器）的场合；而伺服控制（SC）的变频器则适用于调速范围为 1:4000 至 1:10000 的场合。

5）动态响应能力。即当电动机的转速因负载转矩突然增加或突然减小而改变时，转速恢复的能力。

风机、水泵等呈二次方转矩特性的负载，一般没有动态响应能力的要求，可选用性能比较一般的变频器或直接选用专门用于风机、水泵的变频器，以更好地实现节能。

车床、刨床等恒功率负载加工设备，从速度精度和动态要求出发，尽可能选用输出特性好的矢量控制型变频器，这是因为矢量控制除用于一般调速外，更适用于宽范围调速系统和伺服系统，在通常情况下，应组成速度或转矩闭环控制系统。

传送带、运输机械、搅拌机及喂料机等恒转矩负载设备，应选择恒转矩输出的通用型变频器（U/f 型、矢量控制型或直接转矩控制型均可，但后两种性能更优）。

起重机等位能负载设备，应选用转矩动态响应快，能经受负载冲击的变频器，通常是矢量控制型或直接转矩控制型变频器，当需要一台变频器同时驱动多台电动机并实现转矩控制时，要选用直接转矩控制型变频器，因为矢量控制型变频器通常只允许驱动一台电动机。

电动汽车及轨道车辆等用于牵引的场合，应该选择矢量控制型或直接转矩控制型变频器，因为直接转矩控制特别适用于需要快速转矩响应的大惯量运动的控制系统。

8.2 变频调速系统的主电路及电器选择

变频调速系统的主电路是指从交流电源到负载之间的电路，各种不同型号变频器的主电路端子差别不大，通常用 R、S、T 表示交流电源的输入端，U、V、W 表示变频器的输出端。在实际应用中，需要和许多外接的电器一起使用，构成一个比较完整的主电路，如图 8-11 所示。

在实际应用中，图 8-11 所示电路中的电器并不一定全部都要连接，有的电器是选购件。

图 8-12 是常见的一台变频器带一台电动机的连接电路。

在某些生产机械不允许停机的系统中，当变频器因发生故障而跳闸时，须将电动机迅速切换到工频运行；还有一些系统为了减少设备投资，由一台变频器控制多台电动机，但变频器只能带动一台电动机负载，其他电动机只能切换到工频运行，常见的供水系统就是这样的。对于这种能够实现工频和变频切换的电路，熔断器 FU 和热继电器 FR 是不能省略的，同时变频器的输出接触器和工频接触器之间必须有可靠的互锁，防止工频电源直接与变频器输出端相接而损坏变频器。图 8-13 所示为切换控制的主电路。

8.2.1 断路器

1. 断路器的功能

断路器俗称空气开关，断路器的功能主要有：

（1）隔离作用　当变频器进行维修时，或长时间不用时，须将其切断，使变频器与电源隔离，确保安全。

（2）保护作用　低压断路器具有过电流及欠电压等保护功能，当变频器的输入侧发生短路或电源电压过低等故障时，可迅速进行保护。

由于变频器有比较完善的过电流和过载保护功能，且断路器也具有过电流保护功能，故进线侧可不接熔断器。

断路器	断路器 下游设备过电流时快速切断电源
接触器	接触器 控制变频器电源的接通和关断
输入交流电抗器	输入交流电抗器 改善变频器输入功率因数，减小输入电流谐波，消除电源相间电压不平衡引起的电流不平衡，抑制电源浪涌
输入EMI滤波器	输入EMI滤波器 抑制变频器传导到主电源线上的电磁干扰
外接制动单元	外接制动单元 制动电阻 增大制动力矩，适合大惯量负载及频繁制动、快速减速的场合
直流电抗器	直流电抗器 改善变频器输入功率因数 减小输入电流峰值、减小变频器发热 SB70G90及以上规格，直流电抗器均为标准配置
输出EMI滤波器	输出EMI滤波器 抑制变频器产生的浪涌电压的高次谐波干扰，减小输出的共模干扰和电动机轴承电流
输出交流电抗器	输出交流电抗器 减小变频器输出谐波 抑制变频器产生的无线电干扰 减小输出侧的共模干扰和电动机轴承电流

SB70G系列变频器

R S T P1 P+ N- P+ DB PE U V W

三相交流电动机

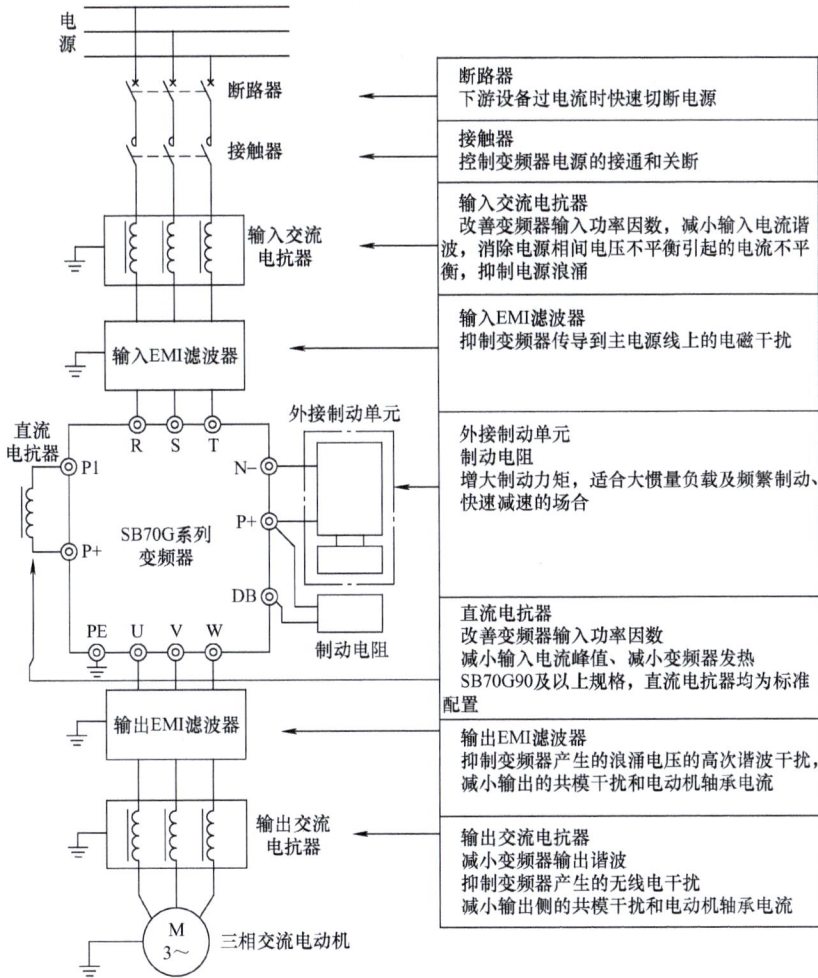

图 8-11　森兰 SB70G 变频调速系统的完整主电路

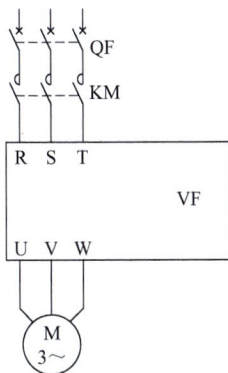

图 8-12　一台变频器带一台电动机的连接电路

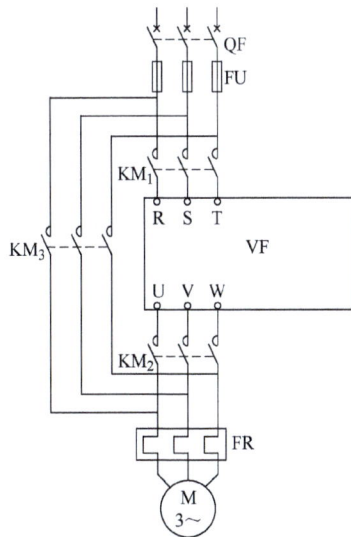

图 8-13　切换控制的主电路

断路器外形如图8-14所示。

2. 断路器的选择

因为低压断路器具有过电流保护功能，为了避免不必要的误动作，选用时应充分考虑电路中是否有正常过电流。在变频器单独控制电路中，属于正常过电流的情况有：

图8-14 断路器

1）变频器刚接通瞬间，对电容器的充电电流可高达额定电流的 $(2 \sim 3)$ 倍。

2）变频器的进线电流是脉冲电流，其峰值经常可能超过额定电流。

一般变频器允许的过载能力为额定电流的150%，运行1min。所以为了避免误动作，低压断路器的额定电流 I_{QN} 应选

$$I_{QN} \geqslant (1.3 \sim 1.4) I_N \tag{8-15}$$

式中，I_N 为变频器的额定电流。

在电动机要求实现工频和变频切换的控制电路中，断路器应按电动机在工频下的起动电流来进行选择，即

$$I_{QN} \geqslant 2.5 I_{MN} \tag{8-16}$$

式中，I_{MN} 为电动机的额定电流。

8.2.2 接触器

接触器的外形如图8-15所示。

接触器的功能是在变频器出现故障时切断主电源，并防止掉电及故障后的再起动。接触器根据连接的位置不同，其型号的选择也不尽相同，下面以图8-13所示电路为例，介绍接触器的选择方法。

（1）输入侧接触器的选择 输入侧接触器的选择原则是，主触点的额定电流 I_{KN} 只需大于或等于变频器的额定电流 I_N 即可，即

$$I_{KN} \geqslant I_N \tag{8-17}$$

（2）输出侧接触器的选择 输出侧接触器仅用于和工频电源切换等特殊情况下，一般不用。因为输出电流中含有较强的谐波成分，其有效值略大于工频运行时的有效值，故主触点的额定电流 I_{KN} 满足

$$I_{KN} \geqslant 1.1 I_{MN} \tag{8-18}$$

式中，I_{MN} 为电动机的额定电流。

（3）工频接触器的选择 工频接触器的选择应考虑到电动机在工频下的起动情况，其触点电流通常可按电动机的额定电流再加大一个档次来选择。

8.2.3 传感器

传感器的定义是：能感受规定的被测量并按照一定的规律转换成可用信号的器件或装置，通常由敏感元件和转换元件组成。它能将检测感受到的信息，按一定规律变换成为电信号或其他所需形式的输出，满足信息的传输、存储、显示、记录和控制要求。图8-16所示为霍尔电流传感器。

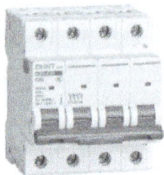

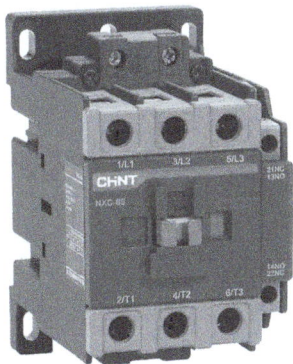

图 8-15　接触器

图 8-16　霍尔电流传感器

1. 传感器的种类

常用传感器的分类方法有以下四种：

（1）按传感器的物理量分类　按传感器的物理量可分为位移、力、速度、温度、流量和气体成分等传感器。

（2）按传感器工作原理分类　按传感器工作原理可分为电阻、电容、电感、电压、霍尔、光电、光栅和热电偶等传感器。

（3）按传感器输出信号的性质分类　按传感器输出信号的性质可分为：输出为开关量（"1"和"0"）的开关型传感器；输出为模拟量的模拟型传感器；输出为脉冲或代码的数字型传感器。

（4）按其用途分类

1）压力检测：可分为压力传感器、触力传感器、微压传感器和压差传感器等。

2）温度检测：可分为热电阻温度传感器和热电偶温度传感器等。

3）液位检测：可分为光电式液位传感器、机械浮子液位传感器和伸缩液位传感器等。

4）电流检测：可分为电磁式电流传感器和霍尔磁平衡式电流传感器等。

5）速度检测：可分为脉冲编码速度传感器和永磁发电速度传感器等。

6）位置检测：可分为电位计位置传感器和编码器位置传感器等。

2. 传感器选用的一般原则

现代传感器在原理和结构上千差万别，如何根据具体的测量对象、测量目的以及测量环境合理地选用传感器呢？

1）根据测量对象与测量环境确定传感器类型。即使是测量同一物理量，也有多种原理的传感器可供选用。哪一种原理的传感器更为合适，则需要根据被测量的特点和传感器的使用条件加以考虑。

2）灵敏度的选择。通常，在传感器的线性范围内，希望传感器的灵敏度越高越好。因为只有灵敏度高时，与被测量变化对应的输出信号的值才比较大，有利于信号处理。但要注意的是，传感器的灵敏度高，与被测量无关的外界噪声就容易混入，也会被传感器放大，影响测量准确度。因此，要求传感器本身应具有较高的信噪比，尽量减少从外界引入干扰信号。传感器的灵敏度是有方向性的，当被测量是单向量，而且对其方向性要求较高时，则应选择其他方向灵敏度小的传感器；如果被测量是多维向量，则要求传感器的交叉灵敏度越小越好。

3）频率响应特性。传感器的频率响应特性决定了被测量的频率范围，必须在允许频率范围内保持不失真的测量，传感器的频率响应高，可测的信号频率范围就宽。所以在动态测量中，应根据信号的特点（稳态、瞬态、随机等）响应特性来选择合适的传感器。实际上传感器的响应总有一定延迟，但希望延迟时间越短越好。

4）线性范围。传感器的线性范围是指输出与输入成正比的范围。从理论上讲，在此范围内，灵敏度保持定值传感器的线性范围越宽，则其量程越大，测量准确度也高。在选择传感器时，当传感器的种类确定以后，首先要看其量程是否满足要求。实际上，任何传感器都不能保证绝对的线性，其线性度也是相对的。

5）稳定性。传感器投入使用后，其性能保持不变化的能力称为稳定性。影响传感器长期稳定性的因素除传感器本身结构外，主要是传感器的使用环境。因此，要使传感器具有良好的稳定性，传感器必须要有较强的环境适应能力。

6）精度。精度是传感器的一个重要的性能指标，它是关系到整个测量系统测量准确度的重要环节。传感器的精度越高，其价格越昂贵，因此，传感器的精度只要满足整个测量系统的准确度要求即可。如果测量目的是定性分析，则选用重复精度高的传感器即可，不宜选用绝对量值精度高的；如果是为了定量分析，必须获得精确的测量值，就需选用准确度等级能满足要求的传感器。

8.2.4 输入交流电抗器

输入交流电抗器可抑制变频器输入电流的高次谐波，明显改善功率因数。输入交流电抗器为选购件，在以下情况下应考虑接入交流电抗器：①变频器所用之处的电源容量与变频器容量之比为10∶1以上；②同一电源上接有晶闸管变流器负载或在电源端带有开关控制调整功率因数的电容器；③三相电源的电压不平衡度较大（≥3%）；④变频器的输入电流中含有许多高次谐波成分，这些高次谐波电流都是无功电流，使变频调速系统的功率因数降低到0.75以下；⑤变频器的功率大于30kW。

接入的交流电抗器应满足以下要求：电抗器自身分布电容小；自身的谐振点要避开抑制频率范围；保证工频压降在2%以下，功耗要小。

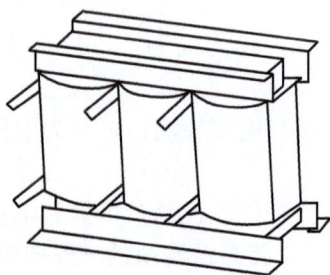

图8-17 交流电抗器

交流电抗器的外形如图8-17所示。

常用交流电抗器的规格见表8-3。

表8-3 常用交流电抗器的规格

电动机容量/kW	30	37	45	55	75	90	110	132	160	200	220
变频器容量/kW	30	37	45	55	75	90	110	132	160	200	220
电感量/mH	0.32	0.26	0.21	0.18	0.13	0.11	0.09	0.08	0.06	0.05	0.05

交流电抗器的型号规定：ACL-□，其中型号中的□为使用变频器的容量千瓦数。例如，132kW 的变频器应选择 ACL-132 型交流电抗器。

8.2.5　电源滤波器

变频器的输入和输出电流中都含有很多高次谐波成分。这些高次谐波电流除了增加输入侧的无功功率、降低功率因数（主要是频率较低的谐波电流）外，频率较高的谐波电流还将以各种方式把自己的能量传播出去，形成对其他设备的干扰，严重的甚至还可能使某些设备无法正常工作。

电源滤波器就是用来削弱这些较高频率的谐波电流，以防止变频器对其他设备的干扰。滤波器主要由滤波电抗器和电容器组成。图 8-18a 所示为输入侧滤波器；图 8-18b 所示为输出侧滤波器。应注意的是：变频器输出侧的滤波器中，其电容器只能接在电动机侧，且应串入电阻，以防止逆变器因电容器的充、放电而受冲击。滤波电抗器的结构如图 8-18c 所示，由各相的连接线在同一个磁心上按相同方向绕 4 圈（输入侧）或 3 圈（输出侧）构成。需要说明的是：三相的连接线必须按相同方向绕在同一个磁心上，这样，其基波电流的合成磁场为 0，因而对基波电流没有影响。

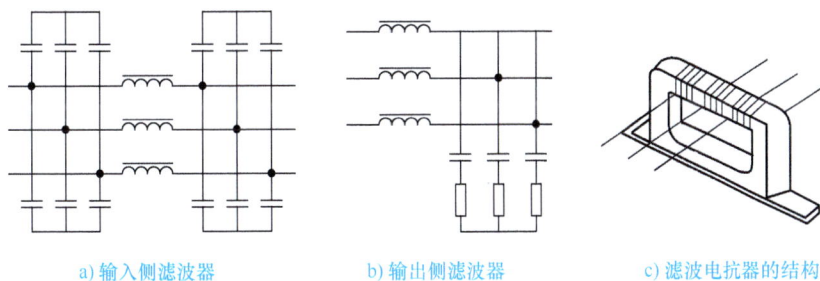

a) 输入侧滤波器　　　b) 输出侧滤波器　　　c) 滤波电抗器的结构

图 8-18　电源滤波器

在对防止无线电干扰要求较高及要求符合 CE、UL、CSA 标准的使用场合，或变频器周围有抗干扰能力不足的设备等情况下，均应使用该滤波器。安装时注意接线尽量缩短，滤波器应尽量靠近变频器。

8.2.6　制动电阻及制动单元

制动电阻及制动单元的功能是当电动机因频率下降或重物下降（如起重机械）而处于再生制动状态时，避免在直流回路中产生过高的泵生电压。

1. 制动电阻 R_B 的选择

（1）制动电阻 R_B 的大小

$$R_B = \frac{U_{DH}}{2I_{MN}} \sim \frac{U_{DH}}{I_{MN}} \tag{8-19}$$

式中，U_{DH} 为直流回路电压的允许上限值（V），在我国，$U_{DH} \approx 600\text{V}$。

（2）制动电阻 R_B 的功率 P_B

$$P_B = \frac{U_{DH}^2}{\gamma R_B} \tag{8-20}$$

式中，γ 为修正系数。

1）在不反复制动的场合：如每次制动时间小于 10s，可取 $\gamma=7$；如每次制动时间超过 100s，可取 $\gamma=1$；如每次制动时间在两者之间，则 γ 大体上可按比例算出。

2）在反复制动的场合：设 t_B 为每次制动所需时间；t_C 为每个制动周期所需时间。如 $t_B/t_C \leqslant 0.01$，取 $\gamma=5$；如 $t_B/t_C \geqslant 0.15$，取 $\gamma=1$；如 $0.01 < t_B/t_C < 0.15$，则 γ 大体上可按比例算出。

（3）常用制动电阻的阻值与容量的参考值（见表 8-4）

表 8-4　常用制动电阻的阻值与容量的参考值（电源电压：380V）

电动机容量/kW	电阻值/Ω	电阻功率/kW	电动机容量/kW	电阻值/Ω	电阻功率/kW
0.40	1000	0.14	37	20.0	8
0.75	750	0.18	45	16.0	12
1.50	350	0.40	55	13.6	12
2.20	250	0.55	75	10.0	20
3.70	150	0.90	90	10.0	20
5.50	110	1.30	110	7.0	27
7.50	75	1.80	132	7.0	27
11.0	60	2.50	160	5.0	33
15.0	50	4.00	200	4.0	40
18.5	40	4.00	220	3.5	45
22.0	30	5.00	280	2.7	64
30.0	24	8.00	315	2.7	64

由于制动电阻的容量不易准确掌握，如果容量偏小，则极易烧坏。所以，制动电阻箱内应附加热继电器 FR。

2. 制动单元 VB

对于大容量的电动机，在调速制动时往往会产生较大的再生电能，采用制动电阻进行能耗制动就很不经济，常采用具有能量回馈功能的制动单元。

IPC-PF 系列回馈制动单元是高性能回馈式制动单元，它可以把电动机在调速过程中所产生的再生电能回馈到电网，无需使用制动电阻，节能环保。该产品自带电抗器和噪声滤波器，可直接与电网驳接使用，保证变频器正常运行在最大节能状态。

一般情况下，只需根据变频器的容量进行配置即可。

8.2.7　直流电抗器

直流电抗器可将功率因数提高至 0.9 以上。由于其体积较小，因此许多变频器已将直流电抗器直接装在变频器内。

直流电抗器除了提高功率因数外，还可削弱在电源刚接通瞬间的冲击电流。如果同时配用交流电抗器和直流电抗器，则可将变频调速系统的功率因数提高至 0.95 以上。与交流电抗器相比，直流电抗器质量、体积、价格都比较低，制造工艺也相对简单，而抑制谐波的效果也较为满意，这是很多变频器乐于采用的原因。因此，从成本角度出发，选用直流电抗器是不错的选择。

直流电抗器的外形如图 8-19 所示，直流电抗器的连接如图 8-20 所示。直流电抗器配置见表 8-5。

图 8-19 直流电抗器的外形

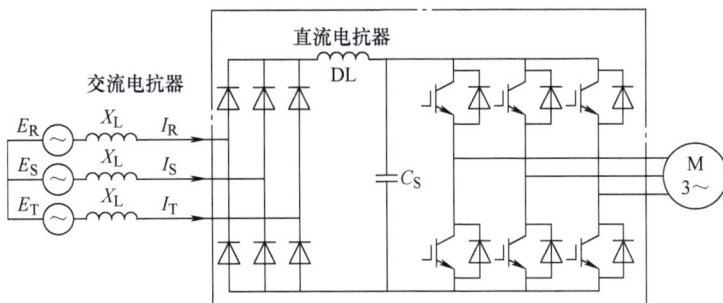

图 8-20 直流电抗器的连接

表 8-5 直流电抗器配置

变频器容量/kVA	3.7	5.5	7.5	11	15	18.5	22	30	37	45	55
直流电抗器电流/A	7.1	10.5	14	20.4	27.5	33.9	40.3	55	67.5	81.9	98.5
直流电抗器电感量/mH	9.4	6.2	4.8	3.3	2.4	2.0	1.6	1.2	0.98	0.81	0.67
直流电抗器电阻值/mΩ	148	88	68	39	25	20	17	10	8.5	6.1	5

8.2.8 输出交流电抗器

输出交流电抗器用于抑制变频器的辐射干扰和感应干扰，还可以抑制电动机的振动。输出交流电抗器是选购件，当变频器的干扰严重时或电动机振动时，可考虑接入。

交流输出电抗器的输出端通过电缆与电动机连接。电抗器的工作频率为变频器的 PWM 载波频率，因此交流输出电抗器可采用相当于 1% 电压降（即 1% 阻抗）或更低的电感量，就可达到抑制 du/dt 的要求。电感量确切数值还取决于电动机的参数和电缆类型和长度、变频器的开关频率、电动机的运行频率和系统的杂散参数，因此有必要向制造商提出。工程上也可以用简单估算的方法来确定输出电抗器的电感量 $L = 5.25/I$（L 的单位为 mH），式中 I 为变频器额定电流（A）。

8.3 变频调速系统的控制电路

8.3.1 变频器控制电路的主要组成

为变频器的主电路提供通断控制信号的电路，称为控制电路。其主要任务是完成对逆变器开关器件的开关控制和提供多种保护功能。控制方式有模拟控制和数字控制两种。目前已广泛采用了以微处理器为核心的全数字控制技术，采用尽可能简单的硬件电路，主要靠软件完成各种控制功能，以充分发挥微处理器计算能力强和软件控制灵活性高的特点，完成许多模拟控制方式难以实现的功能。控制电路主要由以下部分组成。

（1）运算电路 运算电路的主要作用是将外部的压力、速度及转矩等指令信号同检测电路的电流、电压信号进行比较运算，决定变频器的输出频率和电压。

（2）信号检测电路 将变频器和电动机的工作状态反馈至微处理器，并由微处理器按事先确定的算法进行处理后为各部分电路提供所需的控制或保护信号。

（3）驱动电路 驱动电路的作用是为变频器中逆变电路的换流器件提供驱动信号。当逆变电路的换流器件为晶体管时，称为基极驱动电路；当逆变电路的换流器件为 SCR、IGBT 或 GTO 晶闸管时，称为门极驱动电路。

（4）保护电路 保护电路的主要作用是对检测电路得到的各种信号进行运算处理，以判断变频器本身或系统是否出现异常。当检测到异常时，进行各种必要的处理，如使变频器停止工作或抑制电压、电流值等。

以上变频器的各种控制电路，有些是由变频器内部的微处理器和控制单元完成的；有些是由外接的控制电路与内部电路配合完成的。由外接的控制电路来控制其运行的工作方式称为外控运行方式（有的说明书上称为"远控方式"），在需要进行外控运行时，变频器需事先将运行模式预置为外部运行，如森兰全能王 SB60/61 系列变频器中，将功能代码 F004 预置为"1"。本节重点介绍外控运行方式。

8.3.2 正转控制电路

1. 正转运行的基本电路

以森兰 SB40 系列变频器为例，将变频器的正转接线端"FWD"与公共端"CM"之间用一个短路片连接。这时，只要变频器接上电源，就可以开始运行了，如图 8-21 所示。

如果电动机的旋转方向反了，可以不必更换电动机的接线，而通过以下方法来更正：

1）将正转接线端"FWD"断开，使反转接线端"REV"与公共端"CM"连接。

2）正转接线端"FWD"的连线不变，通过功能预置来改变旋转方向。如森兰 SB40 系列变频器中，将功能代码 F68 预置为"1"时为正转；预置为"2"时为反转。

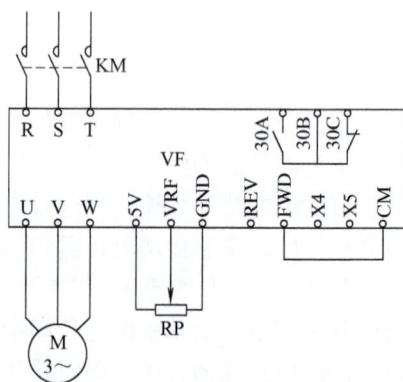

图 8-21 正转运行基本电路

图 8-21 所示电路虽然也可以使变频调速系统开始运行，但一般不推荐以这种方式来直接控制电动机的起动和停止，这是因为：

1）准确性和可靠性难以保证。控制电路的电源在尚未充电至正常电压之前，其工作状况有可能出现紊乱。尽管现代的变频器对此已经做了处理，但所做的处理仍须由控制电路来完成。因此，在频繁操作的情况下，其准确性和可靠性难以得到充分的保证。

2）电动机自由制动。通过接触器 KM 来切断电源，变频器就不能工作了，电动机将处于自由制动状态，不能按预置的减速时间来停机。

3）对电网有干扰。变频器在刚接通电源的瞬间，充电电流是很大的，会构成对电网的干扰。因此，应将变频器接通电源的次数降低到最少程度。

2. 开关控制电路

开关控制正转运行的电路如图 8-22 所示。

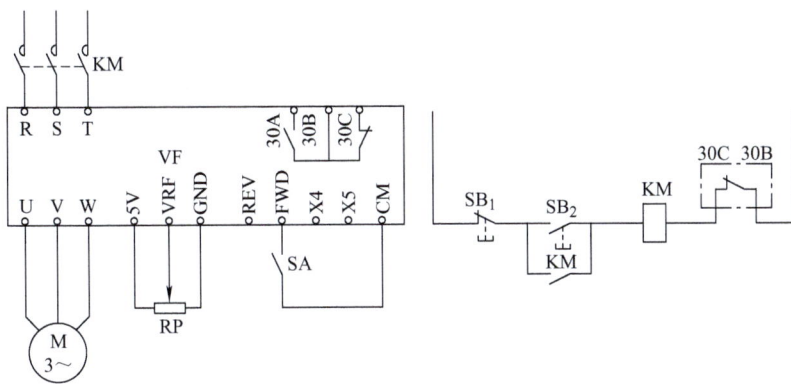

图 8-22　开关控制正转运行电路

图 8-22 所示电路是在"FWD"和"CM"之间接入开关 SA。这里，接触器 KM 仅用于为变频器接通电源，电动机的起动和停止由开关 SA 来控制。图中的"30B"和"30C"是指变频器的跳闸信号。当变频器工作正常时，30B 与 30C 之间的触点闭合，保证变频器接通；当变频器工作出现故障时，30B 与 30C 之间的触点断开，使变频器断电，同时 30A 与30C 之间的触点闭合，输出报警信号。

图 8-22 所示电路的优点是简单；缺点是 KM 与 SA 之间无互锁环节，难以防止先合上SA 再接通 KM，或在 SA 尚未断开（电动机未停机）的情况下，通过 KM 切断电源的误动作。

3. 继电器控制电路

由继电器控制的正转运行电路如图 8-23 所示。

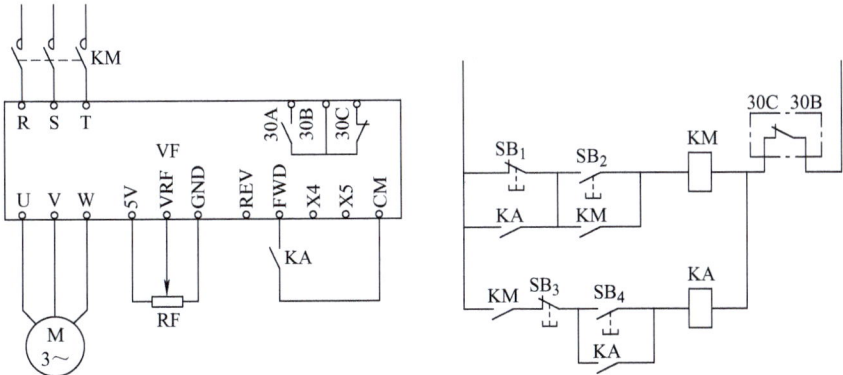

图 8-23　由继电器控制的正转运行电路

由图 8-23 可以看出，电动机的起动与停止是由继电器 KA 来完成的。在接触器 KM 未吸合前，继电器 KA 是不能接通的，从而防止了先接通 KA 的误动作。而当 KA 接通时，其常

开触点使常闭按钮 SB_1 失去作用，只有先按下电动机停止按钮 SB_3，在 KA 失电后 KM 才有可能断电，从而保证了只有在电动机先停机的情况下，才能使变频器切断电源。

8.3.3　正、反转控制

1. 旋钮开关控制电路

三位旋钮开关控制正、反转电路如图 8-24 所示。

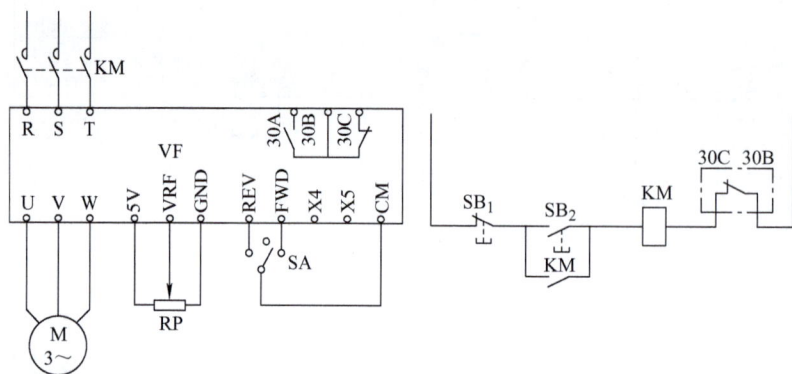

图 8-24　三位旋钮开关控制正、反转电路

图 8-24 与图 8-23 所示的正转控制电路完全类似，只是改为三位开关 SA 了，包括"正转""停止""反转" 3 个位置。

图 8-24 的优缺点也和图 8-22 所示电路相同，即电路结构简单，但难以避免由 KM 直接控制电动机或在 SA 尚未断（电动机未停机）的情况下通过 KM 切断电源的误动作。

2. 继电器控制的正、反转电路

继电器控制的正、反转电路如图 8-25 所示。

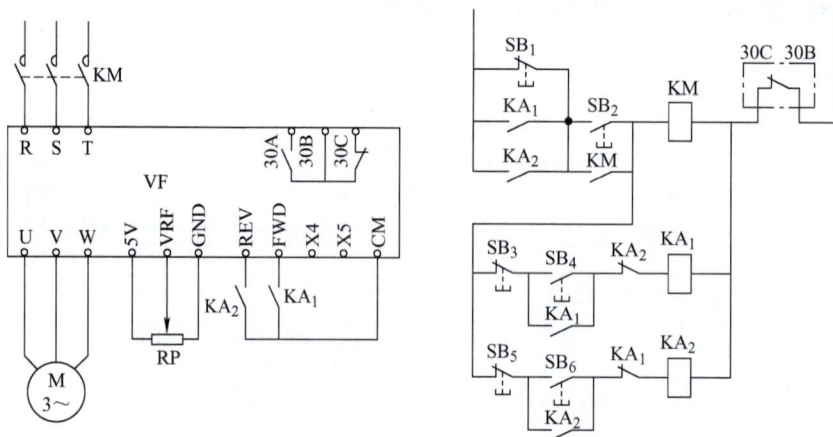

图 8-25　继电器控制的正、反转电路

按钮 SB_2、SB_1 用于控制接触器 KM，从而控制变频器接通或切断电源。

按钮 SB_4、SB_3 用于控制正转继电器 KA_1，从而控制电动机的正转运行与停止。

按钮 SB$_6$、SB$_5$ 用于控制反转继电器 KA$_2$，从而控制电动机的反转运行与停止。

正转与反转运行只有在接触器 KM 已经动作、变频器已经通电的状态下才能进行。

与按钮 SB$_1$ 常闭触点并联的 KA$_1$、KA$_2$ 触点用于防止电动机在运行状态下通过 KM 直接停机。

8.3.4　升速与降速控制

变频器的输入控制端中，有两个端子，经过功能设定，可以作为升速和降速之用，如图 8-26 所示。

以森兰 BT40 系列变频器为例，通过对频率给定方式进行设定，可使"X4"和"X5"控制端子具有如下功能：

"X5-CM"接通→频率上升；"X5-CM"断开→频率保持。

"X4-CM"接通→频率下降；"X4-CM"断开→频率保持。

利用这两个升速和降速控制端子，可以在远程控制中通过按钮来进行升速和降速控制，从而可以灵活地应用在各种自动控制的场合。

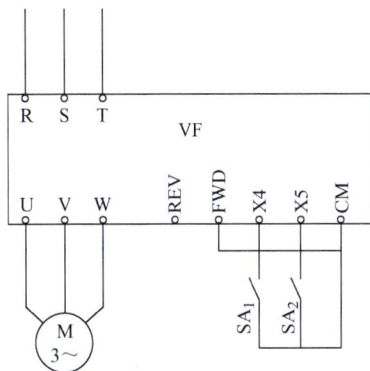

图 8-26　变频器升速与降速控制

8.3.5　变频与工频切换的控制电路

图 8-27 所示为变频与工频切换的控制电路。该电路可以满足以下要求：

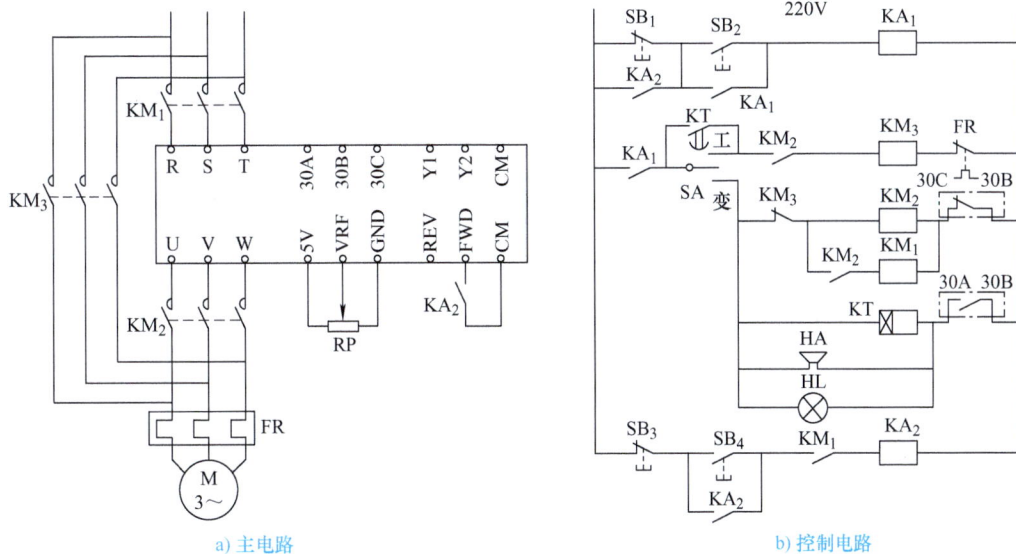

a) 主电路　　　b) 控制电路

图 8-27　变频与工频切换的控制电路

1）用户可根据工作需要选择"工频运行"或"变频运行"。

2）在"变频运行"时，一旦变频器因故障而跳闸时，可自动切换为"工频运行"方式，同时进行声光报警。

图 8-27a 为主电路，接触器 KM$_1$ 用于将电源接至变频器的输入端；接触器 KM$_2$ 用于将变频器的输出端接至电动机；接触器 KM$_3$ 用于将工频电源直接接至电动机；热继电器 FR 用于工频运行时的过载保护。

对控制电路的要求是：接触器 KM$_2$ 和 KM$_3$ 绝对不允许同时接通，相互间必须有可靠的互锁，最好选用具有机械互锁的接触器。

图 8-27b 为控制电路，运行方式由三位开关 SA 进行选择。当 SA 合至"工频运行"方式时，按下起动按钮 SB$_2$，中间继电器 KA$_1$ 动作并自锁，进而使接触器 KM$_3$ 动作，电动机进入"工频运行"状态。按下停止按钮 SB$_1$，中间继电器 KA$_1$ 和接触器 KM$_3$ 均断电，电动机停止运行。

当 SA 合至"变频运行"方式时，按下起动按钮 SB$_2$，中间继电器 KA$_1$ 动作并自锁，进而使接触器 KM$_2$ 动作，将电动机接至变频器的输出端。接触器 KM$_2$ 动作后，接触器 KM$_1$ 也动作，将工频电源接到变频器的输入端，并允许电动机起动。

按下起动按钮 SB$_4$，中间继电器 KA$_2$ 动作，电动机开始升速，进入"变频运行"状态。中间继电器 KA$_2$ 动作后，停止按钮 SB$_1$ 将失去作用，以防止直接通过切断变频器电源使电动机停机。

在变频运行过程中，如果变频器因故障而跳闸，则"30B-30C"断开，接触器 KM$_2$ 和 KM$_1$ 均断电，变频器和电源之间，以及电动机和变频器之间，都被切断。

与此同时，"30B-30A"闭合，一方面，由蜂鸣器 HA 和指示灯 HL 进行声光报警。同时，时间继电器 KT 延时后闭合，使接触器 KM$_3$ 动作，电动机进入"工频运行"状态。操作人员发现后，应将选择开关 SA 旋至"工频运行"位。这时，声光报警停止，并使时间继电器 KT 断电。

8.4 变频器的程序控制

8.4.1 利用变频器的编程功能进行程序控制

各种变频器都具有简单的程序控制功能，各程序段的运行时间由变频器内部的计时器根据用户预置的参数计时决定。现以森兰 SB61 系列变频器为例，说明如下。

对于编程功能的预置，大致有两个部分：

（1）基本要求的预置 在森兰 SB61 系列变频器里，有：

1）程控功能选择（F700）。

"0"——程控功能无效。

"1"——循环 N 个周期后停止。

"2"——循环 N 个周期后，以第 15 档频率运行。

"3"——连续循环运行。

"4"——程序控制优先。

2）计时单位选择（F701）。

"0"——计时单位为 s。

"1"——计时单位为 min。

（2）各程序段的预置　图 8-28 所示为变频器的编程功能。

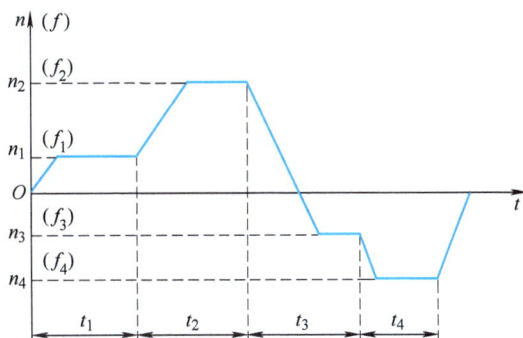

图 8-28　变频器的编程功能

每个程序段要设定 3 个数据：

1）运行时间。功能码如 F703、F705、F707、…。

2）运行频率。第一程序的频率为多档转速的第一档运行频率（F616），第二程序的频率为多档转速的第二档运行频率（F617），以此类推。

3）运行方向及加、减速时间。功能码如 F704、F706、F708、…。

8.4.2　多档转速控制电路

几乎所有的变频器都具有多档转速的功能，各档转速间的转换是由外接开关的通断组合来实现的。三个输入端子可切换 8 档转速（包括 0 速）。对森兰 SB60 系列变频器来说，需用编程方法，将 X1、X2、X3 定义为多档频率端子。由多档转速功能实现程序控制的特点是：各程序段之间的切换是由外部条件来决定的。

8.4.3　简易 PLC 运行功能

例如，森兰 SB70 变频器采用 PLC 中断运行再起动方式，可由 F8-00 "PLC 运行设置"十位确定。当 PLC 运行中断（故障或停机）时，可选择"从第一段开始运行"；还可以选择"从中断时刻的阶段频率继续运行"或者"从中断时刻的运行频率继续运行"，起动方式由 F1-19 确定，如图 8-29 所示。

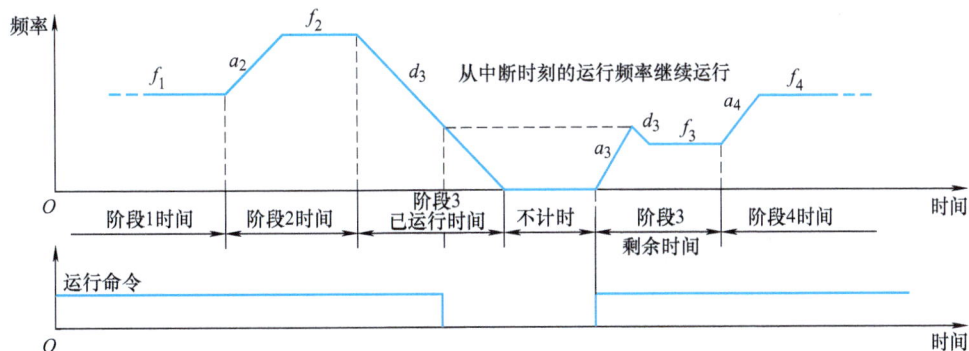

图 8-29　采用 PLC 中断运行再起动方式

图 8-29 中的 f_n 为阶段 n 的多段频率，a_n、d_n 为阶段 n 的加、减速时间，T_n 为阶段 n 时间，$n = 1 \sim 48$。

PLC 状态可选择掉电存储，这样下次再运转时，可从停止时的状态继续运行。例如：一天的作业结束后，变频器停止并断电，第二天只需上电并起动运行，就可继续前一天未完的作业。

修改 F8-00、F8-01 或 F8-02 时，PLC 的状态会自动复位。

SB70 的 PLC 可以选择多个模式，相当于具有多套简易 PLC 设置，用户可通过切换不同的模式来满足不同规格产品的生产工艺要求。例如：一套水泥管桩离心制造设备可以选择不同模式生产不同规格的管桩。生产 6 种规格的管桩，每种规格需 8 段 PLC 运行，可设置 F8-01 个位 =4（共 6 种模式，每种模式 8 段）。

运行中切换模式在停机后生效，可选择的最大模式号由 F8-01 个位决定。

8.5　外接给定信号

在变频器中，通过面板、通信接口或输入端子调节频率大小的指令信号，称为给定信号。所谓外接给定，就是变频器通过信号输入端从外部得到频率的给定信号。

8.5.1　频率给定信号的种类

1. 数字量给定方式

频率给定信号为数字量，这种给定方式的频率精度很高，可达给定频率的 0.01% 以内。具体的给定方式有以下两种：

（1）面板给定　通过面板上的升键（∧键或▲键）和降键（∨键或▼键）来设置频率的数值。

（2）通信接口给定　由上位机或 PLC 通过接口进行给定。现在多数变频器都带有 RS-485 接口或 RS-232C 接口，方便实现与上位机的通信，上位机即可将设置的频率数值传送给变频器。

2. 模拟量给定方式

即给定信号为模拟量，主要有：电压信号、电流信号。当进行模拟量给定时，变频器输出频率的精度略低，约在最大频率的 ±0.2% 以内。

常见的给定方法有：

（1）电位器给定　利用电位器的连接提供给定信号，该信号为电压信号。例如森兰 SB12 系列变频器，通常由端子"5V"提供 +5V 电源；端子"GND"是输入信号的公共端；端子"VRF"为给定电压信号的输入端，如图 8-30 所示。

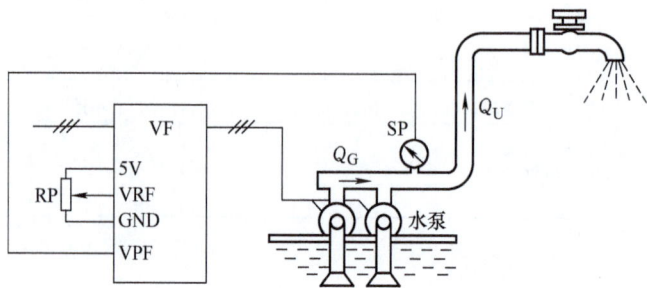

图 8-30　恒压供水系统电位器给定信号的连接

森兰 SB70 系列变频器的频率给定电位器已引到了变频器的操作面板上，如无特殊需要，也就不必再考虑它的连接了。

（2）直接电压（或电流）给定　由外部仪器设备直接向变频器的给定端输出电压或电流信号，端子"VRF"为给定电压信号的输入端，端子"IRF"为给定电流信号的输入端。

8.5.2　选择给定方法的一般原则

在选择给定方法时应优先选择面板给定方法，因为面板给定不需要外部接线，方法简单，频率设置精度高。变频器的操作面板包括键盘和显示屏，而显示屏的显示功能十分齐全，如可显示运行过程中的各种参数及故障代码等。但在实际工程应用中，当受连接线长度限制时，则可选择外部给定方法，此时应优先选择数字量给定方式，因为数字量给定时频率精度高，抗干扰能力强。如果选择模拟量给定方式，则应优先选择电流信号，因为电流信号在传输过程中不受线路电压降、接触电阻、杂散的热电效应及感应噪声的影响，抗干扰能力较强。但由于电流信号电路比较复杂，故在距离不远的情况下，仍以选用电压给定方式居多。

8.5.3　频率给定线

1. 频率给定线的定义

由模拟量进行外接频率给定时，变频器的给定频率f_x与给定信号x之间的关系曲线$f_x = f(x)$，称为频率给定线。这里的给定信号x既可以是电压信号U_G，也可以是电流信号I_G。

2. 基本频率给定线

在给定信号x从 0 增大至最大值x_{max}的过程中，给定频率f_x线性地从 0 增大到f_{max}的频率给定线称为基本频率给定线。其起点为（$x=0$，$f_x=0$）；终点为（$x=x_{max}$，$f_x=f_{max}$），如图 8-31 中的曲线①所示。

【例 8.1】　假设给定信号为 4～20mA，要求对应的输出频率为 0～50Hz。

则：$I_G = 4$mA 与 $x = 0$ 相对应，$I_G = 20$mA 与 $x = x_{max}$ 相对应，作出的频率给定线如图 8-32 所示。

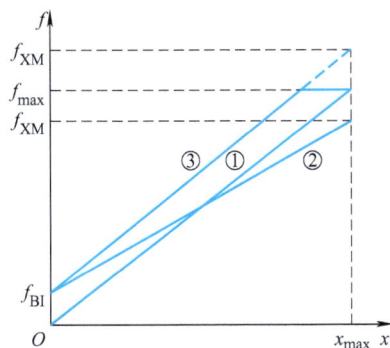

图 8-31　频率给定含义

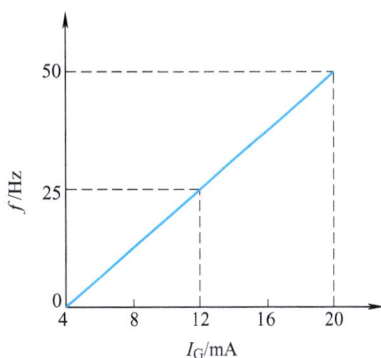

图 8-32　频率给定实例

3. 频率给定线的预置

频率给定线的起点和终点坐标可以根据拖动系统的需要任意预置。

（1）起点坐标（$x=0$，$f_x=f_{BI}$）　这里，f_{BI}为给定信号$x=0$时所对应的给定频率，称为偏置频率。在森兰 SB70 系列变频器中偏置频率的功能码是"F302"。

（2）终点坐标（$x = x_{max}$，$f_x = f_{XM}$） 这里，f_{XM} 为给定信号 $x = x_{max}$ 时所对应的给定频率，称为最大给定频率。

预置时，偏置频率 f_{BI} 是直接设定的频率值；而最大给定频率 f_{XM} 常常是通过预置"频率增益"$G\%$ 来设定的。

$G\%$ 的定义是：最大给定频率 f_{XM} 与最大频率 f_{max} 之比的百分数，即

$$G\% = \frac{f_{XM}}{f_{max}} \times 100\%$$

如 $G\% > 100\%$，则 $f_{XM} > f_{max}$。这时的 f_{XM} 为理想值，其中，理想输出频率大于 f_{max} 的部分，变频器的实际输出频率为 f_{max}。

在森兰 SB70 系列变频器中，频率增益的功能码是"F300"。

预置后的频率给定线如图 8-31 中的曲线②（$G\% < 100\%$）和曲线③（$G\% > 100\%$）所示。

4. 最大频率、最大给定频率与上限频率的区别

最大频率 f_{max} 和最大给定频率 f_{XM} 都与最大给定信号 x_{max} 相对应，但最大频率 f_{max} 通常是由基准情况决定的；而最大给定频率 f_{XM} 常常是根据实际情况进行修正的结果。

当 $f_{XM} < f_{max}$ 时，变频器能够输出的最大频率由 f_{XM} 决定，f_{XM} 与 x_{max} 对应。

当 $f_{XM} > f_{max}$ 时，变频器能够输出的最大频率由 f_{max} 决定。

上限频率 f_H 是根据生产需要预置的最大运行频率，它并不和某个确定的给定信号 x 相对应。

当 $f_H < f_{max}$ 时，变频器能够输出的最大频率由 f_H 决定，f_H 并不与 x_{max} 对应。

当 $f_H > f_{max}$ 时，变频器能够输出的最大频率由 f_{max} 决定。

如图 8-31 所示，假设给定信号为 0～10V 的电压信号，最大频率为 $f_{max} = 50Hz$，最大给定频率为 $f_{XM} = 52Hz$，上限频率为 $f_H = 40Hz$，则：

1）频率给定线的起点为（0，0），终点为（10，52）。

2）在频率较小（<40Hz）的情况下，频率 f_x 与给定信号 x 之间的对应关系由频率给定线决定。如 $x = 5V$，则 $f_x = 26Hz$。

3）变频器实际输出的最大频率为 40Hz。在这里，与上限频率（40Hz）对应的给定信号 x_H 为多大无关。

8.6 变频器与 PLC 的连接

8.6.1 PLC 概述

可编程序控制器（Programmable Logic Controller）是采用了计算机技术的工业控制装置，缩写为 PLC。

1. PLC 的分类

PLC 类型多，型号各异，各生产厂家的规格也各不相同，通常按以下两种情况分类：

（1）根据容量分类 PLC 的容量主要是指 PLC 的输入/输出（I/O）点数。按照 PLC 的

输入/输出点数可将 PLC 分为微型（64 点及以下）、小型（64 ~ 256 点）、中型（256 ~ 2048 点）及大型（2048 点以上）四种。

（2）按结构形式分类　按结构形式不同，PLC 可分为整体式结构和模块式结构两类。

整体式结构是将 PLC 的基本部件，如 CPU 板、输入板、输出板及电源板等很紧凑地安装在一个标准机壳内，构成一个整体，组成 PLC 的一个基本单元，基本单元上设有扩展端子，通过扩展电缆与其他扩展单元相连，以构成 PLC 的不同配置。整体式结构的 PLC 体积小、成本低、安装方便，微型和小型 PLC 采用这种结构形式的比较多。图 8-33 所示为整体式 PLC 的外形。

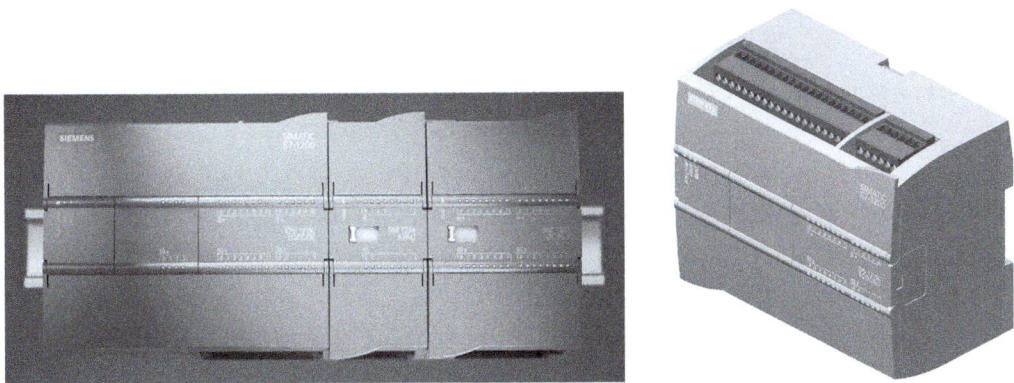

图 8-33　整体式 PLC 的外形

模块式结构的 PLC 由一些标准模块单元构成。将这些标准模块如 CPU 模块、输入模块、输出模块、电源模块等，插在框架上或基板上即可组装而成。各模块功能是独立的，外形尺寸是统一的，插入什么模块可根据需要灵活配置。目前，中、大型 PLC 多采用这种结构形式。

2. 可编程序控制器的基本结构

PLC 实质是一种工业控制计算机，它的组成基本上与微机系统相同，从硬件结构上看，一般由中央处理器（CPU）、存储器、输入/输出（I/O）接口、电源和编程器五部分组成。

（1）中央处理器（CPU）　中央处理器是 PLC 的大脑，其主要用途是处理和运行用户程序，针对外部输入信号做出正确的逻辑判断，并将结果输出给有关部分，以控制生产机械按既定程序工作。另外，CPU 还对其内部工作进行自动检测，并协调 PLC 各部分工作，如有差错，它能立即停止运行。

不同型号 PLC 的 CPU 芯片是不同的，有的采用通用的 MCS-51 系列单片机，如 8031、8051、8751 等；也有采用厂家自行设计的专用 CPU 芯片（如西门子公司的 S7-200 系列 PLC，均采用其自行研制的专用芯片）。CPU 芯片的性能关系到 PLC 处理信号的能力与速度，随着芯片技术的不断发展，PLC 所用的 CPU 芯片也越来越高档。

（2）存储器　有了存储器，PLC 才有了记忆功能，才能预先把待解决问题的一步步操作用指令的形式编成程序保存起来。PLC 的存储器包括系统存储器和用户存储器两部分。

系统存储器用来存放由 PLC 厂家编写的系统程序，并固化在 ROM 内，作为机器的一部分提供给用户，用户不能更改。它使 PLC 具有基本智能，能够完成设计者规定的各项任务。系统程序主要包括三部分：第一部分为系统管理程序，它主管控制 PLC 的运行，使整个 PLC 按部就班地工作；第二部分为用户指令解释程序，通过它将 PLC 的编程语言变为机器语言指令，再由 CPU 执行这些指令；第三部分为标准程序模块与系统调用，它包括许多不同功能的子程序及其调用管理程序。

用户程序存储器用来存放用户针对具体控制任务、用规定的编程语言编写的各种用户控制程序，可以是 RAM 或 EPROM，其内容可以由用户任意修改或增删。

（3）输入/输出（I/O）接口　输入/输出（I/O）接口是 PLC 与外界连接的接口。输入接口用来采集两种类型的输入信号：一类是由按钮、选择开关、行程开关、继电器触点等输入的开关信号量；另一类是由电位器、测速发电机和各种变送器等输入的模拟信号量。输出接口用来连接被控对象中各种执行元件，如接触器、电磁阀、指示灯、调节阀及调速装置等。

（4）电源　PLC 内有一个开关式稳压电源，此电源一方面可为 CPU 板、I/O 板及扩展单元提供工作电源（直流 5V），另一方面可为外部输入元件提供直流 24V 的电压。PLC 一般采用锂电池作为停电时的后备电源。

（5）编程器　编程器的作用是供用户进行程序的编制、编辑、调试和监视。编程器有简易型和智能型两类。简易型的编程器只能联机编程，且往往需要将梯形图转化为机器语言助记符（指令表）后，才能输入。它一般由简易键盘和发光二极管或其他显示器件组成。智能型的编程器又称图形编程器，它可以联机编程，也可以脱机编程，具有 LCD 或 CRT 图形显示功能，可以直接输入梯形图和通过屏幕对话，也可以利用普通微机（如 IBM-PC）作为编程器，这时微机应配有相应的软件包，若要直接与编程器通信，还要配有相应的通信电缆。

3. PLC 的程序设计

PLC 控制系统是以程序形式来体现其控制功能的，一般是将硬件设计和软件设计同时进行，在程序设计上，可分为以下几个步骤：

1) 确定被控制系统必须完成的动作及完成这些动作的顺序。

2) 分配输入输出设备，即确定哪些外围设备是送入到 PLC 的信号，哪些外围设备是接收来自 PLC 的信号，并将 PLC 输入/输出口与之对应进行分配。

3) 设计 PLC 梯形图，梯形图要按照正确的顺序编写，并要体现出控制系统所要求的全部功能及其相互关系。

4) 将梯形图符号编写成可用编程器键入 PLC 的指令代码。

5) 通过编程器将上述程序指令键入 PLC，并对其进行编辑。

6) 调试并运行程序（模拟和现场）。

7) 保存已完成的程序。

8.6.2　PLC 与变频器连接时要注意的问题

可编程序控制器（PLC）是一种数字运算和操作的电子控制装置。PLC 作为传统继电器的替代品，已广泛用于工业控制的各个领域。由于它可通过软件来改变控制过程，且具有体积小、组装灵活、编程简单、抗干扰能力强及可靠性高等优点，故非常适合于在恶劣工作环境下运行，因而深受欢迎。

当利用变频器构成自动控制系统进行控制时，许多情况是采用和 PLC 配合使用。PLC 可提供控制信号（如速度）和指令通断信号（起动、停止、反向）。一个 PLC 系统由三部分组成：中央处理单元、输入/输出模块和编程单元。下面介绍变频器和 PLC 连接时需要注意的有关事项。

1. 开关指令信号的输入

变频器的输入信号中包括对运行/停止、正转/反转、点动等运行状态进行操作的开关型指令信号（数字输入信号）。PLC 通常利用继电器触点或具有继电器触点开关特性的元器件（如晶体管）与变频器连接，获取运行状态指令，如图 8-34 所示。

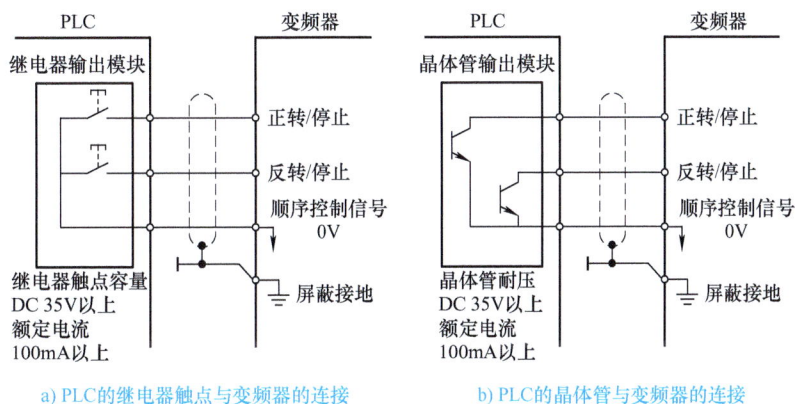

a) PLC的继电器触点与变频器的连接　　b) PLC的晶体管与变频器的连接

图 8-34　PLC 与变频器的连接

使用继电器触点进行连接时，常因接触不良而带来误动作；使用晶体管进行连接时，则需要考虑晶体管本身的电压、电流容量等因素，保证系统的可靠性。

在设计变频器的输入信号电路时还应该注意到，当输入信号电路连接不当时有时也会造成变频器的误动作。例如，当输入信号电路采用继电器等感性负载、继电器开闭时，产生的浪涌电流带来的噪声有可能引起变频器的误动作，应尽量避免。

2. 数值信号的输入

变频器中也存在一些数值型（如频率、电压等）指令信号的输入，可分为数字输入和模拟输入两种，数字输入多采用变频器面板上的键盘操作和串行接口来设定；模拟输入则通过接线端子由外部给定，通常是通过 0～10V（或 5V）的电压信号或者 0（或 4）～20mA 的。由于接口电路因输入信号而异，故必须根据变频器的输入阻抗选择 PLC 的输出模块。图 8-35 为 PLC 与变频器之间的信号连接图。

当变频器和 PLC 的电压信号范围不同时，例如，变频器的输入信号范围为 0～10V 而 PLC 的输出电压信号范围为 0～5V 时，或 PLC 一侧的输出信号电压范围为 0～10V 而变

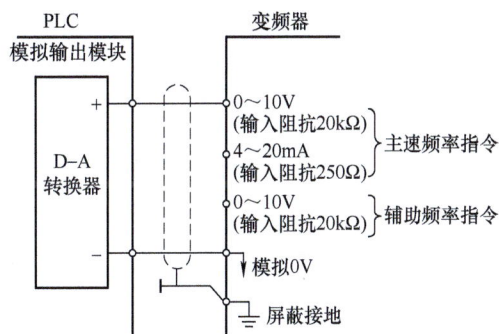

图 8-35　PLC 与变频器之间的信号连接图

频器的输入信号电压范围为 0～5V 时，由于变频器和晶体管的允许电压、电流等因素的限制，则需以串联电阻的分压，以保证进行开关时不超过 PLC 和变频器相应部分的容量。此外，在连线时还应该注意将布线分开，保证主电路一侧的噪声不传至控制电路。

通常变频器也通过接线端子向外部输出相应的监测模拟信号，电信号范围通常为 0～5V（或 10V）及 0（或 4）～20mA。无论是哪种情况，都必须注意 PLC 一侧输入阻抗的大小，以保证电路中的电压和电流不超过电路的容许值，从而提高系统的可靠性和减少误差。此外，由于这些监测系统的组成都互不相同，当有不清楚的地方时最好向厂家咨询。

在使用 PLC 进行顺序控制时，由于 CPU 进行处理时需要时间，故总是存在一定时间的延迟。

由于变频器在运行过程中会带来较强的电磁干扰，为了保证 PLC 不因变频器主电路的断路器及开关器件等产生的噪声而出现故障，在将变频器和 PLC 等上位机配合使用时还必须注意：

1）对 PLC 本体按照规定的标准和接地条件进行接地。此时，应避免和变频器使用共同的接地线，并在接地时尽可能使两者分开。

2）当电源条件不太好时，应在 PLC 的电源模块以及输入/输出模块的电源线上接入噪声滤波器和降低噪声用的变压器等。此外，如有必要，在变频器一侧也应采取相应措施。

3）当把变频器和 PLC 安装在同一操作柜中时，应尽可能使与变频器和 PLC 有关的电线分开。

4）通过使用屏蔽线和双绞线达到提高抗噪声水平的目的。

8.6.3　PLC 与变频器连接实现多档转速控制

下面举一实例说明 PLC 与变频器的连接。我们知道，几乎所有的变频器都设置有多档转速的功能，各档转速间的转换是由外接开关的通断组合来实现的。三个输入端子可切换 8 档转速（包括 0 速）。对三菱 FR-A540 系列变频器来说，三个输入端分别用 RL、RM、RH 来表示。对森兰 SB60 系列变频器来说，需用编程的方法，将 X1、X2、X3 定义为多档频率端子。但外接开关对于每档转速常常只有一对触点来控制。这里，必须解决好由一对触点控制多个控制端的问题，常用的方法是通过 PLC 来进行控制。

例如，某机床有 8 档转速（0 档转速为 0），由手柄的 8 个位置来控制，每个位置只有一对触点。一般来说，实现一对触点与多个控制端之间的切换，采用 PLC 控制是比较方便的。今以三菱 FR-A540 系列变频器为例进行介绍，其电路如图 8-36 所示。

图 8-36 中，SA_1 用于控制 PLC 的运行；SB_1 和 SB_2 用于控制变频器的通电；SB_3 和 SB_4 用于控制变频器的运行；SB_5 用于控制变频器的复位；SA_2 用于控制 8 档转速的切换开关。

1. 功能预置

主要预置与各档转速对应的频率，预置如下：

Pr. 4——第 1 档工作频率：$f_{x1} = 15Hz$。

Pr. 5——第 2 档工作频率：$f_{x2} = 30Hz$。

Pr. 6——第 3 档工作频率：$f_{x3} = 40Hz$。

Pr. 24——第 4 档工作频率：$f_{x4} = 50Hz$。

Pr. 25——第 5 档工作频率：$f_{x5} = 35Hz$。

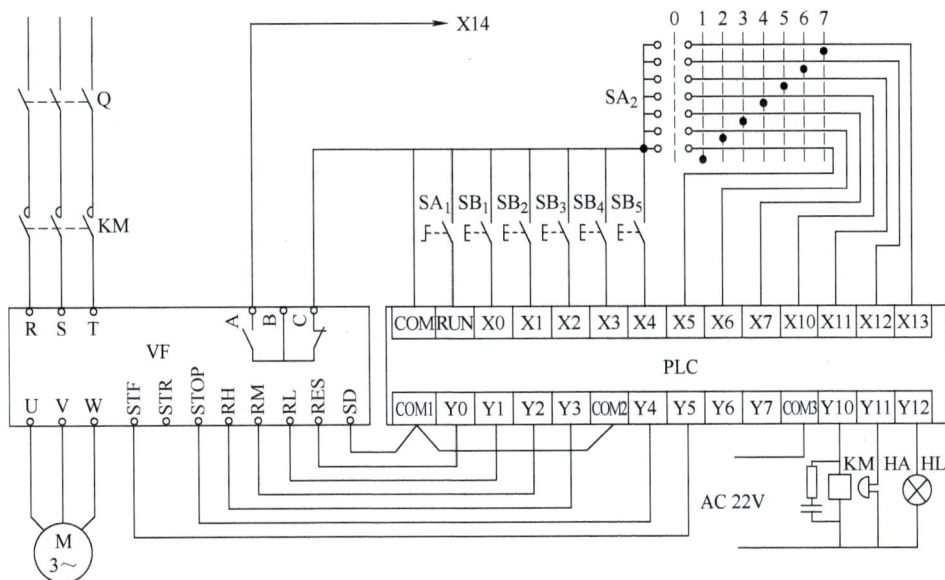

图 8-36 PLC 与变频器连接实现多档转速控制电路

Pr. 26——第 6 档工作频率：$f_{x6} = 25\,\text{Hz}$。

Pr. 27——第 7 档工作频率：$f_{x7} = 10\,\text{Hz}$。

2. 梯形图

图 8-37 所示为 PLC 实现多档转速梯形图。

现对梯形图说明如下：

（1）变频器的通电控制（A 行）

1）按下 SB$_1$→X0 动作→Y10 动作一接触器 KM
得电并动作→变频器接通电源。

2）按下 SB$_2$→X1 动作→Y10 释放→接触器 KM
失电→变频器切断电源。

（2）变频器的运行控制（B 段） 由于 X3 未动作，
其常闭触点处于闭合状态，故 Y4 动作，使 STOP 端与
SD 接通。由于变频器的 STOP 端接通，可以选择起动信
号自保持，所以正转运行端（STF）具有自锁功能。

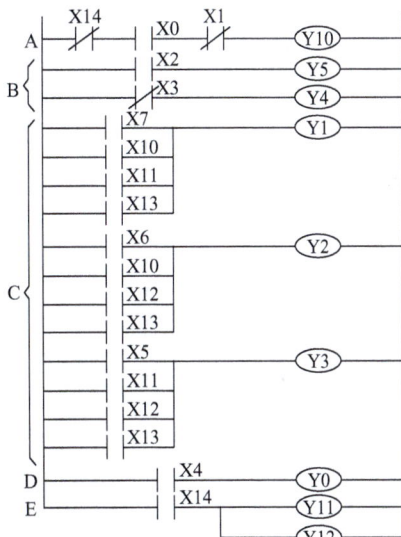

图 8-37 PLC 实现多档转速梯形图

1）按下 SB$_3$→X2 动作→Y5 动作→STF 工作并自
锁→系统开始加速运行。

2）按下 SB$_4$→X3 动作→Y4 释放→STF 自锁失效→系统开始减速停止。

（3）多档转速控制（C 段）

1）SA$_2$ 旋至"1"位→X5 动作→Y3 动作→变频器的 RH 端接通→系统以第 1 档速
运行。

2）SA$_2$ 旋至"2"位→X6 动作→Y2 动作→变频器的 RM 端接通→系统以第 2 档速
运行。

3）SA$_2$ 旋至"3"位→X7 动作→Y1 动作→变频器的 RL 端接通→系统以第3档速运行。

4）SA$_2$ 旋至"4"位→X10 动作→Y1 和 Y2 动作→变频器的 RL 端和 RM 端接通→系统以第4档速运行。

5）SA$_2$ 旋至"5"位→X11 动作→Y1 和 Y3 动作→变频器的 RL 端和 RH 端接通→系统以第5档速运行。

6）SA$_2$ 旋至"6"位→X12 动作→Y2 和 Y3 动作→变频器的 RM 端和 RH 端接通→系统以第6档速运行。

7）SA$_2$ 旋至"7"位→X13 动作→Y1、Y2 和 Y3 都动作→变频器的 RL 端、RM 端和 RH 端都接通→系统以第7档速运行。

（4）变频器报警（E 段）　当变频器报警时，变频器的报警输出 A 和 B 接通→X14 动作，一方面，Y10 释放（A 行）→接触器 KM 失电→变频器切断电源；另一方面，Y11 和 Y12 动作→蜂鸣器 HA 发声，指示灯 HL 亮，进行声光报警。

（5）变频器复位（D 行）　当变频器的故障已经排除，可以重新运行时，按下 SB$_5$→X4 动作→Y0 动作→变频器的 RES 端接通→变频器复位。

8.7　变频器"1 控 X"切换技术

在供水系统中，经常有多台水泵同时供水的情况，由于在不同时间（如白天和夜晚）、不同季节（如冬季和夏季），用水流量的变化是很大的，为了节约能源，本着"多用多开、少用少开"的原则，常常需要进行切换。"1 控 X"的切换（X 为水泵台数）由于变频器的价格偏高，故许多用户常采用由一台变频器控制多台水泵的方案，即所谓1拖 X 方案。

8.7.1　"1 控 X"工作过程

假设有3台水泵同时供水，由1号泵在变频控制的情况下工作，当用水量增大，1号泵已经达到50Hz 而水压仍不足时，经过短暂的延时后，将1号泵切换为工频工作。同时变频器的输出频率迅速降为0Hz，然后使2号泵投入变频运行。当2号泵也达到50Hz 而水压仍不足时，又使2号泵切换为工频工作，使3号泵投入变频运行。反之，当用水减少时，则先从1号泵，然后从2号泵依次退出工作，完成一次加减泵的循环。

此方案所需设备费用较少，但因只有一台水泵实行变频调速，故节能效果较差。

8.7.2　"1 控 3"供水电路原理图

下面以"1 控 3"供水系统为例，其电路如图8-38所示。

图8-38中，接触器 KM$_1$ 用于接通变频器的电源，接触器 1KM$_2$、2KM$_2$、3KM$_2$ 分别用于将各台水泵电动机接至变频器；接触器 1KM$_3$、2KM$_3$、3KM$_3$ 分别用于将各台水泵电动机直接接至工频电源。

一般说来，在多台水泵供水系统中，应用 PLC 进行控制是十分灵活而方便的。但近年来，由于变频器在恒压供水领域的广泛应用，各变频器制造厂商纷纷推出了具有内置"1 控

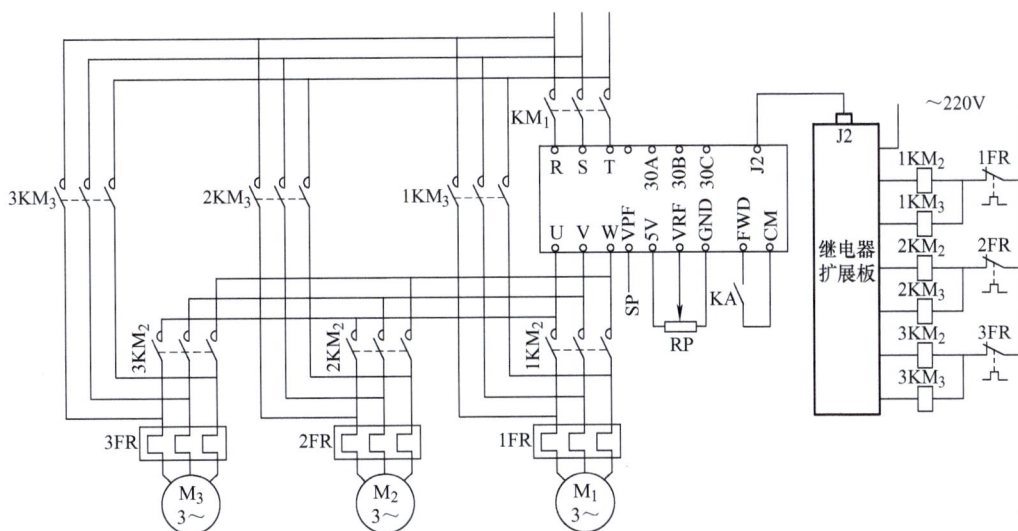

图 8-38　BT12S 系列变频器"1 控 3"供水电路原理图

X"功能的变频器，简化了控制系统，提高了可靠性和通用性。

现在以成都森兰 BT12S 系列变频器为例，说明其配置及使用方法。森兰 BT12S 系列变频器在进行多台切换控制时，须附加一块继电器扩展板，以便控制线圈电压为交流 220V 的接触器，如图 8-38 所示。

目标信号可通过操作面板的功能按键设置，或使用电位器 RP 设置。远传压力表的反馈信号 SP 接在变频器的 VPF 端子。

森兰 BT12S 系列变频器在对"1 控 3"进行功能预置时，除常规的功能外，还须专门针对 1 台变频器控制 3 台水泵设定如下功能：

（1）电动机台数（功能码：F53）　本例中，预置为"2"（1 控 3 模式）。

（2）起动顺序（功能码：F54）　本例中，预置为"0"（1 号机首先起动）。

（3）附属电动机（功能码：F55）　本例中，预置为"0"（无附属电动机）。

（4）换机间隙时间（功能码：F56）　根据电动机的容量大小来设定，容量越大，时间越长。一般情况下，0.5s 已经足够。

（5）切换频率上限（功能码：F57）　通常，以 49～50Hz 为宜。

（6）切换频率下限（功能码：F58）　在多数情况下，以 30～35Hz 为宜。

可见，采用了变频器内置的切换功能后，切换控制变得十分方便了。

8.8　变频器与 PC 的通信

随着变频器技术的发展，越来越多的场合需要对变频器进行网络通信和监控，即通过微机的控制软件调整各变频器的运行状态，并能按一定的控制算法形成闭环控制，使系统稳定运行在较理想的状态，从而实现传动系统对电动机转速的协调联动和高速、高精度的要求。为满足应用的需要，许多变频器都带有现场总线接口，带有通信功能。由于 RS-485 网络具有设备简单、便于实现远距离传输和维护方便等优点而被许多变频器厂家所采用。

本节以森兰 SB70 系列变频器为例加以具体说明。

8.8.1 计算机与变频器的通信连接

计算机通常只配置 RS-232 串口，而 RS-232 传输距离只有几十米，无法满足用户对现场控制的要求，因此就需要配置一个 RS-232/RS-485 转换器，采用半双工 RS-485 的串行通信方式，这样就可以使传输距离达到 1km 以上。图 8-39 所示为计算机与变频器硬件连接框图。

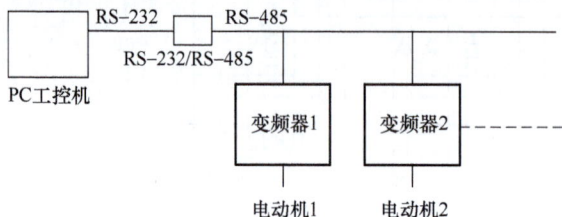

图 8-39　计算机与变频器硬件连接框图

8.8.2 SB70 变频器的通信协议

SB70 变频器使用的是 RS-485 Modbus 协议，该协议包含三个层次：物理层、数据链路层和应用层。物理层和数据链路层采取了基于 RS-485 Modbus 协议的接口方式，应用层控制变频器运行、停止、参数读写等操作。

Modbus 协议为主从式协议。主机和从机之间的通信有两类：主机请求，从机应答；主机广播，从机不应答。任何时候总线上只能有一个设备在进行发送，主机对从机进行轮询。从机在未获得主机的命令情况下不能发送报文。主机在通信不正确时可重复发命令，如果在给定的时间内没有收到响应，则认为所轮询的从机丢失。如果从机不能执行某一报文，则向主机发送一个异常信息。

SB70 还具有兼容 USS 指令方式，它是为兼容支持 USS 协议的上位机指令而设计的，可以通过支持 USS 协议的上位机软件（包括 PC、PLC 以及其他上位机软件）控制 SB70 系列变频器的运行，设定变频器的给定频率，读取变频器的运行状态参数、变频器的运行频率、变频器输出电流及输出电压、直流母线电压。

8.8.3 变频器的数据格式

SB70 变频器使用的数据格式有：

1 个起始位，8 个数据位，无奇偶校验，1 个停止位。

1 个起始位，8 个数据位，偶校验，1 个停止位。

1 个起始位，8 个数据位，奇校验，1 个停止位。

1 个起始位，8 个数据位，无奇偶校验，2 个停止位。

默认为 1 个起始位，8 个数据位，无奇偶校验，1 个停止位。数据格式的选择可查阅附录 A，通过功能码 FF-01 进行设置。

8.8.4 变频器的波特率

SB70 变频器使用的波特率有：

1200bit/s、2400bit/s、4800bit/s、9600bit/s、19200bit/s、38400bit/s、57600bit/s、115200bit/s、250000bit/s、500000bit/s。

默认值为 9600bit/s。波特率选择可查阅附录 A，通过功能码 FF-02 进行设置。

8.8.5 变频器参数编址

变频器参数编址方法：16 位的 Modbus 参数地址的高 8 位是参数的组号，低 8 位是参数的组内序号，按 16 进制编址。例如参数 F4-17 的地址为：0411H。对于通信变量（控制字，状态字等），参数组号为 50（32H）。

说明：通信变量包括通信可以访问的变频器参数、通信专用指令变量、通信专用状态变量。菜单代号对应的通信用参数组号见表 8-6。

表 8-6 菜单代号对应的通信用参数组号

菜单代号	参数组号	菜单代号	参数组号	菜单代号	参数组号	菜单代号	参数组号
F0	0（00H）	F5	5（05H）	FA	10（0AH）	FF	15（0FH）
F1	1（01H）	F6	6（06H）	Fb	11（0BH）	Fn	16（10H）
F2	2（02H）	F7	7（07H）	FC	12（0CH）	FP	17（11H）
F3	3（03H）	F8	8（08H）	Fd	13（0DH）	FU	18（12H）
F4	4（04H）	F9	9（09H）	FE	14（0EH）		

对变频器参数的写入只修改 RAM 中的值，如果要把 RAM 中的参数写入到 EPROM，需要用通信把通信变量的"EEP 写入指令"（Modbus 地址为 3209H）改写为 1。

8.8.6 通信中的数据类型

通信中的数据类型：通信中传输的数据为 16 位整数，最小单位可从参数一览表中参数的小数点位置看出。例如：对于 F0-00"数字给定频率"的最小单位为 0.01Hz，因此对 Modbus 协议而言，通信传输 5000 就代表 50.00Hz。

8.8.7 通信举例

SB70 变频器支持 RTU（远程终端单元）模式的 Modbus 协议，支持的功能有：功能 3（读多个参数，最大字数为 50 个）、功能 16（写多个参数，最大字数为 10 个）、功能 22（掩码写）及功能 8（回路测试）。其中功能 16 和功能 22 支持广播（广播报文地址为 0）。RTU 帧的开始和结束都以至少 3.5 个字符时间间隔（但对 19200bit/s 和 38400bit/s 的波特率为 2ms）为标志。RTU 帧的格式如下：

从机地址（1 字节）	Modbus 功能号（1 字节）	数据（多个字节）	CRC16（2 个字节）

【例 8.2】 读取 1 号从机的主状态字、运行频率和算术单元 1 输出（地址为 3210H 开始的 3 个字）。

【解】 该通信应用 Modbus 功能 3：多读。读取字数范围为 1 到 50。报文的格式如下。

从机回应：

从机地址	01H
Modbus 功能号	03H
返回字节数	06H
3210H 内容的高字节	44H
3210H 内容的低字节	37H
3211H 内容的高字节	13H
3211H 内容的低字节	88H
3212H 内容的高字节	00H
3212H 内容的低字节	00H
CRC（低字节）	5FH
CRC（高字节）	5BH

主机发出：

从机地址	01H
Modbus 功能号	03H
起始地址（高字节）	32H
起始地址（低字节）	10H
读取字数（高字节）	00H
读取字数（低字节）	03H
CRC（低字节）	0AH
CRC（高字节）	B6H

【例 8.3】 使 1 号从机按 50.00Hz 正向运行，可将地址 3200H 开始的 2 个字改写为 003FH 和 1388H。

【解】 该通信应用 Modbus 功能 16：多写。写的字数范围为 1 到 10。报文的格式如下。

主机发出：

从机地址	01H
Modbus 功能号	10H
起始地址（高字节）	32H
起始地址（低字节）	00H
写的字数（高字节）	00H
写的字数（低字节）	02H
写的字节数	04H
第 1 个数的高字节	00H
第 1 个数的低字节	3FH
第 2 个数的高字节	13H
第 2 个数的低字节	88H
CRC（低字节）	83H
CRC（高字节）	94H

从机回应：

从机地址	01H
Modbus 功能号	10H
起始地址（高字节）	32H
起始地址（低字节）	00H
写的字数（高字节）	00H
写的字数（低字节）	02H
CRC（低字节）	4FH
CRC（高字节）	70H

本 章 小 结

变频调速系统包括变频器、电动机和负载等，合理选择系统设备和规范操作，是实现系统安全、可靠和经济运行的保证。

变频器一般依据容量大小选择电压等级，而容量大小的选择应依据所带电动机的类型、电动机的运行方式及负载机械特性等因素。

为保障变频调速系统安全可靠运行，应正确合理选择变频调速系统主电路所用电器：断路器、接触器、传感器、输入交流电抗器、电源滤波器、制动电阻及制动单元、直流电抗器和输出交流电抗器等。

变频调速系统的正转、正反转、"1 控 X"及工频 – 变频切换等控制，一般是通过接触器、继电器电路结合功能参数设置来实现，PLC 可以对变频器进行功能扩展。

计算机经常需要与变频器进行通信，应按照变频器说明书的要求将二者正确连接，并注意通信协议、数据格式和波特率等具体要求。

习　题　8

1. 变频器的主电路端子 R、S、T 和 U、V、W 接反了会出现什么情况？电源端子 R、S、T 连接时有相序要求吗？

2. 若变频器拖动的负载为笼型异步电动机，则选择变频器时应考虑哪些问题？

3. 主电路电源输入侧连接断路器有什么作用？断路器如何选择？

4. 主电路中接入交流电抗器和直流电抗器有什么作用？

5. 制动电阻与制动单元有什么不同？

6. 画出电动机正转控制电路图。

7. 画出电动机正、反转控制电路图。

8. 如何实现工频和变频切换运行？请画出该控制电路。

9. 频率给定信号有哪几种设置方法？哪种方法最简便精确？

10. 说明最大频率、最大给定频率与上限频率的区别。

11. 简述计算机与变频器的通信连接方式。

第9章
变频器的安装与维护

知识目标

1. 理解变频器储存和安装对环境条件的要求，包括温度、湿度、灰尘和振动等因素对设备性能的影响。

2. 掌握主电路电缆选择的关键因素，包括电流容量、短路保护和电缆压降。

3. 熟悉变频器控制电路的微弱信号特点，了解外界电磁干扰的来源及其屏蔽措施。

4. 理解变频器与电网、电动机及周边设备之间的干扰现象及抗干扰措施。

5. 了解变频器系统调试的基本步骤和注意事项，如直观检查、空载-轻载-正常负载调试顺序及仪器仪表选择。

6. 掌握变频器谐波分量对测量结果的影响，熟悉测量仪表的选择原则及其适用范围。

能力目标

1. 能够根据安装环境合理选择变频器存储和运行场所，避免环境条件对设备性能的负面影响。

2. 具备为变频器系统正确选择主电路电缆的能力，确保电路安全可靠运行。

3. 能够设计并实施有效的控制电路屏蔽措施，提高抗干扰能力。

4. 能够分析和解决变频器系统中的干扰问题，设计合理的抗干扰方案。

5. 熟练掌握变频器系统调试的规范操作，正确使用测量仪表并记录调试结果。

6. 具备根据不同测量需求选择合适仪器的能力，提高测量结果的准确性和可靠性。

素质目标

1. 提高对设备安装环境要求和系统调试规范的重视，增强工程实践的严谨性。

2. 树立防护与抗干扰意识，注重电磁兼容设计与优化。

3. 培养对测量与分析的敏感性，提升处理复杂系统问题的综合能力。

4. 增强安全用电和节能环保意识，追求技术高效和系统可靠的平衡。

变频器属于精密设备，安装和维护必须遵守操作规范，才能保证变频器长期、安全、可靠地运行。

9.1 变频器的储存与安装

变频器暂时不用时应妥善保存；安装变频器时必须充分考虑变频器工作场所的温度、湿度、灰尘和振动等情况；使用变频器驱动电动机时，由于在电源侧和电动机侧电路中都将产生谐波干扰，所以安装时需考虑谐波抑制问题。

9.1.1　变频器的储存

由于种种原因，有时变频器并不是马上安装，需要储存一段时间。变频器储存时必须放置于包装箱内，务必要注意下列事项：

1）必须放置于无尘垢、干燥的位置。

2）储存位置的环境温度必须在 −20 ~ +65℃ 范围内。

3）储存位置的相对湿度必须在 0% ~95% 范围内，且无结露。

4）避免储存于含有腐蚀性气体、液体的环境中。

5）最好适当包装并存放在架子或台面上。

6）长时间存放会导致电解电容的劣化，必须保证在 6 个月之内通一次电，通电时间至少 5h，输入电压必须用调压器缓缓升高至额定值。

9.1.2　装设场所

装设变频器的场所须满足以下条件：变频器装设的电气室应湿气少、无水浸入；无爆炸性、可燃性或腐蚀性气体和液体，粉尘少；有足够的空间，便于安装、维修检查；备有通风口或换气装置以排出变频器产生的热量；与易受变频器产生的高次谐波和无线电干扰影响的装置分离。若安装在室外，则必须单独按照户外配电装置设置。

9.1.3　使用环境

1. 环境温度

变频器运行中环境温度的容许值一般为 −10 ~ 40℃，避免阳光直射。对于单元型装入配电柜或控制盘内等使用时，考虑柜内预测温升为 10℃，则上限温度多定为 50℃。变频器为全封闭结构、上限温度为 40℃ 的壁挂式单元型装入配电柜内使用时，为了减少温升，可以装设通风管（选用件）或者取下单元外罩。环境温度的下限值多为 −10℃，以不冻结为前提条件。

2. 环境湿度

变频器安装环境湿度在 40% ~ 90% 为宜，要注意防止水或水蒸气直接进入变频器内，以免引起漏电，甚至打火、击穿。周围湿度过高时，也会使电气绝缘性能降低、金属部分腐蚀。

3. 周围气体

室内设置，其周围不可有腐蚀性、爆炸性或可燃性气体，还需满足粉尘和油雾少的要求。

4. 振动

耐振性因机种的不同而不同，设置场所的振动加速度多被限制在 $(0.3 ~ 0.6)g(g = 9.8\text{m/s}^2)$ 以下。对于机床、船舶等事先能预测振动的场合，必须选择有耐振措施的机种。

5. 抗干扰

为防止电磁干扰，控制线应有屏蔽措施，母线与动力线要保持不小于 100mm 的距离。

9.1.4 变频器安装对电源的要求

变频器安装前应调查安装场所的供电电源是否正常，交流电源的不正常主要是指欠电压、断相和停电事故三种情况，有时是这三种情况的复合。电源故障的最重要原因是遭受雷击，其次是供电系统的短路事故。有些地区甚至采取自备发电机发电，则有可能出现电压波动、频率不够稳定的问题。

针对电源存在的问题，变频器安装时应采取以下措施：

1）电源电压过高。虽然变频器电源输入端有过电压保护，但如果输入端高电压作用时间过长，会使变频器输入端损坏。因此，在实际使用中，要核实电源电压以及变频器的额定电压。当电源电压极不稳定时，要设置稳压设备，否则会造成严重后果。

2）短暂停电。如果存在短暂停电（一般为数秒），一旦电源恢复正常，设备应继续运转。这时变频器应具备瞬时停电再起动功能。

3）停电时间较长。若经常存在停电时间较长情况，变频器附近又有直接起动的电动机或电炉的情况下，当电网电压降低时，一般应将变频器从电源切除。

4）自备不间断电源设备。对于特别重要的设备，绝对不容许停转，就必须采用不间断电源设备（UPS）与变频器自动换接。

9.1.5 安装方向与空间

变频器在运行中会发热，为了保证散热良好，必须将变频器安装在垂直方向，因变频器内部装有冷却风扇以强制风冷，其上下左右与相邻的物品和挡板（墙）必须保持足够的空间，如图 9-1 所示。

将多台变频器安装在同一装置或控制箱（柜）里时，为减少相互热影响，建议横向并列安装。必须上下安装时，为了使下部的热量不至影响上部的变频器，请设置隔板等。箱（柜）体顶部装有引风机的，其引风机的风量必须大于箱（柜）内各变频器出风量的总和；没有安装引风机的，其箱（柜）体顶部应尽量开启，无法开启时，箱（柜）体底部和顶部保留的进、出风口面积必须大于箱（柜）体各变频器端面面积的总和，且进、出风口的风阻应尽量小。若将变频器安装于控制室墙上，则应保持控制室通风良好，不得封闭。安装方法如图 9-2所示。

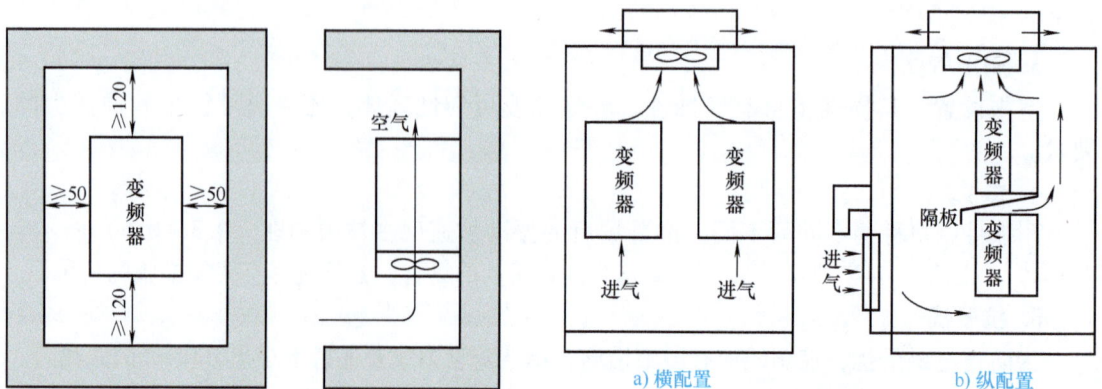

图 9-1　变频器周围的空间

a) 横配置　　　　b) 纵配置

图 9-2　多台变频器的安装方法

由于冷却风扇是易损品，某些 15kW 以下变频器的风扇控制是采用温度开关控制，当变频器内温度高于温度开关设定的温度时，冷却风扇才运行；一旦变频器内温度低于温度开关设定的温度时，冷却风扇停止。因此，变频器刚开始运行时，冷却风扇处于停止状态，这是正常现象。

9.1.6 安装方法

1）把变频器用螺栓垂直安装到坚固的物体上，而且从正面就可以看见变频器操作面板的文字位置，不要上下颠倒或平放安装。

2）变频器在运行中会发热，为确保冷却风道畅通，按图 9-1 所示的空间安装（电线、配线槽不要通过这个空间）。由于变频器内部热量从上部排出，所以不要安装到不耐热的机器下面。

3）变频器在运转中，散热片的附近温度可上升到 90℃，故变频器背面要使用耐温材料。

4）安装在控制箱（柜）内时，可以通过将发热部分露于箱（柜）外的方法降低箱（柜）内温度，若不具备将发热部分露于箱（柜）外的条件，可装在箱（柜）内，但要充分注意换气，防止变频器周围温度超过额定值，如图 9-3 所示，不要放在散热不良的小密闭箱（柜）内。

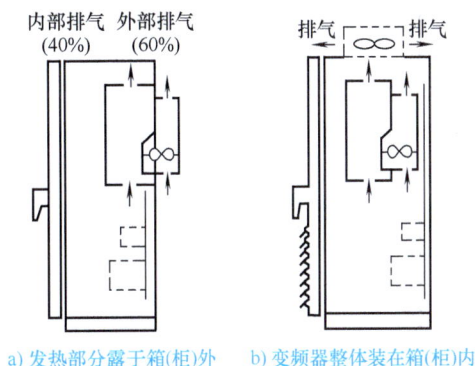

a) 发热部分露于箱(柜)外　b) 变频器整体装在箱(柜)内

图 9-3 变频器安装在箱（柜）内

9.1.7 接线

1. 主电路电缆

选择主电路电缆时，须考虑电流容量、短路保护及电缆压降等因素。一般情况下，变频器输入电流的有效值比电动机电流大。变频器的变流电路的电路形式不同，输入功率因数就不同，使用交流电抗器和直流电抗器的情况下有不同的功率因数。

变频器与电动机之间的连接电缆要尽量短，因为此电缆距离长，则电压降大，可能会引起电动机转矩的不足。特别是变频器输出频率低时，其输出电压也低，线路电压损失所占百分比加大。变频器与电动机之间的线路压降规定不能超过额定电压的 2%，根据这一规定来选择电缆。工厂中采用专用变频器时，如果有条件对变频器的输出电压进行补偿，则线路压降损失容许值可取为额定电压的 5%。

容许压降给定时，主电路电线的电阻值必须满足下式：

$$R_C \leqslant \frac{1000 \times \Delta U}{\sqrt{3}LI} \tag{9-1}$$

式中，R_C 为单位长电线的电阻值（Ω/km）；ΔU 为容许线间压降（V）；L 为一相电线的铺设距离（m）；I 为电流（A）。

【例 9.1】 变频器驱动笼型异步电动机，电动机铭牌数据：额定电压为 220V，功率为 7.5kW，4 极，额定电流为 15A。电缆铺设距离为 50m，线路电压损失允许在额定电压 2%

以内，试选择所用电缆的截面积大小。

【解】 1）求额定电压下的容许电压降。

$$\Delta U = 220\text{V} \times 2\% = 4.4\text{V}$$

2）求容许压降以内的电线电阻值。

$$R_C = \left[(1000 \times 4.4)/(\sqrt{3} \times 50 \times 15) \right] \Omega/\text{km} = 3.39\Omega/\text{km}$$

3）根据计算出的电阻选用导线。

由计算出的 R_C 值，从厂家提供的相关表格中选用电缆，参见表9-1，从中看出，应选电缆电阻为 3.39Ω/km 以下、截面积为 5.5mm² 的电缆。

实际进行变频器与电动机之间的电缆铺设时，需根据变频器、电动机的电压、电流及铺设距离通过计算来确定选何种截面积的电缆。

表9-1给出了常用电缆的导体电阻；表9-2给出了森兰SB70G系列变频器配套断路器和铜芯绝缘导线截面积选择推荐表。

表9-1 常用电缆的导体电阻

电缆截面积/mm²	2	3.5	5.5	9	14	22	30	50	90	100	125
导体电阻/(Ω/km)	9.24	5.20	3.33	2.31	1.30	0.924	0.624	0.379	0.229	0.190	0.144

表9-2 森兰SB70G系列变频器配套断路器和铜芯绝缘导线截面积选择推荐表

型号	断路器/A	主电路配线/mm²	型号	断路器/A	主电路配线/mm²
SB70G0.4~1.5	16	2.5	SB70G250~280	850	240
SB70G2.2~4	20	4	SB70G315	1000	270
SB70G5.5~7.5	40	6	SB70G375	1200	300
SB70G11~15	63	8	SB70G400	1400	2×180
SB70G18.5~22	100	10	SB70G450	1600	2×210
SB70G30	125	16	SB70G500	1800	2×240
SB70G37	160	25	SB70G560	2000	2×240
SB70G45~55	200	35	SB70G630	2×1000	2×270
SB70G75~90	315	60	SB70G700	2×1200	2×300
SB70G110~132	400	90	SB70G800	2×1400	4×180
SB70G160	500	120	SB70G900	2×1600	4×210
SB70G200	630	180	SB70G1000	2×1800	4×240
SB70G220	630	210	SB70G1100	2×2000	4×270

需强调的是：接地回路须按电气设备技术标准所规定的方式施工，具体可参考变频器使用说明书。当变频器呈单体型时，接地电缆与变频器的接地端子连接；当变频器被设置在配电柜中时，则与配电柜的接地端子或接地母线相接。根据电气设备技术标准，接地电线必须用直径6mm以上的软铜线。

2. 控制电路电缆

变频器控制电路的控制信号均为微弱的电压、电流信号，控制电路易受外界强电场或高频杂散电磁波的影响，易受主电路的高次谐波场的辐射及电源侧振动的影响，因此，必须对控制电路采取适当的屏蔽措施。

（1）电缆种类选择　控制电缆可参照表 9-3 进行选择。

表 9-3　控制电缆选用表

编号	电缆名称	标号	导体截面积 /mm²	依据标准	使用条件			备注
					强电流电路	弱电流电路	与强电流电路接触	
1	600 总软铜屏蔽同轴绞合控制用乙烯绝缘电缆	CVVS	0.75 1.25 2	据 JCS 第 259A（1996）	√	√	√	
2	600 总软铜屏蔽对绞控制用乙烯绝缘乙烯表皮电缆	CVVS（对绞总软铜屏蔽）	0.75 1.25 2	据 JCS 第 259A（1996）	√	√	√	
3	600 各对软铜屏蔽对绞控制用乙烯绝缘乙烯表皮电缆	CVVS（各对软铜屏蔽）	0.75 1.25 2	据 JCS 第 259A（1996）	√	√	√	软铜带间要绝缘
4	600 总铜铁屏蔽同轴绞合控制用乙烯绝缘乙烯表皮电缆	CVVS（总铜铁屏蔽）	0.75 1.25 2	据 JQ 第 259A（1996）	√	√	√	
5	600 总铜铁屏蔽对绞控制用乙烯绝缘乙烯表皮电缆	CVVS（对绞总铜铁屏蔽）	0.75 1.25 2	据 JCS 第 259A（1996）	√	√	√	
6	600 同轴绞合控制用乙烯绝缘乙烯表皮电缆	CVVS	0.75 1.25 2	据 JCS 第 C3401	√	√	√	
7	总软铜屏蔽同轴绞合计测控制用乙烯绝缘乙烯表皮电缆	采用厂家标号	<0.5	厂家标准	×	√	×	
8	总软铜屏蔽对绞计测控制用乙烯绝缘乙烯表皮电缆	采用厂家标号	<0.5	厂家标准	×	√	×	
9	各对软铜屏蔽对绞计测控制用乙烯绝缘乙烯表皮电缆	采用厂家标号	<0.5	厂家标准	×	√	×	软铜带间要绝缘
10	同轴绞合计测控制用乙烯绝缘乙烯表皮电缆	采用厂家标号	<0.5	厂家标准	×	√	×	

（2）电缆截面　控制电缆的截面选择必须考虑机械强度、线路压降及费用等因素。建

议使用截面积为 $1.25mm^2$ 或 $2mm^2$ 的电缆。当铺设距离短、线路压降在容许值以下时，使用截面积为 $0.75mm^2$ 的电缆较为经济。

（3）主、控电缆分离　主电路电缆与控制电路电缆必须分离铺设，相隔距离按电器设备技术标准执行。

为避免相互耦合产生干扰，它们之间应该保证足够的距离且尽可能远，特别是当电缆平行安装并且延伸距离较长时。信号/控制电缆必须穿越电源电缆时，则应垂直穿越，如图 9-4 所示。

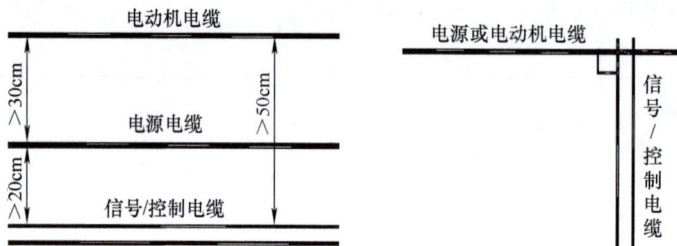

图 9-4　控制电缆、电源电缆与电动机电缆的放置

电动机电缆越长或者电动机电缆横截面积越大时，对地电容就越大，干扰相互耦合也越强，应该使用规定截面积的电缆，并尽量减小长度。

（4）电缆的屏蔽　如果控制电缆确实在某一很小区域与主电路电缆无法分离，或分离距离太小，以及即使分离了但干扰仍然存在，则应对控制电缆进行屏蔽。屏蔽的措施有：将电缆封入接地的金属管内；将电缆置入接地的金属通道内；采用屏蔽电缆。

（5）采用绞合电缆　弱电压、电流电路（$4\sim20mA$，$1\sim5V$）用电缆，特别是长距离的控制电路电缆采用绞合线，绞合线的绞合间距最好尽可能小，并且都使用屏蔽铠装电缆。

（6）铺设路线　由于电磁感应干扰的大小与电缆的长度成比例，所以应尽可能以最短的路线铺设控制电缆。与频率表接线端子连接的电缆长度取 200m 以下（不同机种，有不同的电缆容许长度，可按产品使用说明书相关条款去选）。铺设距离长，频率表的指示误差将增大。

大容量变压器及电动机的漏磁通对控制电缆直接感应产生干扰，铺设线路时要远离这些设备。弱电压、电流电路用电缆不要接近装有很多断路器和继电器的仪表盘。

（7）电缆的接地　弱电压电流电路（$4\sim20mA$，$1\sim5V$）有一接地线，该接地线不能作为信号线使用。

如果使用屏蔽电缆需使用绝缘电缆，以免屏蔽金属与被接地了的通道或金属管接触。若控制电缆的接地设在变频器一侧，则使用专设的接地端子，不与其他接地端子共用。

（8）屏蔽　屏蔽电缆的屏蔽要与电缆芯线一样长。电缆在端子箱中再与线路连接时，要装设屏蔽端子进行屏蔽连接。

（9）接线举例　综合考虑抗干扰措施后的接线实例如图 9-5 所示。从图中可以看出，连接端子处应很好地进行屏蔽处理；屏蔽电缆的连接应正确；接地的末端要做相应处理。

需强调的是：要使控制电路能够正常工作，必须避免使控制电路电缆与主电路电缆靠近或接触。

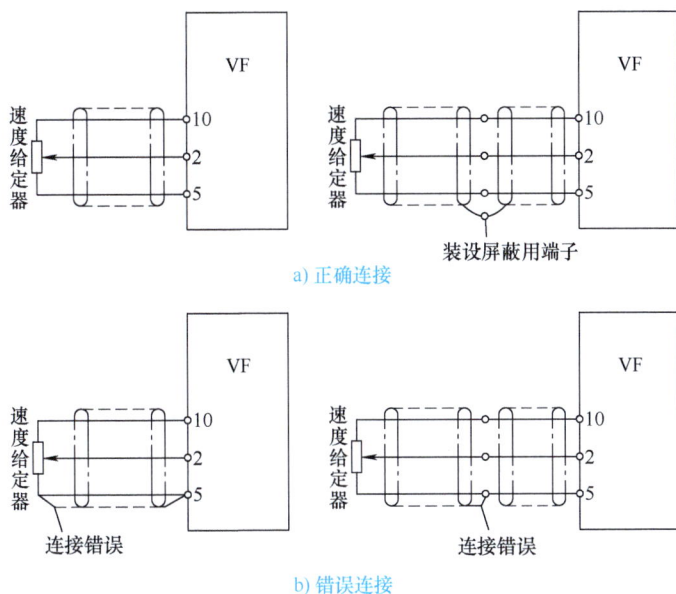

a) 正确连接

b) 错误连接

图 9-5　屏蔽电缆的连接方法

9.2　变频器的抗干扰

变频器是高新技术产品，其主要组成是电力电子器件和微电子器件。电网三相交流电接入变频器的输入端，变频器的输入侧是整流电路，输出侧是逆变电路，因此，其输入、输出侧的电压、电流含有丰富的谐波，会引起电网波形的畸变；同时电网电压是否对称、平衡，变压器容量的大小及配电母线上是否接有非线性设备等，也会影响变频器的正常工作。现在的变频器内部都有计算机芯片或 DSP 芯片，用以实现变频器的功能控制和主电路逆变的驱动控制，由于计算机芯片的电压、电流小，工作速度高，故极易受到外界的一些电气干扰。因此，要实现电网和变频器都能安全可靠运行，必须对两者之间的相互干扰采取抑制措施。

9.2.1　变频器运行对电网的影响

变频器的整流电路和逆变电路都是由非线性器件组成，其电路结构会导致电网的电压电流波形发生畸变，三相交流电压 U_R、U_S、U_T 通过三相桥式整流电路将交流电变换为直流电，经电解电容滤波，使直流电压基本恒定。整流电路所用的二极管为非线性器件，整流后输出的电压向滤波电容充电，其充电电流的波形取决于整流电压和电容电压之差，图 9-6 所示为变频器输入电压 u、电流 i 实测波形。可以看出在各相线的输入电压为正弦波的情况下，各相线的输入电流并不是正弦波。

当变频器处于不同频率、不同电流的工作状态

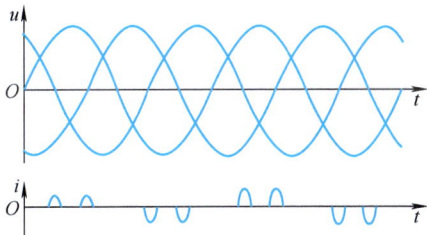

图 9-6　变频器输入电压、电流实测波形

时，输入电流波形也有所不同，图9-7所示为55kW变频器驱动笼型异步电动机负载在10Hz、20Hz和50Hz时输入电流的波形。可见随着电动机的频率和电流的增加，输入电流由断续变为连续，电流的波形畸变也越来越小。对这些波形用数学上的傅里叶级数分解，将会得到许多谐波电流分量。这些谐波电流分量因变流电路的种类及其运转状态、系统、条件的不同而有所不同。表9-4记载了变频器在不同输出频率下各次谐波电流实测数据。

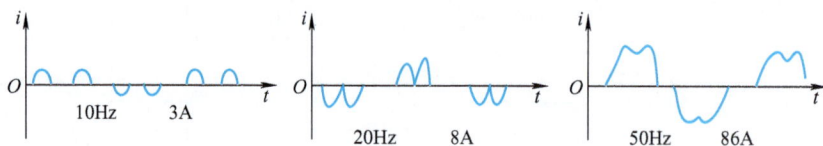

图9-7 变频器输入电流波形

表9-4 变频器在不同输出频率下各次谐波电流实测数据 （单位：A）

谐波		变频器输出频率/Hz			
次数	频率/Hz	15	25	35	50
1	50	5.3	16.6	40.3	96
5	250	2.6	5.0	9.3	23.2
7	350	1.9	2.5	5.1	11.9
11	550	1.0	1.3	2.6	6.4
13	650	0.9	1.0	2.2	5.3
15	750	0.2	0.6	1.2	3.0

实验还证明，变频器运行时，由于整流侧二极管的换相作用，会造成电源电压波形出现一些缺口和凸口，如图9-8所示。

综上所述，变频器运行时，会引起电网电压、电流波形发生畸变，综合判断这种畸变对系统的影响，可用下式计算综合电压畸变率 D，即

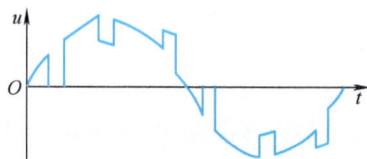

图9-8 变频器输入电压波形

$$D = \frac{\sqrt{U_2^2 + U_3^2 + \cdots}}{U_1} \times 100\%$$

式中，U_1 为基波相电压（V）；U_2、U_3 为二次谐波相电压（V）、三次谐波相电压（V）。

9.2.2 变频器对电网影响的抑制

作为对低压配电电路谐波的管理标准，电压的综合畸变率应在5%以下。若电压的综合畸变率高于5%，可以用接入交流电抗器或直流电抗器的方法抑制高次谐波电流，使受电点电压的综合畸变率小于5%。

在变频器与变压器之间接入交流电抗器 X_L，在变频器直流电路中接入直流电抗器 X_{DL}，其接线如图9-9所示。当接入电抗值小的 X_L 时，其输入电流波形如图9-10a所示；当接入电抗值大的 X_L 时，其输入电流波形如图9-10b所示；若同时接入电抗值大的 X_L 和 X_{DL}，则其输入电流波形如图9-10c所示。由图9-10a~图9-10c可看出，接入 X_L 和 X_{DL} 后输入电流波

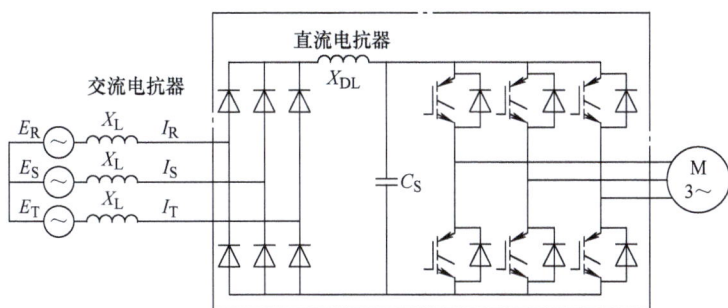

图 9-9   变频器接入交流电抗器 X_L 和直流电抗器 X_{DL}

形有明显的变化；当同时接入电抗值大的 X_L 和 X_{DL} 时，输入电流基本接近正弦波，有效地抑制了谐波分量成分。

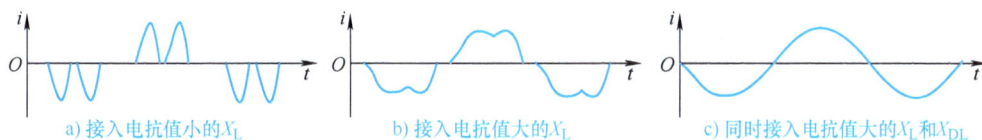

图 9-10   接入 X_L 和 X_{DL} 后的电流波形

9.2.3   变频器对其他设备的干扰及抑制

不仅变频器的整流电路会产生谐波，而且变频器的逆变电路也会产生谐波。对于 PWM 控制的逆变电路，只要是电压型变频器，不管是何种 PWM 控制，其输出的电压波形为矩形波，如图 9-11 所示；输出电流波形如图 9-12 所示。

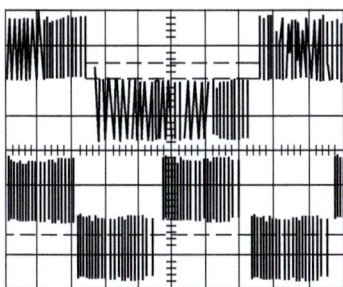

图 9-11   PWM 控制的输出电压波形

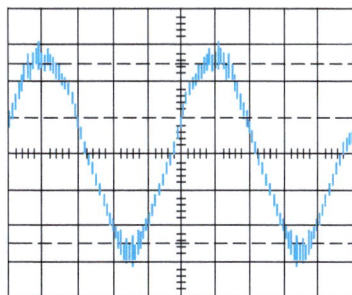

图 9-12   PWM 控制的输出电流波形

从图 9-11 和图 9-12 可看出，谐波频率的高低与变频器调制频率有关，调制频率低（如 1~2kHz），人耳就能听得见高次谐波频率所产生的电磁噪声（尖叫声）；调制频率高（如 IGBT变频器可达 20kHz），虽然人耳听不见，但高频信号是客观存在的，对电网和电子设备仍会产生干扰。

变频器产生谐波时，由于功率较大，因此可视为一个强大的干扰源，其干扰途径与一般电磁干扰途径相似，分别为传导、辐射和二次辐射、电磁耦合、边传导边辐射等，如图 9-13 所示。

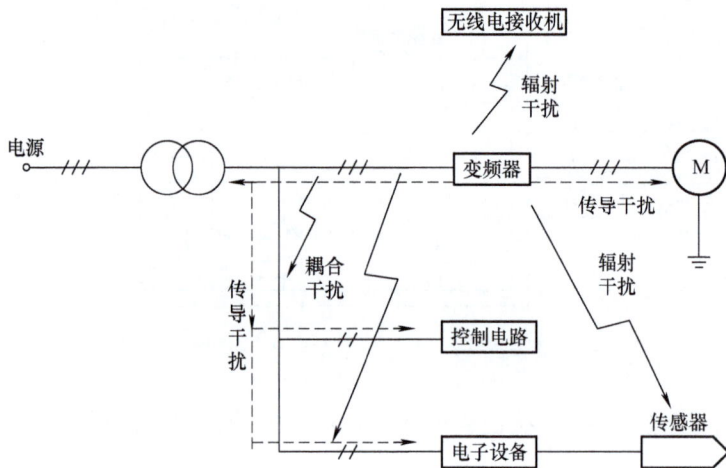

图 9-13　谐波干扰途径

从图 9-13 可看出，变频器产生的谐波干扰：第一是传导干扰，使直接驱动的电动机产生电磁噪声，铁损和铜损增加，同时传导电源对电源输入端所连接的其他电子敏感设备也有影响；第二是辐射干扰，它对周围的电子接收设备产生干扰；第三是对与变频器平行敷设的其他线路产生磁耦合，同时可能对处于变频器内部的计算机芯片产生干扰。

若变频器接入的低压配电网络中有其他用电设备同时接入，如电力电容器、变压器、发电机和电动机等负载，则变频器产生的谐波电流按各自的阻抗大小分流到电网系统并联的负载和电源，将对各种设备产生不良影响。若是补偿电容接入，则可能产生并联谐振而发生故障等。因此，当使用容量大的变频器时，建议设置专用的变压器连接到高压系统。

通过共用的接地线传导干扰是最普遍的干扰传导方式。将动力线的接地与控制线的接地分开是切断这一途径的根本方法，即将动力装置的接地端子接到地线上，将控制装置的接地端子接到该装置盘的金属外壳上。

信号线靠近有干扰源电流的导线时，干扰会被诱导到信号线上，使信号线上的信号受到干扰，布线分离对消除这种干扰行之有效。实际工程中应把高压电缆、动力电缆、控制电缆与仪表电缆、计算机电缆分开走线。

在变频器前加装 LC 无源滤波器，可滤掉高次谐波。滤波器可包括多级，每一级滤掉相应的高次谐波。通常滤掉 5 次和 7 次谐波，但该方法完全取决于电源和负载，灵活性小。一般采用加装与负载和电源并联的有源补偿器，通过自动产生反方向的滤波电流来消除电源和负载中的正向谐波电流。

此外，变频器本身采用铁壳屏蔽，输出线用钢管屏蔽，注意与其他弱电信号线分开敷设，附近的其他灵敏电子设备线路也要屏蔽好，电源线要采用隔离变压器或电源滤波器以避免传导干扰。为了减少电磁噪声，可以配置输出滤波器；为了减少对电源的污染，在要求比较高的情况下，变频器输入端加装电源滤波器，在要求不高时，可安装零序电抗器。

9.2.4　电网对变频器干扰的防止

电网三相电压不平衡时，会使变频器输入电流的波形发生畸变。配电网络电源电压不平衡，可用不平衡率来表示：

$$不平衡率 = \frac{最大相电压 - 最小相电压}{三相平均电压} \times 100\%$$

当不平衡率大于 3% 时，变频器输入电流的峰值就显著变大，将导致三相电流严重失衡，从而造成连接的电线过热，变频器过电压、过电流，并使整流二极管将因电流峰值过大而烧毁，也有可能损坏电解电容。为减少三相电压不平衡造成的负面影响，同样可在变频器的输入侧加装交流电抗器，并在直流侧加装直流电抗器。

配电网络中接有功率因数补偿电容器及晶闸管整流装置等，并与变频器处于同一个网络中，当补偿电容投入或晶闸管换相时，将造成变频器输入电压波形畸变，如图 9-14 所示。

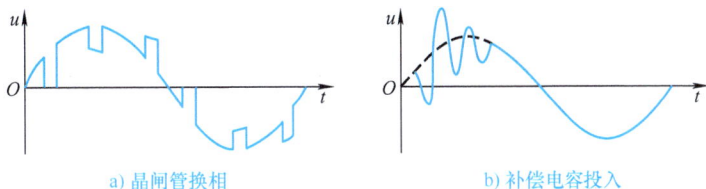

a) 晶闸管换相　　　　　　　　b) 补偿电容投入

图 9-14　同电源其他装置引起变频器输入电压发生畸变

该畸变电压输入到变频器时，会使输入电流峰值增大，从而加重变频器整流二极管及电解电容的负担，产生过电压或过电流，使运行不正常，还可能导致电动机不能正常工作，甚至烧毁变频器中的整流二极管及电解电容，为此，必须采取各种对策来防止这种现象的发生。

防止电网对变频器干扰的措施有：

1）当变频器的容量较大时，例如 100kV·A 以上，可以考虑单独配置供电变压器。

2）对于配电变压器容量非常大，且变压器容量大于变频器容量 10 倍以上时，可以在变频器输入侧加装交流电抗器。

3）当配电网络有功率因数补偿电容或晶闸管整流装置时，若在变频器交流侧连接有交流电抗器，则变频器产生的谐波电流就通过交流电抗器送给补偿电容及配电系统；当配电系统的电感与补偿电容发生谐振呈现最小阻抗时，其补偿电容和配电系统将呈现最大电流，使变频器及补偿电容都会受损伤。为了防止谐振现象发生，在补偿电容前应串接适当数值的电抗器，就可以使 5 次以上高次谐波的电流成为感性，避免谐振现象的产生。

9.3　变频器的接地与防雷

9.3.1　变频器的接地

由于变频器主电路中的半导体开关器件在工作过程中将进行高速的开关动作，变频器主电路和变频器单元外壳以及控制柜之间的漏电流也相对变大。为了防止操作者触电，必须保证变频器接地端可靠接地。变频器正确接地也是提高控制系统灵敏度、抑制噪声能力的重要手段。变频器接地端子 E（G）接地电阻越小越好，接地导线截面积应不小于 2mm²，长度应控制在 20m 以内。变频器的接地必须与动力设备接地点分开，不能共同接地。信号输入线的屏蔽层应接至 E（G）上，其另一端绝不能接于地端，否则会引起信号变化波动，使系统振荡不止。变频器与控制柜之间应电气连通，如果实际安装有困难，可利用铜芯导线跨接。

进行接地线布线时，还应注意以下事项：

1）应按照规定的施工要求进行布线。

2）绝对避免同电焊机、动力机械、变压器等强电设备共用接地电缆或接地板。此外，接地电缆布线上也应与强电设备的接地电缆分开。

3）尽可能缩短接地电缆的长度。

配线时推荐采用的接地方式如图 9-15 所示。

不要采用的接地方式如图 9-16 所示。

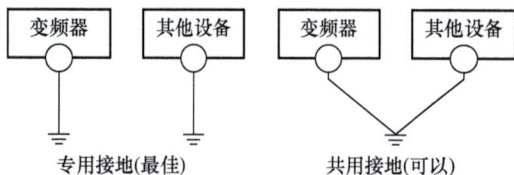

图 9-15　配线时推荐采用的接地方式

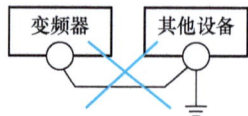

图 9-16　不要采用的接地方式

9.3.2　变频器的防雷

主变压器受雷击后，由于一次断路器断开，会使变压器二次侧产生极高的浪涌电压，为防止浪涌电压对变频器的破坏，可采取以下措施：

1）在变频器的输入端增设压敏电阻，其耐压应低于功率模块的耐压，以保护元器件不被击穿。

2）选用产生低浪涌电压的断路器，并同时采用压敏电阻。

3）变压器一次侧断开时，可通过程序控制，使变频器提前断开。同时，也要增设相关的压敏电阻保护，通过励磁储存能量计算电阻值。此外，主电路用的避雷器和熔断器应选用特种规格。

同时在变频器中，一般都设有雷电吸收网络，主要防止瞬间的雷电侵入，使变频器损坏。在实际工作中，特别是电源线架空引入的情况下，单靠变频器的吸收网络是不能满足要求的。在雷电活跃地区，这一问题尤为重要，如果电源是架空进线，应在进线处装设变频专用避雷器（选件），或按规范要求在离变频器 20m 处预埋钢管做专用接地保护。如果电源是电缆引入，则应做好控制室的防雷系统，以防雷电窜入破坏设备。

9.4　变频器系统的调试

变频器系统的调试工作，其方法、步骤和一般的电气设备调试基本相同，应遵循"先空载、继轻载、后重载"的规律。

9.4.1　通电前的检查

变频器系统安装、接线完成后，通电前应进行下列检查：

（1）外观、构造检查　包括检查变频器的型号是否有误、安装环境有无问题、装置有无脱落或破损、电缆直径和种类是否合适、电气连接有无松动、接线有无错误、接地是否可靠等。

（2）绝缘电阻的检查　一般在产品出厂时已进行了绝缘性能试验，因而尽量不要用绝缘电阻表测试；万不得已用绝缘电阻表测试时，要按以下要领进行测试，若违犯测试要领，接入时会损坏设备。

1）主电路。

① 准备 500V 绝缘电阻表。

② 全部卸开主电路、控制电路等端子座和外部电路中的连接线。

③ 用公共线连接主电路端子 R、S、T、DB、P1、P、N、U、V、W，如图 9-17 所示。

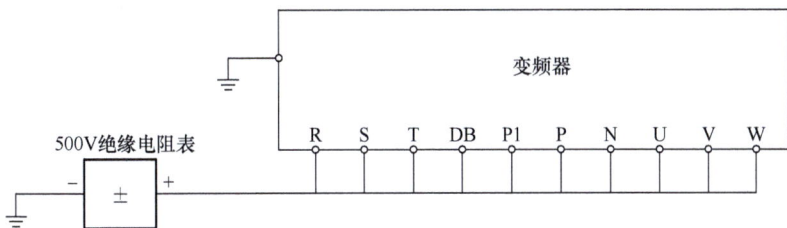

图 9-17　用绝缘电阻表测试主电路的绝缘电阻

④ 用绝缘电阻表测试，仅在主电路公用线和大地（接地端子 PE）之间进行。

⑤ 绝缘电阻表若指示 5MΩ 以上，就属正常。

2）控制电路。不能用绝缘电阻表对控制电路进行测试，否则会损坏电路中的元器件。测试仪器要准备高阻量程万用表。

① 全部卸开控制电路端子的外部连接。

② 进行对地之间电路测试，测量值若在 1MΩ 以上，就属正常。

③ 用万用表测试接触器、继电器等的连接是否正确。

9.4.2　通电检查

在断开电动机负载的情况下，对变频器通电，主要进行以下检查：

（1）观察显示情况　各种变频器在通电后，显示屏的显示内容都有一定的变化规律，应对照说明书，观察其通电后的显示过程是否正常？

（2）观察风机　变频器内部都有风机排出内部的热空气，可用手在风的出口处试探风机的风量，并注意倾听风机的声音是否正常？

（3）测量进线电压　测量三相进线电压是否正常？若不正常应查出原因，确保供电电源的正确。

（4）进行功能预置　根据生产机械的具体要求，对照产品说明书，进行变频器内部各功能的设置。

（5）观察显示内容　变频器的显示内容可以切换显示，通过操作面板上的操作按钮进行显示内容切换，观察显示的输出频率、电压、电流及负载率等是否正常？

9.4.3 空载试验

将变频器的输出端与电动机相接，电动机不带负载，主要测试以下项目：

（1）测试电动机的运转 对照说明书在操作面板上进行一些简单操作，如起动、升速、降速、停止及点动等。观察电动机的旋转方向是否与所要求的一致？如不一致，则更正之。控制电路工作是否正常？通过逐渐升高运行频率，观察电动机在运行过程中是否运转灵活，有无噪声？运转时有无振动现象，是否平稳等？

（2）电动机参数的自动检测 对于需要应用矢量控制功能的变频器，应根据说明书的指导，在电动机的空转状态下测定电动机的参数。有的新型系列变频器也可以在静止状态下进行自动检测。

9.4.4 带负载测试

变频调速系统的带负载试验是将电动机与负载连接起来进行试车。负载试验主要测试的内容如下：

1. 低速运行试验

低速运行是指该生产机械所要求的最低转速。电动机应在该转速下运行 1～2h（视电动机的容量而定，容量大者时间应长一些）。主要测试的项目是：

1）生产机械的运转是否正常？

2）电动机在满负荷运行时，温升是否超过额定值？

2. 全速起动试验

将给定频率设定在最大值，按"起动按钮"，使电动机的转速，从零一直上升至生产机械所要求的最大转速，测试以下内容：

（1）起动是否顺利 电动机的转速是否从一开始就随频率的上升而上升？如果在频率很低时，电动机不能很快旋转起来，说明起动困难，应适当增大 U/f 比或起动频率。

（2）起动电流是否过大 将显示内容切换至电流显示，观察在起动全过程中的电流变化。如因电流过大而跳闸，应适当延长升速时间；如机械对起动时间并无要求，则最好将起动电流限制在电动机的额定电流以内。

（3）观察整个起动过程是否平稳 即观察是否在某一频率时有较大的振动？如有，则将运行频率固定在发生振动的频率以下，以确定是否发生机械谐振？以及是否有预置回避频率的必要？

（4）停机状态下是否旋转 对于风机，还应注意观察在停机状态下，风叶是否因自然风而反转？如有反转现象，则应预置起动前的直流制动功能。

3. 全速停机试验

在停机试验过程中，注意观察以下内容：

（1）直流电压是否过高 把显示内容切换至直流电压显示，观察在整个降速过程中，直流电压的变化情形。如因电压过高而跳闸，应适当延长降速时间。如降速时间不宜延长，则应考虑加入直流制动功能，或接入制动电阻和制功单元。

（2）拖动系统能否停住 当频率降至 0Hz 时，机械是否有"蠕动"现象？并了解该机械是否允许蠕动？如需要制止蠕动时，则应考虑预置直流制动功能。

4. 高速运行试验

把频率升高至与生产机械所要求的最高转速相对应的值，运行 1 ~ 2h，并观察：

（1）电动机的带载能力　电动机带负载高速运行时，注意观察当变频器的工作频率超过额定频率时，电动机能否带动该转速下的额定负载？

（2）机械运转是否平稳　主要观察生产机械在高速运行时是否有振动？

9.5　变频器的维护与检查

变频器在长期运行中，由于温度、湿度、灰尘及振动等使用环境的影响，内部元器件会发生变化或老化，为了确保变频器的正常运行，必须进行维护检查，更换老化的元器件。

9.5.1　维护注意事项

1）只有受过专业训练的人才能拆卸变频器并进行维修和更换元器件。

2）维修变频器后不要将金属等导电物遗漏在变频器内，否则有可能造成变频器损坏。

3）进行维修检查前，为防止触电危险，请首先确认以下几项：①变频器已切断电源；②主控制板充电指示灯熄灭；③用万用表等确认直流母线间的电压已降到安全电压（DC 36V 以下）。

4）对长期不使用的变频器，通电时应使用调压器慢慢升高变频器的输入电压直至额定电压，否则有触电和爆炸危险。

9.5.2　日常检查与维护

为了保证变频器长期可靠地运行，一方面要严格按照使用手册规定的使用方法安装、操作变频器；另一方面要认真做好变频器的日常检查与维护工作。变频器的日常维护的项目有：

1）变频器的运行参数是否在规定范围内，电源电压是否正常。

2）变频器的操作面板显示是否正常，仪表指示是否正确，是否有振动、振荡等现象。

3）冷却风扇部分是否运转正常，有无异常声音。

4）变频器和电动机是否有异常噪声、异常振动及过热迹象。

5）变频器及引出电缆是否有过热、变色、变形、异味及噪声等异常情况。

6）变频器的周围环境是否符合标准规范，温度和湿度是否正常。

9.5.3　定期检查

用户根据使用环境情况，每 3 ~ 6 个月对变频器进行一次定期检查。在定期检查时，先停止运行，切断电源，再打开机壳进行检查。但必须注意，即使切断了电源，主电路直流部分滤波电容放电也需要时间，需待充电指示灯熄灭后，用万用表等测量，确认直流电压已降到安全电压（DC 25V 以下）后，再进行检查。定期检查项目有：

1）输入、输出端子和铜排是否过热变色、变形。

2）控制电路端子螺钉是否松动，用螺钉旋具拧紧。

3）输入 R、S、T 与输出 U、V、W 端子座是否有损伤。

4）R、S、T 和 U、V、W 与铜排连接是否牢固。

5）主回路和控制电路端子绝缘性能是否满足要求。

6）电力电缆和控制电缆有无损伤和老化变色。

7）污损的地方，用抹布沾上中性化学剂擦拭；用吸尘器吸去电路板、散热器、风道上的粉尘，保持变频器散热性能良好。

8）对长期不使用的变频器，应进行充电试验，以使变频器主电路的电解电容器的特性得以恢复。充电时，应使用调压器慢慢升高变频器的输入电压直至额定电压，通电时间应在 2h 以上，可以不带负载，充电试验至少每年一次。

9）变频器的绝缘测试：首先全部卸开变频器与外部电路和电动机的连接线，用导线可靠连接主电路端子 R、S、T、P1、P +、DB、N、U、V、W，用 DC 500V 绝缘电阻表对短接线和 PE 端子测试，显示 5MΩ 以上，就属正常；不要对控制电路进行绝缘测试，否则有可能造成变频器损坏。

9.5.4 零部件更换

变频器中不同种类零部件的使用寿命不同，并随其安置的环境和使用条件而改变，建议零部件在其损坏之前更换：

1）冷却风扇使用 3 年就应更换。

2）直流滤波电容器使用 5 年就应更换。

3）电路板上的电解电容器使用 7 年就应更换。

4）其他零部件根据情况适时进行更换。

9.5.5 变频器基本检测和测量方法

由于变频器输入、输出电压或电流中均含有不同程度的谐波分量，用不同种类的测量仪表会测量出不同的结果，并有很大差别，甚至有可能测量出错误的结果。因此，在选择测量仪表时应区分不同的测量项目和测试点，选择不同的测量仪表。主电路测量推荐使用的仪表见表9-5。

表9-5 主电路测量推荐使用的仪表

测定项目	测定位置	测定仪表	测定值基准
电源侧电压 U_1 和电流 I_1	R-S、S-T、T-R 间电压和 R、S、T 中的电流	电磁式仪表	变频器的额定输入电压和电流值
电源侧功率 P_1	R、S、T	电动式仪表	$P_1 = P_{11} + P_{12} + P_{13}$（3 功率表法）
输出侧电压 U_2	U-V、V-W、V-U 间	整流式仪表	各间的差应在最高输出电压的 1% 以下
输出侧电流 I_2	U、V、W 的线电流	电磁式仪表	各间的差应在变频器额定电流 10% 以下
输出侧功率 P_2	U、V、W 和 U-V、V-W	电动式仪表	$P_2 = P_{21} + P_{22}$（2 功率表法或 3 功率表法）
整流器输出	DC⁺ 和 DC⁻ 之间	磁电式仪表	1.35U_1，再生时最大 950V（390V 级），仪表机身 LED 显示发光

此外，由于输入电流中包含谐波，故测量功率因数不能用功率因数表测量，而应采用实测的电压、电流值通过计算得到，即

$$\cos\varphi_1 = \frac{P_1}{\sqrt{3}\,U_1 I_1}$$

$$\cos\varphi_2 = \frac{P_2}{\sqrt{3}\,U_{21} I_{21}}$$

9.5.6 测量仪表简介

在对变频器进行测量检查时，必须正确选用仪表，才能使测量的数据准确。现对常用测量仪表简介如下。

1. 电磁式仪表

电磁式仪表的基本结构如图 9-18 所示。图中，1 为固定不动的线圈；2 为铁心，是带动指针旋转的（图中所画为吸入式）；3 为指针。

当线圈中通入电流后，铁心被吸入，并带动指针偏转，偏转部分不必通入电流是电磁式仪表的一大优点。这使它的结构比较简单、坚固；又由于其偏转角与电流的二次方成正比，可以十分方便地测量交变量。因此，在工程应用中，电磁式仪表使用较多。在变频器主电路测量中，可用来测量输入电压、输入电流和输出电流，但不能用来测量输出电压。

2. 磁电式仪表

磁电式仪表的基本结构如图 9-19 所示。图中，1 为永久磁铁，是固定的；2 为线圈，是带动指针旋转的；3 为铁心，用于增强磁路的磁通；4 为指针。

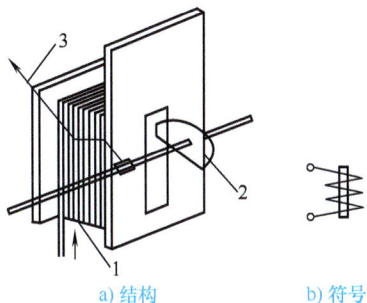

a) 结构   b) 符号

图 9-18 电磁式仪表

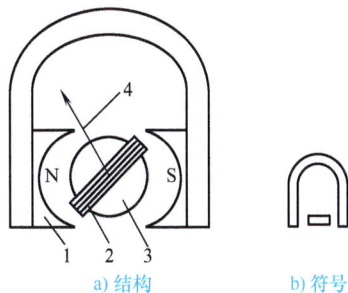

a) 结构   b) 符号

图 9-19 磁电式仪表

当线圈中通入电流后，将因受到磁场的作用力而转动，并带动指针偏转。

由于磁电式仪表的偏转部分是线圈，故线圈的导线比较细，不能通入大电流。并且，电流方向改变后，线圈受力的方向也要改变。故一般情况下，磁电式仪表只能用来测量直流电流和电压。所以，不能用来测量变频器的电流和电压。

3. 整流式仪表

所谓整流式仪表，就是把交变电压或电流整流成直流电压或电流后再通入磁电式仪表，是用磁电式仪表来测量交流电的一种方式，如图 9-20 所示。

由于线圈是偏转部分，其匝数不能太多，故电感量小。当用来测量交流电压时，须串联

阻值很大的附加电阻 r_0，故整个测量电路基本上呈纯电阻性质。所以，利用它来测量变频器的输出电压时，流入线圈的电流波形基本上和电压波形相同。利用这一特点，用整流式仪表来测量变频器的输出电压是比较准确的。但须**注意**，磁电式仪表的读数是和电流的平均值成正比的，要得到有效值，需进行必要的校准。

4. 电动式仪表

电动式仪表由两组线圈构成：固定线圈 1 和偏转线圈 2，指针 3 与偏转线圈同轴，如图 9-21 所示。

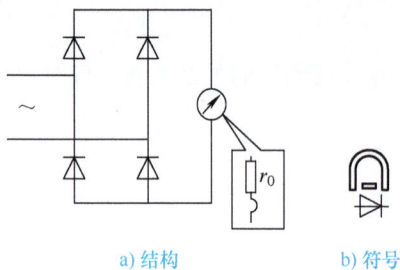

a) 结构　　　　　b) 符号

图 9-20　整流式仪表

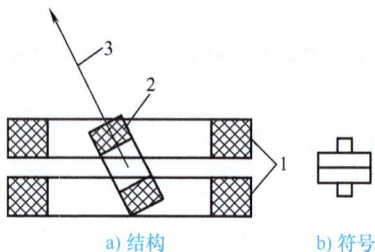

a) 结构　　　　　b) 符号

图 9-21　电动式仪表

当两个线圈中通入电流时，它们的磁场相互作用，使偏转线圈受力而旋转，偏转角与两线圈内电流的乘积成正比。

电动式仪表通常用作功率表。一般情况下，固定线圈 1 为电流线圈，导线较粗，串联在被测电路中；偏转线圈 2 为电压线圈，导线较细，经串联附加电阻后跨接在被测电压两端。

5. 数字式仪表

数字式仪表中并无线圈，它主要是以一定频率对被测量进行"采样"而得到与被测量成比例的数值，然后进行"A-D 转换"等一系列变换后显示被测量。

用数字式仪表来测量输入电压与电流，以及输出电流都不成问题。但由于变频器的输出电压是通过改变占空比来调节其平均电压的，而数字式电压表则无法采样出占空比的变化，所以不能用数字式电压表来测量变频器的输出电压。

9.5.7　变频器主电路的测量

变频器主电路的测量电路如图 9-22 所示。变频器输入电源为 50Hz 的交流电源，其测量方法与传统电气测量方法基本相同，但变频器的输入、输出侧的电压和电流中均含有谐波分量，应按表 9-5 选择不同的测量仪表和测量方法，并注意校正。

1. 输出电流的测量

变频器的输出电流中含有较大的谐波，而所说的输出电流是指基波电流的方均根值，因此应选择能测量畸变电流波形有效值的仪表，如 0.5 级电磁式（动铁式）电流表和 0.5 级电热式电流表，测量结果为包括基波和谐波在内的有效值，当输出电流不平衡时，应测量三相电流并取其算术平均值。当采用电流互感器时，在低频情况下电流互感器可能饱和，应选择适当容量的电流互感器。

2. 输入、输出电压的测量

由于变频器的电压平均值正比于电压基波有效值，整流式电压表测得的电压值是基波电

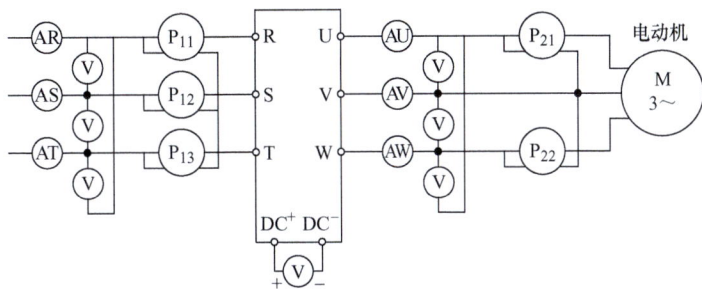

图 9-22　变频器主电路的测量电路

压方均根值，并且相对于频率呈线性关系。所以，0.5 级整流式电压表最适合测量输出电压，而数字式电压表则不适合输出电压的测量。

输入电压的测量可以使用电磁式电压表或整流式电压表。考虑会有较大的谐波，推荐采用整流式电压表。

3. 输入、输出功率的测量

变频器的输入、输出功率应使用电动式功率表或数字式功率表测量，输入功率采用 3 功率表法测量，输出功率可采用 3 功率表法或 2 功率表法测量。当三相不对称时，用 2 功率表法测量将会有误差。当不平衡率大于 5% 额定电流时，应使用 3 功率表测量。

4. 输入电流的测量

变频器输入电流的测量应使用电磁式电流表测量有效值。为防止由于输入电流不平衡造成的测量误差，应测量三相电流，并取三相电流的平均值。

5. 功率因数的测量

对变频器而言，由于输入电流中包含谐波，功率因数表测量会产生较大误差，因此应根据测量的功率、电压和电流实际计算功率因数。另外，因为通用变频器的输出随着频率而变化，除非必要，测量变频器输出功率因数已无太大意义。

6. 直流母线电压的测量

在对变频器进行维护时，有时需要测量直流母线电压。直流母线电压的测量是在通用变频器带负载运行下进行，在滤波电容器或滤波电容器组两端进行测量。把直流电压表置于直流电压正、负端，测量的直流母线电压应等于线路电压的 1.35 倍，这是实际的直流母线电压。一旦电容器被充电，此读数应保持恒定。由于是滤波后的直流电压，还应将交流电压表置于同样位置测量交流纹波电压，当读数超过 AC5V 时，这就预示滤波电容器可能失效，应采用 LCR 自动测量仪或其他仪器进一步测量电容器容量及其介质损耗等，当电容量低于额定容量的 95% 时，应予以更换。

7. 电源阻抗的影响

当怀疑有较大谐波含量时应测量电源阻抗值，以便确定是否需要加装输入电抗器，最好采用谐波分析仪进行谐波分析，并对系统进行综合分析和判断；当电压畸变率大于 4% 以上时，应考虑加装交流电抗器抑制谐波，也可以加装直流电抗器，提高功率因数、减小谐波。

8. *U/f* 比的测量

测量变频器的 *U/f* 比可以帮助查找故障。测量时应将整流式电表（万用表、整流式电压表）置于交流电压最大量程，在变频器输出频率为 50Hz 下运行，在变频器输出端子（U、V、W）处测量送至电动机的线电压，读数应等于电动机的铭牌额定电压；接着，调节变频器输出频率为 25Hz 下运行，电压读数应为上一次读数的 1/2；再调节变频器输出频率为 12.50Hz 下运行，电压读数应为电动机的铭牌额定电压的 25%。如果读数偏离上述值较大，则应该进一步检查其他相关项目。

9.6 变频器的常见故障与处理

变频器控制系统常见的故障类型主要有过电流、短路、接地、过电压、欠电压、电源缺相、变频器内部过热、变频器过载、电动机过载、CPU 异常及通信异常等。当发生这些故障时，变频器保护会立即动作停机，并显示故障代码或故障类型，大多数情况下可以根据显示的故障代码迅速找到故障原因并排除故障。但也有一些故障的原因是多方面的，并不是由单一原因引起的，因此需要从多个方面查找，逐一排除才能找到故障点。过电流故障是最常见、最易发生，也是最复杂的故障之一，引起过电流的原因往往需要从多个方面分析查找，才能找到故障的根源，只有这样才能真正排除故障。

9.6.1 变频器常见故障诊断

1. 整流桥故障

（1）整流桥故障现象

1）整流模块中的二极管有一个或多个损坏而开路，导致主电路直流电压下降，变频器输入缺相或直流低电压保护动作报警。

2）整流模块中的二极管有一个或多个损坏而短路，导致变频器输入电源短路，供电电源跳闸，变频器无法上电。

（2）整流桥故障原因

1）因过电流而烧毁。最常见的是直流母线内部放电短路、电容器击穿短路或逆变桥短路而引起整流模块烧毁（直流母线装有快速熔断器的变频器，对逆变器短路有保护作用）。这种因短路而引起的故障一般来说后果比较严重，往往会引起相邻整流模块的损坏甚至爆裂，这是因为当整流模块瞬间流过短路电流后在母线上会产生很高的电压和很大的电动力，继而在母线电场最不均匀且耐压强度最薄弱的地方产生放电引起新的相间或对壳放电短路。这种现象在裸露母线结构或母线集成在印制电路板的变频器中经常出现。

2）因过电压而击穿。通常是由于浪涌电压引起，这种过电压会造成整流模块的击穿损坏。还有电动机再生发电所引起的直流过电压，或因制动单元损坏、放电电阻损坏无法使再生电能释放，均有可能造成整流模块因过电压而击穿损坏。

3）输入电路中阻容吸收或压敏电阻损坏。对于由自备发电机供电的地方，或供电电压不稳定的地方，整流模块也容易损坏。

4）晶闸管出现异常。有的变频器采用三相半控桥整流的晶闸管整流模块或带开机限流晶闸管的整流模块，晶闸管模块出现异常情况时，除了检查模块好坏外还应检查控制板触发脉冲是否正常，如脉冲异常，就会造成晶闸管模块不能正常工作。

2. 直流母线故障

（1）直流母线故障现象

1）变频器直流母线电压偏低乃至变频器直流低电压报警。

2）滤波电容器短路，输入电路断路器跳闸，变频器无法开机。

3）充电限流电阻开路，变频器无法开机。

4）充电切换接触器损坏，变频器直流低电压报警，最终造成充电限流电阻过热烧毁。

（2）直流母线故障原因

1）交流输入缺相或整流桥有二极管损坏，整流桥输出的直流电压低于正常值，造成变频器输出电压偏低，通常变频器会输出报警信号。

2）滤波电容器老化，容量下降，造成带载情况下变频器输出电压偏低。

3）滤波电容器因直流母线过电压击穿，或因有一个均压电阻开路，引起与之连接的电容器两端电压升高，超过额定电压值而损坏。

4）充电接触器触点烧毁造成接触不良甚至开路，负载电流流过充电电阻，引起变频器直流母线电压降低，变频器输出低电压报警。

5）充电限流电阻损坏，变频器上电后直流母线电压为零，开关电源无法工作，变频器不能正常开机。

3. 逆变桥故障

（1）逆变桥故障现象

1）逆变桥有一桥臂模块击穿或爆裂。

2）逆变桥的不同桥臂模块有两个或两个以上击穿或爆裂。

3）输出缺相，三相电压不对称。

4）无电压输出。

（2）逆变桥故障原因

1）逆变模块的控制极损坏或无触发信号，引起输出电压断相，三相电压不对称。

2）IGBT 门极开路或驱动电路脉冲异常（如上下桥臂中有一桥臂的 IGBT 始终被开通）而造成臂内贯通短路。

3）欠驱动。由于开关电源工作异常或驱动电路工作异常，触发脉冲幅值过低，脉冲前沿不陡，造成开关管压降过大，发热而损坏。

4）缓冲电路元器件损坏或制动单元功能失效，不适当的快速降频而造成直流过电压，导致模块过电压击穿而损坏。

5）变频器输出发生短路后，变频器的短路保护不能及时有效动作快速切除短路电流，致使逆变模块损坏。

6）模块长期在极低频率下工作（如 1Hz 以下），此时模块内部管芯的结温会出现高于 125℃情况，导致模块加速老化而损坏。

7）逆变器的冷却通风不良，造成模块长期过热而损坏。

8）接线错误，如将电网电源接至变频器的输出端，也会导致逆变模块损坏。

4. 开关电源故障

变频器的控制电源通常采用开关电源。开关电源具有在供电波动的情况下仍能稳定可靠工作的特征，且体积小、损耗小、抗干扰性好。

如果变频器上电后，操作面板无显示，很有可能是由开关电源故障引起的。

导致开关电源工作不正常有以下原因：

1）变频器直流母线无电压，开关电源并没损坏。因此，除开关电源电路中的器件已明显损坏外，一般应先检查变频器充电指示灯是否点亮，直流母线电压值是否正常，充电电阻是否损坏等，以免判断失误。

2）开关电源损坏。其中输入过电压所造成的损坏最为常见，由于过电压引起开关管击穿，起振电路电阻开路，造成电路停振。其他原因如变压器匝间短路、PWM 控制电路的芯片损坏等均会造成开关电源不工作。

3）控制电路发生短路，开关电源因保护动作停止工作。

4）开关电源工作异常。常见情况是一路或多路输出电压纹波大，直流电压值偏低，使得变频器不能正常工作。这时应重点检查滤波电容器有无膨胀变形，为了准确检查电容器的电容量，可用电烙铁将电容器拆下，用电容表或万用表测量其实际的电容量。当需要更换电容器时，应选用相同规格完好的电容器，焊接时注意正负极不要搞错。

5. 驱动电路故障

驱动电路故障往往是因为逆变模块损坏而引起的，驱动电路被损器件大多为驱动晶体管、保护稳压二极管、光电耦合器等。有相当一部分变频器的驱动电源做成厚膜电路，所以，驱动电路的故障往往被认为是厚膜电路的故障。

6. CPU 主板故障

在变频器发生的故障中，由 CPU 主板引起的只占极小数。但如果发现光电耦合器输入端 6 路脉冲中有一路或几路异常或程序显示异常时，就应怀疑是 CPU 主板有问题了。故障的原因可能是 CPU 损坏、E^2ROM 损坏、其他 IC 电路或光电耦合器损坏。对于使用 EPROM 的变频器，EPROM 和晶振的损坏也会引起 CPU 主板的故障。

CPU 主板故障的发生通常与使用环境有关，例如尘埃堆积、受潮或供电电源异常等。对于闭环控制的变频调速系统，如矢量控制、直接转矩控制等，由于硬件的变化有时也会引起内部环路自激而产生失控现象，例如在端口无命令信号时也出现有频率输出的情况。

检查出 CPU 主板发生故障时，用户一般无法修复，通常是整板更换。

7. I/O 电路故障

对于输入/输出（I/O）电路来说，发生故障比较多的是光电耦合器和比较器器件。光电耦合器的损坏不少是属于人为造成，例如，将数字端口误接至电源。而比较器的工作异常则往往是由于供电电源以及硬件电路参数发生改变而引起的。与 I/O 电路相关的比较器以及来自传感器的信号，一旦发生异常往往会被认为是 I/O 电路故障，例如过电压、过电流及过热等信息的误动作。对于上述情况，在判定传感器正常的前提下，就可以确定是该部分的电路中有故障存在，这些故障大多数是可以修复的。

8. 监控键盘故障

监控键盘故障较多的情况是变频器上电后，键盘有显示，但对其操作无效。键盘有显示说明供电电源正常。判断键盘是否存在故障，快速的方法是用一个好键盘替换进行试验。

对于轻触键的故障可以通过打开外盖清洗内部接触点来排除；由于导电橡胶引起接触不良的故障，可通过更换键膜或使用专用导电橡胶进行修补来解决。

9. 传感器故障

（1）温度传感器故障　如果存在无故超温报警现象，通常可认为是温度传感器故障。

导致故障的原因有：

1）热敏电阻感温元件变值。

2）温度开关不能准确动作。

（2）电流传感器故障 变频器对电流的检测在技术上有很高的要求，通常采用磁补偿原理制造的电流传感器，它由一次电路、二次线圈、磁环、位于磁环气隙中的霍尔传感器和放大器所组成。工作原理是磁场平衡，即一次电路中的电流产生的磁场通过二次线圈的电流所产生的磁场进行补偿，使霍尔元件始终处于检测零磁通的条件下工作。由于测量电流动态补偿一次磁通，所以它的输出能真实地反映一次电流的瞬时波形。这种电流传感器出现故障的原因主要有：

1）供电电源异常。正负电源值不对称；正或负电源缺失等。

2）放大器故障。现象为输出异常，零电流情况下有输出。

3）取样电路异常。例如取样电阻损坏。

（3）电压检测电路故障

1）分压电阻开路或烧毁。通常分压电阻由多个串联而成，其中任何一个电阻开路都会引起电压检测电路异常。

2）检测电路异常。通常是比较器 IC 损坏。

10. 功能参数设置不当

变频器的功能参数设置不当也会导致故障出现。例如，当参数预置后，空载试验正常，加载后出现"过电流"跳闸，可能是起动转矩设置不够或加速时间不足；也有的运行一段时间后转动惯量减小，导致减速时"过电压"跳闸，则修改功能参数、适当增大加速时间便可解决。

9.6.2 变频器故障的处理

变频器内部结构复杂，外围电路形式多样，如果出现故障可依据下面提供的几种处理方法进行分析和排除。

1. 通过故障信息分析故障原因

变频器具有比较完善的保护功能，一旦发生故障立即会进行保护和报警，将故障信息存储在变频器内，并显示在操作面板的显示屏上，所以故障信息提示对于分析和处理故障是非常有用的。

例如，变频器出现过电压时会引起保护动作，同时在面板上显示报警字符，由报警字符可以知道造成过电压的类别，通常有加速时过电压、减速时过电压、恒速时过电压、待机时过电压等不同情况。

出现过电压后，千万不要急于重新送电，而是要认真分析导致过电压的原因，首先要检查输入电源电压是否过高，然后依据报警类别检查中间电路直流电压是否过高、制动单元和制动电阻是否正常、加/减速时间参数是否设定得太短等。

2. 根据故障现象确定故障大致范围

变频器发生故障后，往往会有元器件的损坏，一般经过仔细观察就可以找到故障的部位。例如器件的开裂、烧焦的痕迹、爆炸的碎片、产生的变色和异味等。了解了故障的部位才能进一步分析产生故障的原因。

3. 借助仪器仪表全面细致检查

即使知道了故障发生的部位和故障发生的原因，也要对相关的部分借助仪器仪表进行全面细致的检查。

例如确认中间电路的熔断器损坏，通常会怀疑逆变模块有损坏，这里可用万用表测试逆变模块，并进一步检查驱动电路乃至 PWM 脉冲是否正常。

本 章 小 结

变频器储存和安装时须考虑场所的温度、湿度、灰尘和振动等情况。

选择主电路电缆时，须考虑电流容量、短路保护和电缆压降等因素。

变频器控制电路的控制信号均为微弱的电压、电流信号，控制电路易受外界强电场或高频杂散电磁波的影响，易受主电路的高次谐波场的辐射及电源侧振动的影响，因此，必须对控制电路采取适当的屏蔽措施。

在变频器驱动电动机系统中，变频器与电网、变频器与电动机以及周边设备相互之间都存在着干扰，安装时应采取适当的抗干扰措施。

变频器系统调试时，在通电前先要进行直观检查和用万用表检查。通电检查时，应按拟定的步骤进行，如：空载→轻载→带正常负载。调试时注意仪器仪表的正确使用，并做好调试记录。

由于变频器输入、输出电压或电流中均含有不同程度的谐波分量，用不同类别的测量仪器仪表会测量出不同的结果。因此，在选择测量仪表时应区分不同的测量项目和测试点，选择不同的测试仪表。

习　题　9

1. 变频器储存注意事项有哪些？

2. 变频器的安装场所必须满足什么条件？

3. 变频器安装时周围的空间最少为多少？

4. 变频器驱动笼型异步电动机，电动机铭牌数据为：额定电压 220V、功率 11kW，4 极、额定电流 22.5A。电缆铺设距离为 50m，线路电压损失允许在额定电压 2% 以内，试选择主电路所用电缆的截面积。

5. 变频器系统的主电路电缆与控制电路电缆安装时有什么要求？

6. 变频器运行为什么会对电网产生干扰？如何抑制？

7. 电网电压对变频器运行会产生什么影响？如何防止？

8. 说明变频器系统调试的方法和步骤。

9. 在变频器的日常维护中应注意什么？

10. 变频器的定期检查项目有哪些？

11. 变频器有哪些易损件需要定期检查更换？

12. 为什么变频器的测量与试验中，要根据项目不同选择不同的仪器仪表？

13. 结合图 9-22，说明变频器主电路的不同位置进行电量测量时，应分别使用什么仪表？

14. 变频器的常见故障有哪些？应如何处理？

第10章
变频器应用实例

知识目标

1. 了解变频器在风机、空气压缩机、供水系统、中央空调和液态物料提升机等实际应用中的系统方案选择、设备选用和电路原理。

2. 理解变频调速系统的功能与优点，包括速度调节、软起动、软停止、减少机械冲击、操作简便和维护方便等。

3. 掌握通过应用实例进行节能计算的方法，了解变频调速在节能方面的显著效果和经济性。

能力目标

1. 能够参考具体应用实例，设计和开发适合不同场景的变频调速系统应用方案。

2. 具备根据生产和工艺需求合理选择变频器系统设备的能力，提高生产效率和产品质量。

3. 能够通过节能计算评估变频调速系统的经济效益，为旧设备改造提供可行性分析。

素质目标

1. 提高对变频调速技术在工业应用中广泛前景的认识，增强实践创新能力。

2. 树立节能环保意识，通过技术手段减少能耗，提高资源利用效率。

3. 培养经济效益与技术创新结合的思维，推动生产方式的现代化和可持续发展。

变频调速是 20 世纪 80 年代初发展起来的技术，具有节能、易操作、便于维护及控制精度高等优点，已在多个领域得到广泛地应用，本章列举几个应用实例。

10.1 变频调速技术在风机上的应用

在工矿企业中，风机设备应用广泛，诸如锅炉燃烧系统、通风系统和烘干系统等。传统的风机控制是全速运转，即不论生产工艺的需求大小，风机都提供出固定数值的风量，而生产工艺往往需要对炉膛压力、风速、风量及温度等指标进行控制和调节，最常用的方法则是调节风门或挡板开度的大小来调整受控对象，这样，就使得能量以风门、挡板的节流损失消耗掉了。统计资料显示，在工业生产中，风机的风门、挡板相关设备的节流损失以及维护、维修费用占到生产成本的 7%~25%。这不仅造成大量的能源浪费和设备损耗，而且控制精度也受到限制，直接影响产品质量和生产效率。

风机设备可以用变频器驱动的方案取代风门、挡板控制方案，从而降低电动机功率损耗，达到系统高效运行的目的。

10.1.1 风机变频调速驱动机理

风机的机械特性具有二次方律特征，即转矩与转速的二次方成正比。在低速时由于流体的流速低，所以负载的转矩很小，随着电动机转速的增加，流速加快，负载转矩和功率越来越大。负载转矩 T_L 和转速 n_L 之间的关系可表示为

$$T_L = T_0 + K_T n_L^2 \tag{10-1}$$

根据负载的机械功率 P_L 和转矩 T_L、转速 n_L 之间的关系，有

$$P_L = \frac{T_L n_L}{9550} \tag{10-2}$$

功率 P_L 和转速 n_L 之间的关系为

$$P_L = P_0 + K_P n_L^3 \tag{10-3}$$

式中，P_L、T_L 分别为负载功率和转矩；K_T、K_P 分别为二次方律负载的转矩常数和功率常数。

图 10-1 所示为二次方律负载的机械特性和功率特性曲线。可以看出，当被控对象所需风量减小时，采用变频器降低风机的转速 n_L，会使电动机的功率损耗大大降低。

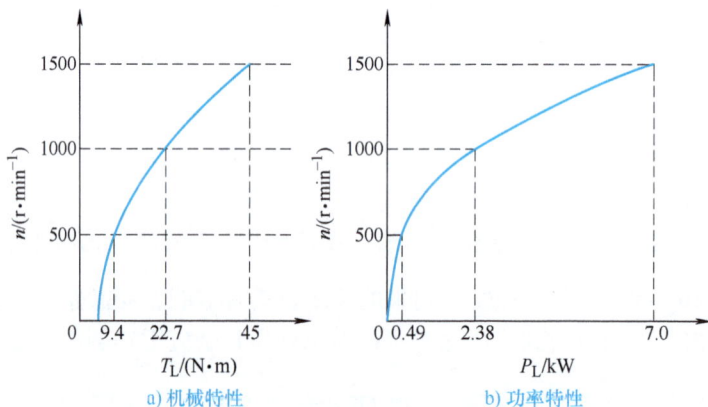

图 10-1　二次方律负载的机械特性和功率特性曲线

10.1.2 风机变频调速系统设计

1. 风机容量选择

风机容量的选择，主要依据被控对象对流量或压力的需求，可查阅相关的设计手册。如果是对在用的风机进行变频调速技术改造，风机容量当然是现成的。

2. 变频器的容量选择

风机在某一转速下运行时，其阻转矩一般不会发生变化，只要转速不超过额定值，电动机就不会过载，一般变频器在出厂标注的额定容量都具有一定余量的安全系数，所以选择变频器容量与所驱动的电动机容量相同即可。若考虑更大的余量，也可以选择比电动机容量大一个级别的变频器，但价格要高出不少。

3. 变频器的运行控制方式选择

风机采用变频调速控制后，操作人员可以通过调节安装在工作台上的按钮或电位器调节风机的转速，操作十分方便。

变频器的运行控制方式选择，可依据风机在低速运行时，阻转矩很小，不存在低频时带不动负载的问题，故采用 U/f 控制方式即可。并且，从节能的角度考虑，U/f 线可选最低的。现在许多生产厂家都生产有廉价的风机专用变频器，可以择用。

为什么 U/f 线可选最低的？现说明如下：如图 10-2 所示，曲线 0 是风机二次方律机械特性曲线；曲线 1 为电动机在 U/f 控制方式下转矩补偿为 0 时的有效负载线。当转速为 n_x 时，对应于曲线 0 的负载转矩为 T_{Lx}；对应于曲线 1 的有效转矩为 T_{Mx}。因此，在低频运行时，电动机的转矩与负载转矩相比，具有较大的余量。为了节能，变频器设置了若干低减 U/f 线，其有效转矩线如图 10-2 中的曲线 2 和曲线 3 所示。

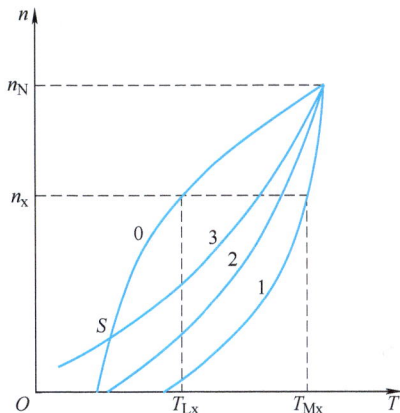

图 10-2　风机的机械特性和有效转矩线

在选择低减 U/f 线时，有时会发生难以起动的问题，如图 10-2 中的曲线 0 和曲线 3 相交于 S 点。显然，在 S 点以下，电动机是难以起动的。为此，可采取以下措施：

1）选择另一低减 U/f 线，例如曲线 2。

2）适当加大起动频率。

在设置变频器的参数时，一定要看清楚变频器说明书上注明的 U/f 线在出厂时默认的补偿量，一般变频器出厂时设置转矩补偿 U/f 线，即频率 $f_x = 0$ 时，补偿电压 U_x 为一定值，以适应低速时需要较大转矩的负载。但这种设置不适宜风机负载，因为风机低速时阻转矩很小，即使不补偿，电动机输出的电磁转矩都足以带动负载，为了节能，风机应采用负补偿的 U/f 线，这种曲线是在低速时减少电压 U_x，因此，也叫低减 U/f 线。如果用户对变频器出厂时设置的转矩补偿 U/f 线不加改变，就直接接上风机运行，节能效果就比较差了，甚至在个别情况下，还可能出现低频运行时因励磁电流过大而跳闸的现象。当然若变频器具有"自动节能"的功能设置，直接选取即可。

4. 变频器的参数预置

（1）上限频率　因为风机的机械特性具有二次方律特性，所以，当转速超过额定转速时，阻转矩将增大很多，容易使电动机和变频器处于过载状态，因此，上限频率 f_H 不应超过额定频率 f_N。

（2）下限频率　从特性或工作状况来说，风机对下限频率 f_L 没有要求，但转速太低时，风量太小，在多数情况下无实际意义。一般可预置为：$f_L \geqslant 20\text{Hz}$。

（3）加、减速时间　风机的惯性很大，加速时间过短，容易产生过电流；减速时间过短，容易引起过电压。一般风机起动和停止的次数很少，起动和停止时间不会影响正常生产。所以加、减速时间可以设置长些，具体时间可根据风机的容量大小而定。通常是风机容量越大，加、减速时间设置越长。

（4）加、减速方式 风机在低速时阻转矩很小，随着转速的增高，阻转矩增大得很快；反之，在停机开始时，由于惯性的原因，转速下降较慢。所以，加、减速方式以半S方式比较适宜。

（5）回避频率 风机在较高速运行时，由于阻转矩较大，容易在某一转速下发生机械谐振。遇到机械谐振时，极易造成机械事故或设备损坏，因此必须考虑设置回避频率。可采用试验的方法进行预置，即反复缓慢地在设定的频率范围内进行调节，观察产生谐振的频率范围，然后进行回避频率设置。

（6）起动前的直流制动 为保证电动机在零速状态下起动，许多变频器具有"起动前的直流制动"功能设置。这是因为风机在停机后，其风叶常常因自然风而处于反转状态，这时让风机起动，则电动机处于反接制动状态，会产生很大的冲击电流。为避免此类情况出现，要进行"起动前的直流制动"功能设置。

5. 风机变频调速系统的电路原理图

一般情况下，风机采用正转控制，所以电路比较简单。但考虑到变频器一旦发生故障，也不能让风机停止工作，应具有将风机由变频运行切换为工频运行的控制。

图10-3所示为风机变频调速系统的电路原理图。

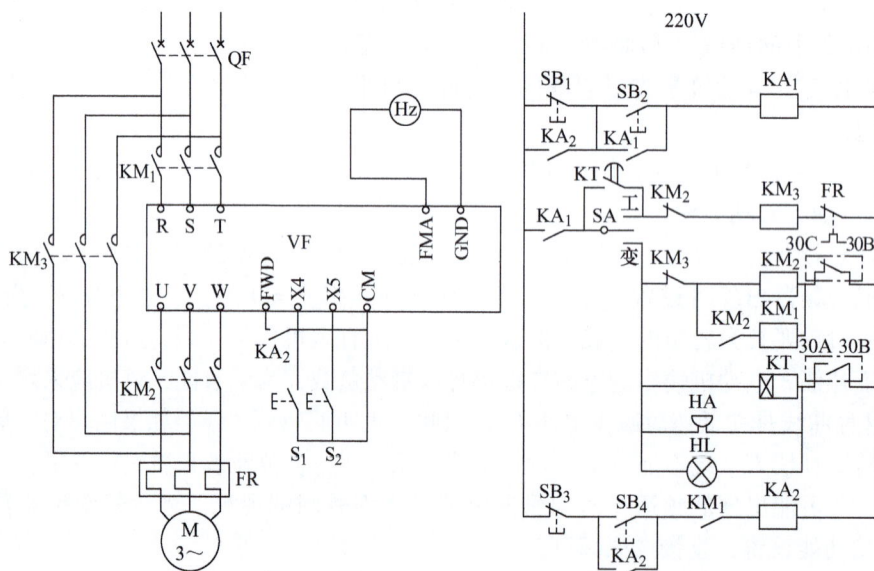

图10-3 风机变频调速系统的电路原理图

风机变频调速系统的电路原理图说明如下：

（1）变频器的接线与功能代码 图中所用变频器为森兰BT12S系列，输入端R、S、T通过控制电器接至电源，输出端U、V、W通过电器接至电动机，使用时绝对不允许接反。控制端子FWD为正转起动端，为保证电动机单向正转运行，将FWD与公共端CM相接。

变频器的功能预置为：

F01 = 5 频率由X4、X5设定。

F02 = 1　使变频器处于外部 FWD 控制模式。

F28 = 0　使变频器的 FMA 输出功能为频率。

F40 = 4　设置电动机极数为 4 极。

FMA 为模拟信号输出端，可在 FMA 和 GND 两端之间跨接频率表，用于监视变频器的运行频率。

F69 = 0　选择 X4、X5 端子功能，即用控制端子的通断实现变频器的升、降速。

X5 与公共端 CM 接通时，频率上升；X5 与公共端 CM 断开时，频率保持。

X4 与公共端 CM 接通时，频率下降；X4 与公共端 CM 断开时，频率保持。

这里使用两个按钮 S_1 和 S_2 分别与 X4 和 X5 相接，按下按钮 S_2 使 X5 与公共端 CM 接通，控制频率上升；松开按钮 S_2，X5 与公共端 CM 断开，频率保持。

同样，按下按钮 S_1 使 X4 与公共端 CM 接通，控制频率下降；松开按钮 S_1，X4 与公共端 CM 断开，频率保持。

（2）主电路　三相工频电源通过断路器 QF 接入，接触器 KM_1 用于将电源接至变频器的输入端 R、S、T；接触器 KM_2 用于将变频器的输出端 U、V、W 接至电动机；接触器 KM_3 用于将工频电源直接接至电动机。**注意**：接触器 KM_2 和 KM_3 不允许同时接通，否则会造成损坏变频器的后果，因此，接触器 KM_2 和 KM_3 之间必须有可靠的互锁。热继电器 FR 用于工频运行时的过载保护。

（3）控制电路　为便于对风机进行"变频运行"和"工频运行"的切换，控制电路采用三位开关 SA 进行选择。

当 SA 合至"工频运行"位置时，按下起动按钮 SB_2，中间继电器 KA_1 动作并自锁，进而使接触器 KM_3 动作，电动机进入工频运行状态。按下停止按钮 SB_1，中间继电器 KA_1 和接触器 KM_3 均断电，电动机停止运行。

当 SA 合至"变频运行"位置时，按下起动按钮 SB_2，中间继电器 KA_1 动作并自锁，进而使接触器 KM_2 动作，将电动机接至变频器的输出端。接触器 KM_2 动作后使接触器 KM_1 也动作，将工频电源接至变频器的输入端，并允许电动机起动。同时使连接到接触器 KM_3 线圈控制电路中的接触器 KM_2 的常闭触点断开，确保接触器 KM_3 不能接通。

按下按钮 SB_4，中间继电器 KA_2 动作，电动机开始加速，进入"变频运行"状态。中间继电器 KA_2 动作后，停止按钮 SB_1 失去作用，以防止直接通过切断变频器电源使电动机停机。

在变频运行中，如果变频器因故障而跳闸，则变频器的"30B-30C"保护触点断开，接触器 KM_1 和 KM_2 线圈均断电，其主触点切断了变频器与电源之间，以及变频器与电动机之间的连接。同时"30B-30A"触点闭合，接通报警扬声器 HA 和报警灯 HL 进行声光报警。同时，时间继电器 KT 得电，其触点延时一段时间后闭合，使 KM_3 动作，电动机进入工频运行状态。

操作人员发现报警后，应及时将选择开关 SA 旋至"工频运行"位，这时，声光报警停止，并使时间继电器断电。

10.1.3　节能计算

对于风机设备采用变频调速后的节能效果，可根据已知风机在不同控制方式下的流量与负载关系曲线及现场运行的负荷变化情况进行计算。

以一台工业锅炉使用的30kW鼓风机为例。一天24h连续运行，其中每天10h运行在90%负荷（频率按46Hz计算，挡板调节时电动机功率损耗按98%计算），14h运行在50%负荷（频率按20Hz计算，挡板调节时电动机功率损耗按70%计算）；全年运行时间以300d为计算依据。则变频调速时每年的节电量为

$$W_1 = 30 \times 10 \times [1 - (46/50)^3] \times 300 kW \cdot h = 19918 kW \cdot h$$

$$W_2 = 30 \times 14 \times [1 - (20/50)^3] \times 300 kW \cdot h = 117936 kW \cdot h$$

$$W_b = W_1 + W_2 = (19918 + 117936) kW \cdot h = 137854 \ kW \cdot h$$

挡板开度时的节电量为

$$W_1 = 30 \times (1 - 98\%) \times 10 \times 300 kW \cdot h = 1800 kW \cdot h$$

$$W_2 = 30 \times (1 - 70\%) \times 14 \times 300 kW \cdot h = 37800 kW \cdot h$$

$$W_d = W_1 + W_2 = (1800 + 37800) kW \cdot h = 39600 kW \cdot h$$

相比较节电量为 $W = W_b - W_d = (137854 - 39600) kW \cdot h = 98254 kW \cdot h$

每1kW·h电按0.6元计算，则采用变频调速每年可节约电费58952元。一般来说，变频调速技术用于风机设备改造的投资，通常可以在1年左右的生产中全部收回。

10.2 空气压缩机的变频调速及应用

空气压缩机在工矿企业生产中应用广泛，它担负着为各种气动元件和气动设备提供气源的重任。空气压缩机运行的好坏直接影响着生产工艺和产品质量。

10.2.1 空气压缩机变频调速机理

空气压缩机是一种把空气压入储气罐中，使之保持一定压力的机械设备，属于恒转矩负载，其运行功率与转速成正比，即

$$P_L = \frac{T_L n_L}{9550} \tag{10-4}$$

式中，P_L为空气压缩机的功率；T_L为空气压缩机的转矩；n_L为空气压缩机的转速。

所以单就运行功率而言，采用变频调速控制其节能效果远不如风机泵类二次方负载显著，但空气压缩机大多处于长时间连续运行状态，传统的工作方式为进气阀开、关控制方式，即压力达到上限时关阀，压缩机进入轻载运行；压力达到下限时开阀，压缩机进入满载运行。这种频繁地加减负荷过程，不仅使供气压力波动，而且使空气压缩的负荷状态频繁地变换。由于设计时压缩机不能排除在满负荷状态下长时间运行的可能性，所以只能按最大需求来选择电动机的容量，故选择的电动机容量一般较大。在实际运行中，轻载运行的时间往往所占的比例是非常高的，这就造成巨大的能源浪费。

值得指出的是，供气压力的稳定性对产品质量的影响是很大的，通常生产工艺对供气压力有一定要求，若供气压力偏低，则不能满足工艺要求，就可能出现废品。所以为了避免气压不足，一般供气压力较要求值要偏高些，但这样会使供气成本高、能耗大，同时也会产生一定的不安全因素。

10.2.2　空气压缩机加、卸载供气控制方式存在的问题

1. 空气压缩机加、卸载供气控制方式的能量浪费

空气压缩机加、卸载控制方式使得压缩气体的压力在 $P_{min} \sim P_{max}$ 之间来回变化。其中，P_{min} 为能够保证用户正常工作的最低压力值；P_{max} 为设定的最高压力值。一般情况下，P_{max} 和 P_{min} 之间的关系可表示为

$$P_{max} = (1 + \delta)P_{min} \qquad (10\text{-}5)$$

式中，δ 的数值大致在 10%~25% 之间。

若采用变频调速技术连续调节供气量，则可将管网压力始终维持在能满足供气的工作压力上，即等于 P_{min} 的数值。

由此可见，加、卸载供气控制方式浪费的能量主要在三个部分：

（1）压缩空气压力超过 P_{min} 所消耗的能量　当储气罐中空气压力达到 P_{min} 后，加、卸载供气控制方式还要使其压力继续上升，直到 P_{max}。这一过程中需要电源提供压缩机能量，从而导致能量损失。

（2）减压阀减压消耗的能量　气动元件的额定气压在 P_{min} 左右，高于 P_{min} 的气体在进入气动元件前，其压力需要经过减压阀减压至接近 P_{min}。这一过程同样是一个耗能过程。

（3）卸载时调节方法不合理所消耗的能量　通常情况下，当压力达到 P_{max} 时，空气压缩机通过如下方法来降压卸载：关闭进气阀使空气压缩机不需要再压缩气体做功，但空气压缩机的电动机还是要带动螺杆做回转运动，据测算，空气压缩机卸载时的能耗约占空气压缩机满载运行时的 10%~15%，在卸载时间段内，空气压缩机在做无用功，白白地消耗能量。同时将分离罐中多余的压缩空气通过放空阀放空，这种调节方法也要造成很大的能量浪费。

2. 加、卸载供气控制方式的其他损失

1）靠机械方式调节进气阀，使供气量无法连续调节，当用气量不断变化时，供气压力不可避免地产生较大幅度的波动，从而使供气压力精度达不到工艺要求，就会影响产品质量甚至造成废品。再加上频繁调节进气阀，会加速进气阀的磨损，增加维修量和维修成本。

2）频繁地打开和关闭放气阀，会导致放气阀的寿命大大缩短。

10.2.3　空气压缩机变频调速控制方式的设计

1. 空气压缩机变频调速系统概述

变频器是基于交-直-交电源变换原理，集电力电子和微型计算机控制等技术于一身的综合性电气产品。变频器可根据控制对象的需要输出频率连续可调的交流电压。

由电动机知识知道，电动机转速与电源频率成正比，即

$$n = \frac{60f(1 - s)}{p} \qquad (10\text{-}6)$$

式中，n 为转速；f 为输入交流电频率；s 为电动机转差率；p 为电动机磁极对数。

因此，用变频器输出频率可调的交流电压作为空气压缩机电动机的电源电压，就可以方便地改变空气压缩机的转速。

空气压缩机采用变频调速技术进行恒压供气控制时，系统原理框图如图 10-4 所示。

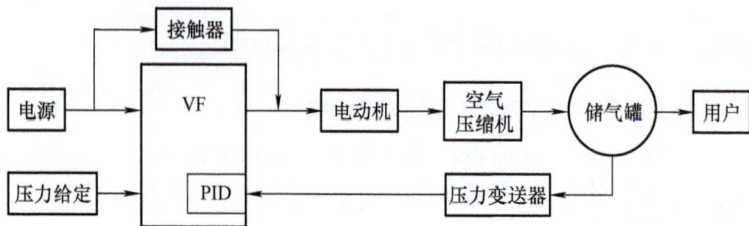

图 10-4　系统原理框图

变频调速系统将管网压力作为控制对象，压力变送器将储气罐的压力转变为电信号送给变频器内部的 PID 调节器，与压力给定值进行比较，并根据差值的大小按既定的 PID 控制模式进行运算，产生控制信号去控制变频器的输出电压和逆变频率，调整电动机的转速，从而使实际压力始终维持在给定压力。另外，采用该方案后，空气压缩机电动机从静止到稳定转速可由变频器实现软起动，避免了起动时的大电流和起动给空气压缩机带来的机械冲击。

正常情况下，空气压缩机在变频器调速控制方式下工作。考虑到一旦变频器出现故障时，生产工艺过程不允许空气压缩机停机，因此系统设置了工频与变频切换功能，这样当变频器出现故障时，可由工频电源通过接触器直接供电，使空气压缩机照常工作。

2. 变频器的选择

由于空气压缩机是恒转矩负载，故变频器应选用通用型的。又因为空气压缩机的转速也不允许超过额定值，电动机不会过载，一般变频器出厂标注的额定容量都具有一定的余量安全系数，所以选择变频器容量与所驱动的电动机容量相同即可。若考虑更大的余量，也可以选择比电动机容量大一个级别的变频器，但价格要高出不少。

假设改造的空气压缩机电动机型号为 LS286TSC-4，功率为 22kW，频率为 50Hz，额定电压为 380V，额定电流为 42A，4 极，转速为 1470r/min。可以选用一台三菱 FR-A540-22K 型变频器，配用电动机容量为 22kW，额定容量为 32.8kV·A，额定电流为 43A，额定过电流能力为 150%（1min），内置有 PID 调节器。

3. 变频器的运行控制方式选择

由于空气压缩机的运转速度不宜太低，对机械特性的硬度无特殊要求，故可采用 U/f 控制方式。

4. 空气压缩机变频调速系统电路原理图

空气压缩机变频调速系统电路原理图如图 10-5 所示。

5. 变频器的端子连接说明

1）R、S、T 为变频器的三相交流电源输入端子，U、V、W 为变频电压输出端子。

2）变频器的接线端子 R1、S1 为控制电源引入端，一般在变频器通电前，需事先对变频器的有关功能进行预置，故 R1、S1 应接至接触器主触点 KM_1 的前面。

3）变频器对外输出控制端子 IPF、OL 和 FU 都是晶体管集电极开路输出，只能用于 36V 以下的直流电路内。电路中常采用线圈电压为 24V 的继电器 KA_1、KA_2 和 KA_3 来过渡，即由这 3 个继电器分别控制 3 个交流接触器：KA_1 控制 KM_1；KA_2 控制 KM_2；KA_3 控制 KM_3。当 KM_1、KM_2 接通时，空气压缩机在变频器控制下运行，当 KM_3 接通时，空气压缩机在工频电源控制下运行。

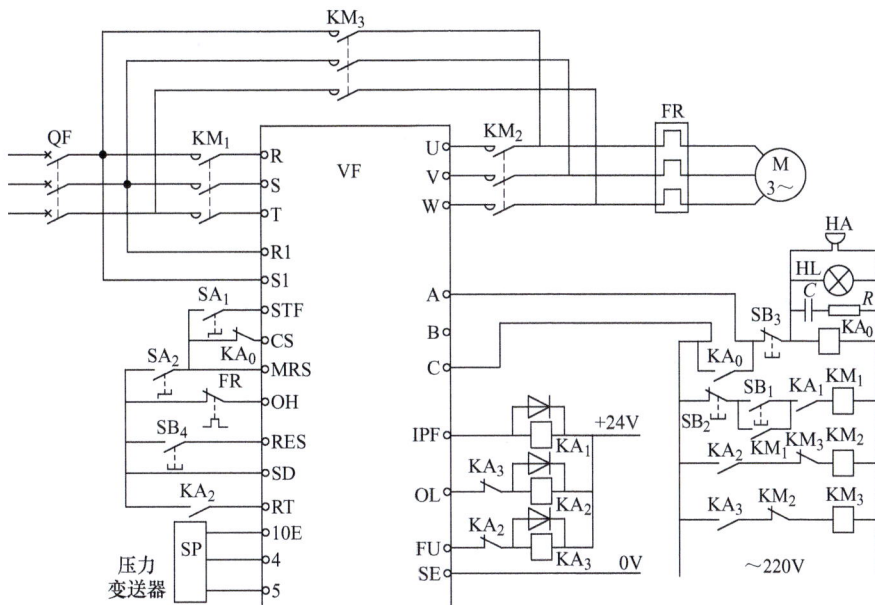

图 10-5　空气压缩机变频调速系统电路原理图

4）A、B、C 为出现故障报警异常输出端，正常时 A-C 间不通；异常时 A-C 间通。

5）端子 MRS，当与公共端 SD 接通（ON）时，变频运行和工频运行切换有效；不通（OFF）时操作无效。

6）端子 CS，当与公共端 SD 接通（ON）时，变频运行；不通（OFF）时工频运行。

7）端子 STF，当与公共端 SD 接通（ON）时，电动机正转；不通（OFF）时电动机停止。

8）端子 OH，当与公共端 SD 接通（ON）时，电动机正常；不通（OFF）时电动机过载。

9）端子 RES，当与公共端 SD 接通（ON）时，初始化；不通（OFF）时正常运行。

10）端子 RT，当与公共端 SD 接通（ON）时，进入 PID 运行状态；不通（OFF）时 PID 不起作用。

6. 压力变送器的选用与连接

根据用户要求的供气压力为 0.6MPa，我们选择的压力变送器型号：DG1300-BZ-A-2-2，量程为 0 ~ 1MPa，输出 4 ~ 20mA 的模拟信号，精确度为 0.5% FS。

压力变送器的连接说明如下：

1）10E 端与 5 号端为压力变送器提供电源 DC10V。但需注意，若压力变送器需要 DC 24V 电源，则应另行配置。

2）压力反馈信号从 4 号端（电流信号）输入。

3）压力给定信号通过面板上的键盘进行设定，也可以通过外接电位器进行设定，本例中采用前者。

7. 热继电器保护

为防止在工频运行状态下电动机过载，在电动机的电源接入电路中串有热继电器 FR。

8. 变频器的功能预置

使用前，必须对变频器的以下功能进行预置：

(1) 上限频率 由于空气压缩机的转速一般不允许超过额定值，故

$$f_H \leqslant f_N$$

式中，f_H 为设置上限频率；f_N 为额定频率。

(2) 下限频率 空气压缩机采用变频调速后，其下限频率的预置要视压缩机的机种的工作状况而定，一般说来，其范围约为

$$30\,\text{Hz} \leqslant f_L \leqslant 40\,\text{Hz}$$

式中，f_L 为设置下限频率。

(3) 加、减速时间 空气压缩机有时需要在储气罐已经有一定压力的情况下起动，这时通常要求快一点加速，故加速时间应尽可能缩短（以起动过程不因过电流而跳闸为原则）；减速时间可参照加速时间进行预置（以制动过程不因过电压而跳闸为原则）。

(4) 升、降速方式 空气压缩机对升、降速方式无特殊要求，可设置为线性方式。

(5) 操作模式 由于变频器的切换功能只能在外部运行下有效，因此设置：

Pr. 79：预置为"2"，使变频器进入"外部运行模式"。

(6) 切换功能

1) Pr. 135：预置为"1"，使切换功能有效。

2) Pr. 136：预置为"0.3"，使切换 KA_2、KA_3 互锁时间预置为 0.3s。

3) Pr. 137：预置为"0.5"，起动等待时间预置为 0.5s。

4) Pr. 138：预置为"1"，使报警时切换功能有效，即让 KA_2 断开、KA_3 闭合。

5) Pr. 139：预置为"9999"，使到达某一频率的自动切换功能失效。

(7) 输入多功能端子

1) Pr. 185：预置为"7"，使 JOG 端子变为 OH 端子，用于接受外部热继电器的控制信号。

2) Pr. 186：预置为"6"，使 CS 端子用于自动再起动控制。

(8) 输出多功能端子

1) Pr. 192：预置为"17"，使 IPF 端子用于控制 KA_1。

2) Pr. 193：预置为"18"，使 OL 端子用于控制 KA_2。

3) Pr. 194：预置为"19"，使 FU 端子用于控制 KA_3。

9. 空气压缩机变频调速系统工作过程

1) 首先使旋钮开关 SA_2 闭合，接通 MRS，允许进行切换，由于 Pr. 135 功能已经预置为"1"，切换功能有效，这时，继电器 KA_1、KA_2 吸合，接触器 KM_2 得电。

2) 按下按钮 SB_1，接触器 KM_1 吸合，变频器接通电源和电动机。

3) 闭合旋钮开关 SA_1，变频器进入运行状态，开始软起动电动机，使电动机缓慢升速至压力给定位置稳定运转。

4) 当变频器发生故障时，"报警输出"端 A-C 之间接通，继电器 KA_0 吸合，其动断触点使端子 CS 断开，允许进行变频和工频之间的切换；同时蜂鸣器 HA 和指示灯 HL 进行声光报警。

5) 继电器 KA_1、KA_2 断开，继电器 KA_3 吸合，使接触器 KM_1、KM_2 断开，接触器 KM_3 吸合，进行由变频运行转为工频运行的切换。

6) 操作人员按下按钮 SB_3，可解除声光报警，并对变频器进行检修。

10.2.4　空气压缩机变频调速控制方式的安装调试

1. 安装

为防止电网与变频器之间的干扰，在变频器的输入侧最好接一个电抗器。安装时控制柜与空气压缩机之间的主配线不要超过 30m，主配线与控制线要分开走线，且保持一定距离。控制电路的配线采用屏蔽双绞线，接线距离应在 20m 以内。另外控制柜内要装有换气扇，变频器接地端子要可靠接地，不允许与动力接地混用。

2. 调试

在完成变频器的功能设定及空载运行后，可进行系统联动调试。调试的主要步骤如下：

1）将变频器接入系统。

2）进行工频控制运行。

3）进行变频控制运行，其中包括开环控制与闭环控制两部分调试。

开环控制：此时主要观察变频器频率上升的情况，设备的运行声音是否正常，空气压缩机的压力上升是否稳定，压力变送器显示是否正常，设备停机是否正常等。如一切正常，则可进行闭环的调试。

闭环控制：主要依据变频器频率上升与下降的速度和空气压缩机压力的升降相匹配，不要产生压力振荡，还要注意观察机械共振点，将共振点附近的频率跳过去。

接着对 PID 参数进行整定，由于空气压缩机系统对过渡过程时间无要求，故我们可以采用 PI 调节方式，以减少对变频器的冲击。

在对 PID 进行参数整定的过程中，我们首先根据经验法，将比例带设定为 70%，积分时间常数设定为 60s；为不影响生产，我们采取改变给定值的方法使压力给定值有个突变（相当于一个阶跃信号），然后观察其响应过程（即压力变化过程）。经过多次调整，在比例带 $P=40\%$、积分时间常数 $T_i=12s$ 时，我们观察到压力的响应过程较为理想。压力给定值改变大约 5min（约一个多周期）后，振幅在极小的范围内波动，对扰动反应达到了预期的效果。

调试过程中，将下限频率调至 40Hz，然后用红外线测温仪对空气压缩机电动机的温升进行了长时间、严格的监测，电动机温升在 3~6℃ 之间，属正常温升范围。所以在 40Hz 下限频率下运行对空气压缩机机组的工作并无多大的影响。

10.2.5　空气压缩机变频调速后的效益

1. 节约能源使运行成本降低

空气压缩机的运行成本由三项组成：初始采购成本、维护成本和能源成本。其中能源成本大约占空气压缩机运行成本的 80%。通过变频技术改造后能源成本降低 20%，再加上变频起动后对设备的冲击减少，维护和维修量也跟着降低，所以运行成本将大大降低。通过测算，运行一年节约的成本费用就可以收回改造的投资。

2. 提高压力控制精度

变频控制系统具有精确的压力控制能力，能使空气压缩机的空气压力输出与用户空气系统所需的气量相匹配。变频控制空气压缩机的输出气量随着电动机转速的改变而改变。由于变频控制使电动机的转速精度提高，所以它可以使管网的系统压力保持恒定，有效地提高了产品的质量。

3. 全面改善空气压缩机的运行性能

变频器从0Hz起动空气压缩机，它的起动加速时间可以调整，从而减少起动时对空气压缩机的电器部件和机械部件所造成的冲击，增强系统的可靠性，使空气压缩机的使用寿命延长。此外，变频控制能够减少机组起动时的电流波动（这一波动电流会影响电网和其他设备的用电，变频器能够有效地将起动电流的峰值减少到最低程度）。根据空气压缩机的工作状况要求，变频调速改造后，电动机转速明显减慢，因此有效降低了空气压缩机运行时的噪声。现场测定表明，噪声与原系统比较下降约3~7dB。

10.3 变频器在供水系统节能中的应用

城市自来水管网的水压一般规定保证6层以下楼房的用水，其余上部各层均须"提升"水压才能满足用水要求。以前大多采用水塔、高位水箱，或气压罐增压设备，但它们都必须由水泵以高出实际用水高度的压力来"提升"水量，其结果增大了水泵的轴功率和能耗。

恒压供水控制系统的基本控制策略是：采用变频器对水泵电动机进行变频调速，组成供水压力的闭环控制系统，系统的控制目标是泵站总管的出水压力，系统设定的给水压力值与反馈的总管压力实际值进行比较，其差值输入CPU进行运算处理后，发出控制指令，改变水泵电动机的转速和控制水泵电动机的投运台数，从而使给水总管压力稳定在设定的压力值。

10.3.1 恒压供水的控制目的

对供水系统的控制，归根结底是为了满足用户对流量的需求。所以，流量是供水系统的基本控制对象。而流量的大小又取决于扬程，但扬程难以进行具体测量和控制。考虑到在动态情况下，管道中水压的大小（用压力p表示）与供水能力（用流量Q_g表示）和用水需求（用水量Q_u表示）之间的平衡有关。

当供水能力Q_g大于用水需求Q_u时，压力上升（$p\uparrow$）。

当供水能力Q_g小于用水需求Q_u时，压力下降（$p\downarrow$）。

当供水能力Q_g等于用水需求Q_u时，压力不变（p为常数）。

可见，供水能力与用水需求之间的矛盾具体反映在流体压力的变化上。因此，压力就成为控制流量大小的参变量。就是说，保持供水系统中某处压力的恒定，也就保证了该处的供水能力和用水流量处于平衡，恰到好处地满足了用户所需的用水流量，这就是恒压供水所要达到的目的。

10.3.2 水泵调速节能原理

1. 水泵的扬程特性

在水泵的轴功率一定的前提下，扬程H与流量Q之间的关系$H = f(Q)$，称为扬程特性。其曲线如图10-6中的曲线2和曲线4所示。曲线2为水泵转速较高的情况；曲线4为水泵转速降低的情况。

2. 管路的阻力特性

装置的扬程 H_C 与管路的流量 Q 之间的关系 $H_C = f(Q)$，称为管路的阻力特性。其曲线如图 10-6 中的曲线 1 和曲线 3 所示。曲线 1 为开大管路阀门（管阻较小）的情况；曲线 3 为关小管路阀门（管阻较大）的情况。

3. 调节流量的方法

如果图 10-6 中的曲线 1 表示阀门全部打开时，供水系统的阻力特性；曲线 2 表示水泵额定转速时的扬程特性，则这时供水系统工作在 A 点：流量为 Q_A，扬程为 H_A。电动机的轴功率与面积 OQ_AAH_A 成正比。要将流量调整为 Q_B，有两种方法：

（1）转速不变，将阀门关小　工作点移至 B 点，流量为 Q_B，扬程为 H_B。电动机的轴功率与面积 OQ_BBH_B 成正比。

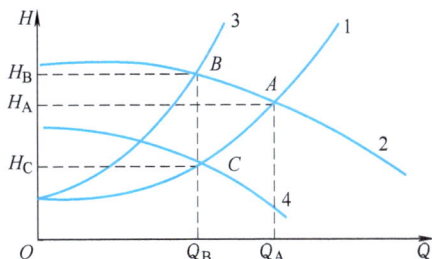

图 10-6　水泵的流量调节

（2）阀门的开度不变，降低转速　阀门的开度不变，降低转速后扬程特性曲线如图 10-6 中的曲线 4 所示，工作点移至 C 点，流量仍为 Q_B，扬程为 H_C。电动机的轴功率与面积 OQ_BCH_C 成正比。

将上述两种方法加以对比，可明显地看出，采用调节转速的方法来调节流量，电动机所用的功率将大为减少。

10.3.3　变频调速恒压供水系统

1. 水泵的机械特性及其对转速的要求

水泵的机械特性可表示为

$$T_L = T_0 + Kn^2 \tag{10-7}$$

式中，T_0 为损耗转矩；K 为系数；T_L 为水泵的阻转矩。

由式（10-7）可见：若忽略损耗转矩 T_0，则水泵的阻转矩 T_L 几乎与转速的二次方成正比，如果转速超出额定转速，T_L 将超出额定转矩很多，使拖动系统严重过载，对电动机和水泵非常不利，所以水泵是禁止在额定转速以上运行的；当 $n = 0$ 时，$T_L = T_0$，由于 T_0 一般较小，所以水泵对起动转矩的要求不高。

此外，供水系统对供水量精度和动态响应的要求都不是很高，故采用 U/f 控制方式已经足够，不必采用矢量控制方式。多数情况下，供水系统常根据供水压力的反馈信号构成恒压供水的闭环系统，系统应具有 PID 控制环节，以使系统快速稳定。

2. 变频调速恒压供水系统的组成

变频调速恒压供水系统的组成框图如图 10-7 所示。

由图 10-7 可知，变频器有两个控制信号：

（1）目标信号 X_t　给定端 VRF 上得到的信号，该信号是一个与压力控制目标相对应的值，通常用百分数表示。目标信号也可由键盘直接给定，而不必通过外接电路给定。

（2）反馈信号 X_f　是压力变送器 BP 反馈回来的信号，该信号是一个反映实际压力的信号。

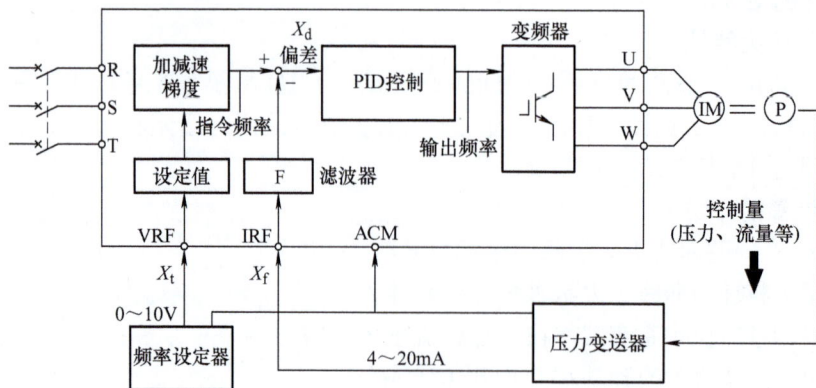

图10-7 变频调速恒压供水系统的组成框图

为保证供水流量需求，管网通常采用多台水泵联合供水。为节约设备投资，往往只用一台变频器控制多台水泵协调工作。因此现在的供水专用变频器几乎都是将普通变频器与PID调节器以及PLC集成在一起，组成供水管控一体化系统，只需加一只压力传感器，即可方便地组成供水闭环控制系统。传感器反馈的压力信号直接送入变频器自带的PID调节器输入口；而压力设定既可使用变频器的键盘设定，也可采用一只电位器以模拟量的形式送入。既可每日设定多段压力运行，以适应供水压力的需要，也可设定指定日供水压力。面板可以直接显示压力反馈值（MPa）。

3. 压力变送器

压力变送器输出信号是随压力而变的电压或电流信号。当距离较远时，应取电流信号以消除因线路压降而引起的误差。通常取4～20mA，以利于区别零信号（信号系统工作正常，信号值为零）和无信号（信号系统因断路或未工作而没有信号）。压力变送器一般选取在离水泵出水口较远的地方，否则容易引起系统振荡。

4. 远传压力表

远传压力表的基本结构是在压力表的指针轴上附加了一个能够带动电位器滑动触点的装置。因此，从电路器件的角度看，实际上是一个电阻值随压力而变的电位器。使用时可将远传压力表与变频器直接连接。图10-7中的P即为远传压力表。

5. 系统的工作过程

图10-7中，X_t和X_f两者是相减的，其合成信号$X_d = (X_t - X_f)$经过PID调节处理后得到频率给定控制信号，决定变频器的输出频率f_x。

当用水需求减少时，供水能力Q_g大于用水需求Q_u，则供水压力上升，$X_f\uparrow\to$合成信号$(X_t - X_f)\downarrow\to$变频器输出频率$f_x\downarrow\to$电动机转速$n_x\downarrow\to$供水能力$Q_g\downarrow\to$直至压力大小回复到目标值，供水能力与用水需求重新平衡（$Q_g = Q_u$）时为止；反之，当用水需求增加（$Q_g < Q_u$）时，则$X_f\downarrow\to(X_t - X_f)\uparrow\to f_x\uparrow\to n_x\uparrow\to Q_g\uparrow\to Q_g = Q_u$，又达到新的平衡。

如果管网系统采用多台水泵供水，则变频器可控制其顺序循环运行，并且可以实现所有水泵电动机软起动。现以两台水泵为例，说明系统按 I→II→III→IV→I 顺序运行的过程，如图10-8所示。

开始时假设系统用水量不大，只有1号泵在变频运行，2号泵停止，系统处于状态 I；

```
        ┌─────────────────┐         ┌─────────────────┐
    I   │ 1号泵变频运行   │ ◄────── │ 1号泵变频运行   │  IV
        │ 2号泵停止       │         │ 2号泵工频运行   │
        └─────────────────┘         └─────────────────┘
                 │                            ▲
                 ▼                            │
        ┌─────────────────┐         ┌─────────────────┐
    II  │ 1号泵工频运行   │ ──────► │ 1号泵停止       │  III
        │ 2号泵变频运行   │         │ 2号泵变频运行   │
        └─────────────────┘         └─────────────────┘
```

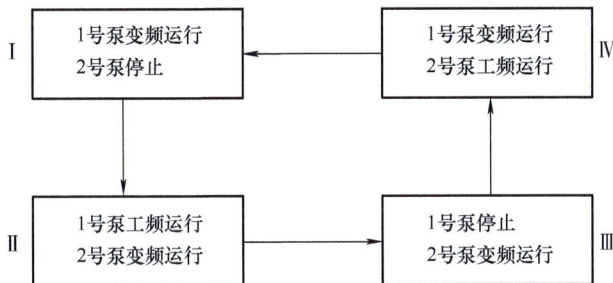

图 10-8　两台水泵供水时顺序运行过程

当用水量增加，变频器频率随之增加，1 号泵电动机转速增加，当频率增加到 50Hz 最高转速运行时，意味着只有一台水泵工作满足不了用户的用水需求，这时供水系统就控制 1 号泵电动机从变频电源切换到工频电源，而变频器驱动 2 号泵电动机，系统处于状态Ⅱ；在这之后若用水量减少，则变频器频率下降，若降到设定的下限频率时，即表明一台水泵即可满足用户需求，此时在系统控制下，1 号泵电动机停机，2 号泵电动机变频运行，系统过渡到状态Ⅲ；当用水量又增加，变频器频率达到 50Hz 时，系统过渡到状态Ⅳ；系统处于状态Ⅳ时，若用水量又减小，变频器频率下降到设定下限频率，系统又从状态Ⅳ过渡到状态Ⅰ，如此循环往复。

10.3.4　变频调速恒压供水系统设计

1. 设备选择原则

做供水系统设计时，应先选择水泵和电动机，选择依据是供水规模（供水流量）。而供水规模和住宅类型以及用户数有关。现将有关选择依据原则使用表格示例如下。

1）不同住宅类型的用水标准，见表 10-1。

表 10-1　不同住宅类型的用水标准

住宅类型	给水卫生器具完善程度	用水标准/（m³/人日）	小时变化系数
1	仅有给水龙头	0.04 ~ 0.08	2.5 ~ 2.0
2	有给水卫生器具，但无淋浴设备	0.085 ~ 0.13	2.5 ~ 2.0
3	有给水卫生器具，并有淋浴设备	0.13 ~ 0.19	2.5 ~ 1.8
4	有给水卫生器具，并无淋浴设备和集中热水供应	0.17 ~ 0.25	2.0 ~ 1.6

2）供水规模换算表，见表 10-2。表中左列为户数，上面一行为用水标准（m³/人日），中间数据为用水规模（m³/h）。

表 10-2　供水规模换算表

户数	用水标准/（m³/人日）			
	0.10	0.15	0.20	0.25
20	1.80	2.60	3.50	4.40
30	2.6	3.90	5.30	6.60
40	3.50	5.30	7.00	8.80
55	4.80	7.20	9.60	12.00

（续）

户数	用水标准/（m³/人日）			
	0.10	0.15	0.20	0.25
75	6.60	9.80	13.10	16.40
100	8.80	13.10	17.50	21.90
150	13.10	19.70	26.30	32.80
200	17.60	26.30	35.00	43.80
250	21.90	32.80	43.80	54.70
350	26.30	39.40	52.50	65.60
400	35.00	52.50	70.00	87.50
450	39.40	59.00	78.70	98.40
500	43.80	65.60	87.50	109.40
600	52.50	78.80	105.00	131.30
700	61.30	91.90	122.50	153.10
800	70.00	105.00	140.00	175.00
1000	87.50	131.30	175.00	218.80

3）根据供水量和供水高度确定水泵型号及台数，并对电动机和变频器进行选型，见表10-3。

表10-3 水泵、电动机和变频器选型表

用水量/（m³/h）	扬程/m	水泵型号	电动机功率/kW	配用变频器/kW
12×N	24	50DL12-12×2	3	3.7
	30	40LG12-15×2	2.2	2.2
	36	50DL12-12×3	3	3
	45	40LG12-15×3	3	3
	60	40LG12-15×4	4	4
24×N	40	50LG24-20×2	5.5	5.5
	60	50LG24-20×3	7.5	7.5
	80	50LG24-20×4	11	11
	100	50LG24-20×5	11	11
32×N	30	65DL32-15×2	5.5	5.5
	45	65DL32-15×3	7.5	7.5
	60	65DL32-15×4	11	11
	75	65DL32-15×5	15	15
	90	65DL32-15×6	15	15
	105	65DL32-15×7	18.5	18.5

（续）

用水量/（m³/h）	扬程/m	水泵型号	电动机功率/kW	配用变频器/kW
36 × N	40	65LG36-20 ×2	7.5	7.5
	60	65LG36-20 ×3	11	11
	80	65LG36-20 ×4	15	15
	100	65LG36-20 ×5	18.5	18.5
	120	65LG36-20 ×6	22	22
50 × N	40	80LG50-20 ×2	11	11
	60	80LG50-20 ×3	15	15
	80	80LG50-20 ×4	18.5	18.5
	100	80LG50-20 ×5	22	22
	120	80LG50-20 ×6	30	30
100 × N	40	100DL2	18.5	18.5
	60	100DL3	30	30
	80	100DL4	37	37
	100	100DL5	45	45
	120	100DL6	55	55

注：N 为水泵台数。

4）设定供水压力经验数据：平房供水压力 $p = 0.12$ MPa；楼房供水压力 $p = （0.08 + 0.04 ×$ 楼层数） MPa。

5）系统设计还应遵循以下的原则：

① 蓄水池容量应大于每小时最大供水量。

② 水泵扬程应大于实际供水高度。

③ 水泵流量总和应大于实际最大供水量。

2. 设计实例

某居民小区共有 10 栋楼，均为 7 层建筑，总居住 560 户，住宅类型为表 10-1 中的 3 型，试设计恒压供水变频调速系统。

（1）设备选用

1）根据表 10-1 确定用水量标准为 0.19m³/人日。

2）根据表 10-2 确定每小时最大用水量为 105m³/h。

3）根据 7 层楼高度可确定设置供水压力值为 0.36MPa。

4）根据表 10-3 确定水泵型号为 65LG36-20 × 2，共 3 台，水泵自带电动机功率为 7.5kW，选用三恳 SAMCO-vm05 变频器 SPF-7.5K，配接 SWS 供水基板，容量为 7.5kW。

（2）变频调速恒压供水系统的原理图设计　变频调速恒压供水系统采用三恳 SAMCO-vm05 变频器，内置有 PID 调节器，配置有 SWS 供水控制基板，可直接驱动多个电磁接触器，可以方便地组成恒压供水控制系统。图 10-9 所示为变频调速恒压供水系统的原理图。

现对图 10-9 中的几个控制要点加以说明：M_F 为冷却风机，SA 为选择开关，系统用户

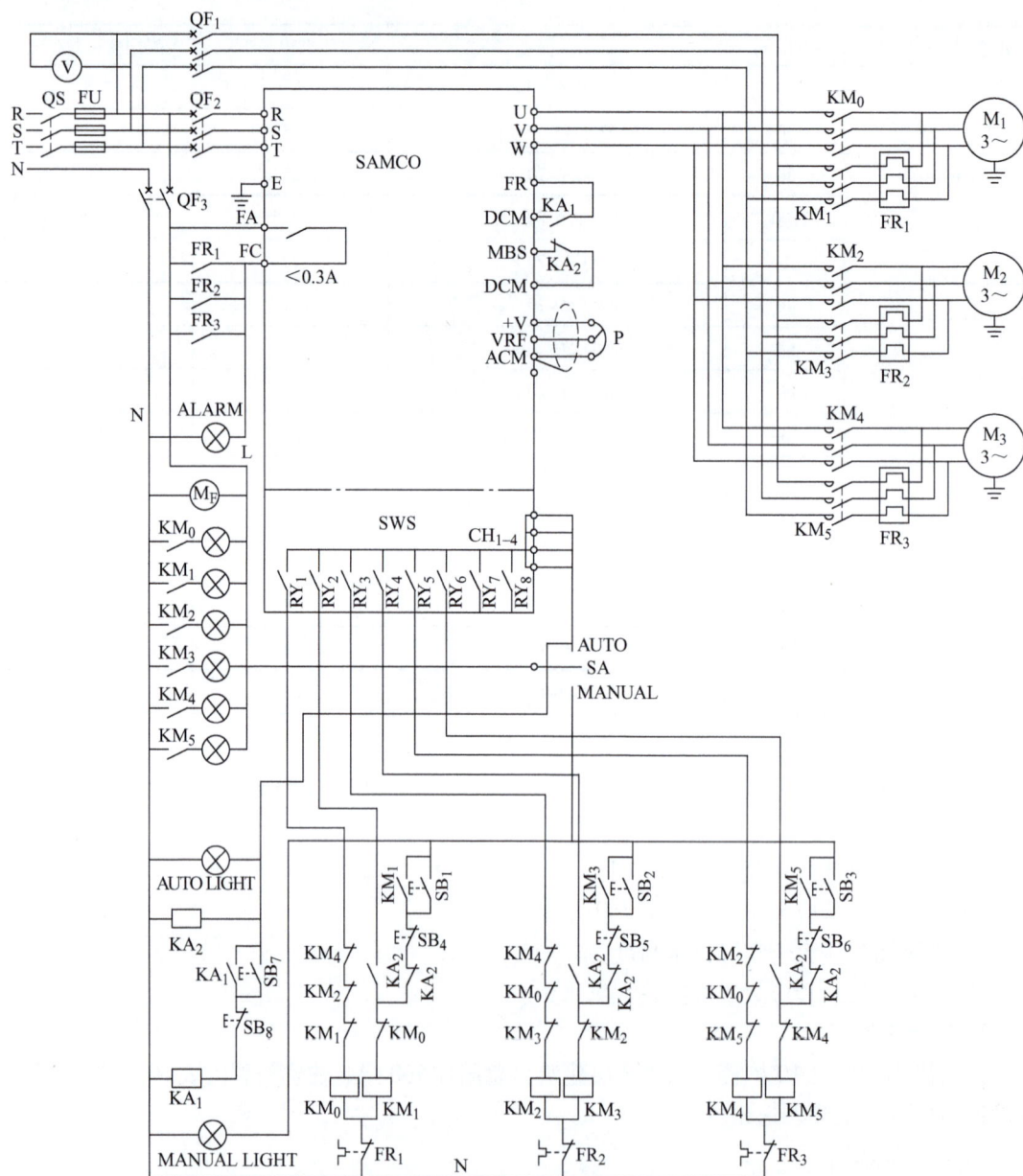

图 10-9　变频调速恒压供水系统的原理图

可方便地进行自动运转和手工运转的切换；给定压力是通过操作面板设置的；压力反馈用的压力传感器采用远传压力表，价格低廉，电路中的 P 为远传压力表；中间继电器 KA_2 是为了进行手动-自动电路之间的互锁并在发生瞬时停电时起作用，在发生停电时，KA_2 线圈失电，使辅助触点切换，MBS 与 DCM 接通，运转中的电动机空转停止。中间继电器 KA_1 用于电路自动工作时运转和停止的控制；按钮 SB_7 用于自动工作的起动；按钮 SB_8 用于自动工作的停止。当选择开关 SA 置于手工运转位置时，分别按下按钮 SB_1、SB_2、SB_3 可起动电动机 M_1、M_2、M_3；分别按下按钮 SB_4、SB_5、SB_6 可停止电动机 M_1、M_2、M_3。当由市电工频电源驱动电动机时，电动机回路中串接有热敏继电器进行过载保护；由于变频器和市电可切换驱动电动机，故必须使用电磁接触器触点互锁，防止双方的电磁接触器同时接通而损坏变频器。

（3）系统主要电器的选择

1）断路器 QF_2 选择。断路器具有隔离、过电流及欠电压等保护功能，当变频器的输入侧发生短路或电源电压过低等故障时，可迅速进行保护。考虑变频器允许的过载能力为150%，1min。所以为了避免误动作，断路器 QF_2 的额定电流 I_{QN} 应选

$$I_{QN} \geqslant (1.3 \sim 1.4)I_N = (1.3 \sim 1.4) \times 16.4A = (21.32 \sim 22.96)A \quad QF_2 \text{ 选 } 30A$$

式中，I_N 为变频器的输出电流，$I_N = 16.4A$。

2）断路器 QF_1 选择。在电动机要求实现工频和变频切换驱动的电路中，断路器应按电动机在工频下的起动电流来考虑，断路器 QF_1 的额定电流 I_{QN} 应选

$$I_{QN} \geqslant 2.5I_{MN} = 2.5 \times 13.6A = 34A \quad QF_1 \text{ 选 } 40A$$

式中，I_{MN} 为电动机的额定电流，$I_{MN} = 13.6A$。

3）接触器的选择。接触器的选择应考虑到电动机在工频下的起动情况，其触点电流通常可按电动机的额定电流再加大一个档次来选择，由于电动机的额定电流 $I_{MN} = 13.6A$，所以接触器的触点电流选20A即可。

（4）安装与配线注意事项

1）变频器的输入端 R、S、T 和输出端 U、V、W 是绝对不允许接错的，否则将引起两相间的短路而将逆变管迅速烧坏。

2）变频器都有一个接地端子"E"，用户应将此端子与大地相接。当变频器和其他设备，或多台变频器一起接地时，每台设备都必须分别和地线相接，不允许将一台设备的接地端和另一台设备的接地端相接后再接地。

3）在进行变频器的控制端子接线时，务必与主动力线分离，也不要配置在同一配线管内，否则有可能产生误动作。

4）压力设定信号线和来自压力传感器的反馈信号线必须采用屏蔽线，屏蔽线的屏蔽层与变频器的控制端子 ACM 连接；屏蔽线另一端的屏蔽层悬空。

（5）变频器功能参数设置　变频器的主要功能参数设置见表10-4。

表 10-4　变频器的主要功能参数设置

序号	功能代码	功能名称	设置值	备注
1	071	选择电动机控制模式	3	内置 PID 调节
2	160	选择供水选购件的模式	11	1 控 3
3	161~167	使用电动机的设定	161=1，162=1，163=1	根据系统所带电动机设定
4	001	选择运转指令	2	停电时自动再起动
5	007	上限频率/Hz	50	
6	008	下限频率/Hz	20	
7	003	U/f 图形	2	根据泵设定
8	175	压力指令/MPa	0.36	根据实际需要

（续）

序号	功能代码	功能名称	设置值	备注
9	177	模拟反馈增益压力/MPa	0.6	远传压力表量程值
10	178	上限压力/MPa	0.38	根据实际
11	179	下限压力/MPa	0.34	根据实际
12	002	选择1速频率的设定方法	1	使指令与反馈不冲突
13	630	输入端子D11定义选择	1	正转指令"FR"
14	631	输入端子D12定义选择	5	空转指令"MBS"

10.3.5　经济效益分析

从流体力学原理知道，水泵供水流量与电动机转速及功率的关系为

$$\frac{Q_1}{Q_2} = \frac{n_1}{n_2} \tag{10-8}$$

$$\frac{H_1}{H_2} = \left(\frac{n_1}{n_2}\right)^2 \tag{10-9}$$

$$\frac{P_1}{P_2} = \left(\frac{n_1}{n_2}\right)^3 \tag{10-10}$$

式中，Q 为供水流量；H 为扬程；P 为电动机轴功率；n 为电动机转速。

本设计系统共有3台7.5kW的水泵电动机，假设按每天运行16h，其中4h为额定转速运行，其余12h为80%额定转速运行，一年365d节约电能为

$$W = 7.5 \times 12 \times \left[1 - (80/100)^3\right] \times 365\text{kW·h} = 16031\text{kW·h}$$

若每1kW·h电价为0.60元，一年可节约电费为

$$0.60 \times 16031\ \text{元} = 9618.6\ \text{元}$$

可见，对传统供水系统进行改造，按现在的市场价格，一年即可收回投资，运行多年经济效益将十分可观。

传统供水系统采用变频调速后，彻底取消了高位水箱、水池、水塔和气压罐供水等传统的供水方式，消除水质的二次污染，提高了供水质量，并且具有节省能源、操作方便、自动化程度高等优点；其次，供水调峰能力明显提高；同时大大减少了开泵、切换和停泵次数，减少对设备的冲击，延长使用寿命。与其他供水系统相比，节能效果达20%~40%。该系统可根据用户需要任意设定供水压力及供水时间，无需专人值守，且具有故障自动诊断报警功能。由于无需高位水箱、压力罐，节约了大量钢材及其他建筑材料，大大降低了投资。该系统既可用于生产、生活用水，也可用于热水供应、恒压喷淋等系统。

10.4　中央空调系统的变频技术及应用

中央空调系统是楼宇里最大的耗电设备，每年的电费中空调耗电占60%左右，故对其进行节能改造具有重要意义。由于设计时，中央空调系统必须按天气最热、负荷最大的情况进行设计，并且要留10%~20%设计余量，然而实际上绝大部分时间空调是不会运行在满负

荷状态下，故存在较大的富余，所以节能的潜力就较大。其中，冷冻主机可以根据负载变化随之加载或减载，冷冻水泵和冷却水泵却不能随负载变化做出相应调节，故存在很大浪费。水泵系统的流量与压差是靠阀门和旁通调节来完成，因此，不可避免地存在较大截流损失和大流量、高压力、低温差的现象，不仅浪费大量电能，而且造成中央空调末端达不到合理效果的情况。为了解决这些问题需使水泵随着负载的变化调节水流量并关闭旁通。

一般水泵采用的是丫-△起动方式，电动机的起动电流均为其额定电流的 3～4 倍，一台 110kW 的电动机的起动电流将达到 600A，在如此大的电流冲击下，接触器、电动机的使用寿命大大下降，同时，起动时的机械冲击和停泵时的水锤现象，容易对机械零件、轴承、阀门及管道等造成破坏，从而增加维修工作量和备品、备件费用。

对水泵系统进行变频调速改造，根据冷冻水泵和冷却水泵负载的变化随之调整电动机的转速，以达到节能的目的。

10. 4. 1 中央空调系统的组成

中央空调系统的组成框图如图 10-10 所示。

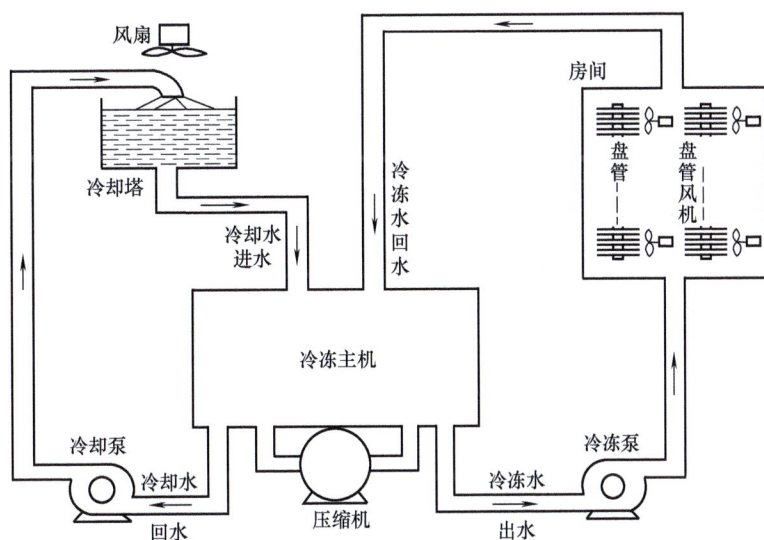

图 10-10 中央空调系统的组成框图

现对中央空调系统组成说明如下：

1. 冷冻主机

冷冻主机也称为致冷装置，是中央空调的"致冷源"，通往各个房间的循环水由冷冻主机进行"内部热交换"，降温为"冷冻水"。

2. 冷却塔

冷冻主机在致冷过程中，必然会释放热量，使机组发热。冷却塔用于为冷冻主机提供"冷却水"。冷却水在盘旋流过冷冻主机后，将带走冷冻主机所产生的热量，使冷冻主机降温。

3. 冷冻水循环系统

由冷冻泵及冷冻水管道组成。从冷冻主机流出的冷冻水由冷冻泵加压送入冷冻水管道，通过各房间的盘管，带走房间内的热量，使房间内的温度下降。同时，房间内的热量被冷冻水吸收，使冷冻水的温度升高。温度升高了的冷冻水经冷冻主机后又成为冷冻水，如此循环往复。这里，冷冻主机是冷冻水的"源"；从冷冻主机流出的水称为"出水"；经各楼层房间后流回冷冻主机的水称为"回水"。

4. 冷却水循环系统

由冷却泵、冷却水管道及冷却塔组成。冷却水在吸收冷冻主机释放的热量后，必将使自身的温度升高。冷却泵将升了温的冷却水压入冷却塔，使之在冷却塔中与大气进行热交换，然后再将降了温的冷却水，送回到冷冻机组。如此不断循环，带走了冷冻主机释放的热量。

这里，冷冻主机是冷却水的冷却对象，是"负载"，故流进冷冻主机的冷却水称为"进水"；从冷冻主机流回冷却塔的冷却水称为"回水"。回水的温度高于进水的温度，以形成温差。

5. 冷却风机

有两种不同用途的冷却风机：

（1）盘管风机　安装于所有需要降温的房间内，用于将由冷冻水盘管冷却了的冷空气吹入房间，加速房间内的热交换。

（2）冷却塔风机　用于降低冷却塔中的水温，加速将"回水"带回的热量散发到大气中去。

可以看出，中央空调系统的工作过程是一个不断地进行热交换的能量转换过程。在这里，冷冻水和冷却水循环系统是能量的主要传递者。因此，对冷冻水和冷却水循环系统的控制便是中央空调控制系统的重要组成部分。两个循环水系统的控制方法基本相同。

10.4.2　水泵节能改造的方案

由于中央空调系统通常分为冷冻水和冷却水两个系统，可分别对水泵系统采用变频器进行节能改造。

1. 冷冻水泵系统的闭环控制

（1）制冷模式下冷冻水泵系统的闭环控制　该方案在保证末端设备冷冻水流量供给的情况下，确定一个冷冻泵变频器工作的最小工作频率，将其设定为下限频率并锁定。变频冷冻水泵的频率调节是通过安装在冷冻水系统回水主管上的温度传感器检测冷冻水回水温度，再经由温度控制器设定的温度来控制变频器的频率增减来实现，控制方式是：冷冻回水温度大于设定温度时，频率无级上调。

（2）制热模式下冷冻水泵系统的闭环控制　该模式是在中央空调中热泵运行（即制热）时冷冻水泵系统的控制方案。同制冷模式控制方案一样，在保证末端设备冷冻水流量供给的情况下，确定一个冷冻泵变频器工作的最小工作频率，将其设定为下限频率并锁定。变频冷冻水泵的频率调节是通过安装在冷冻水系统回水主管上的温度传感器检测冷冻水回水温度，再经由温度控制器设定的温度来控制变频器的频率增减来实现。不同的是：冷冻回水温度小于设定温度时，频率无级上调；冷冻水回水温度越高，变频器的输出频率越低。

变频器控制系统通过安装在冷冻水系统回水主管上的温度传感器来检测冷冻水的回水温

度，并可直接通过设定变频器参数使系统温度在需要的范围内。

另外，针对已往改造的方案中首次运行时温度交换不充分的缺陷，变频器控制系统可增加首次起动全速运行功能，通过设定变频器参数可使冷冻水系统充分交换一段时间，然后再根据冷冻水回水温度对频率进行无级调速，并且变频器输出频率是通过检测回水温度信号及温度设定值经 PID 运算而得出的。

2. 冷却水系统的闭环控制

目前，对冷却水系统进行改造的方案最为常见，节电效果也较为显著。该方案同样在保证冷却塔有一定的冷却水流出的情况下，通过控制变频器的输出频率来调节冷却水流量，当中央空调冷却水出水温度低时，减少冷却水流量；当中央空调冷却水出水温度高时，加大冷却水流量，从而在保证中央空调机组正常工作的前提下达到节能增效的目的。

经多方实践与论证，冷却水系统闭环控制可采用同冷冻水系统一样的控制方式，即检测冷却水回水温度组成闭环系统进行调节。与冷却管进、出水温度差调节方式比较，这种控制方式的优点有：

1）只需在中央空调冷却管出水端安装一个温度传感器，简单可靠。

2）当冷却水出水温度高于温度上限设定值时，频率直接优先上调至上限频率。

3）当冷却水出水温度低于温度下限设定值时，频率直接优先下调至下限频率。而采用冷却管进、出水温度差来调节很难达到这点。

4）当冷却水出水温度介于温度下限设定值与温度上限设定值之间时，通过对冷却水出水温度及温度上、下限设定值进行 PID 调节，从而达到对频率的无级调速，闭环控制迅速准确。

5）节能效果更为明显。当冷却水出水温度低于温度上限设定值时，采用冷却管进、出水温度差调节方式没有将出水温度低这一因素加入节能考虑范围，而仅仅由温度差来对频率进行无级调速；而采用上、下限温度调节方式则充分考虑这一因素，因而节能效果更为明显，通过对多家用户市场调查，平均节电率要提高 5% 以上，节电率达到 20%~40%。

6）具有首次起动全速运行功能。通过设定变频器参数中的数值可使冷冻水系统充分交换一段时间，避免由于刚起动运行时热交换不充分而引起的系统水流量过小。

采用森兰 BT12S 系列变频器的控制框图如图 10-11 所示。

（1）主电路　3 台冷却泵都具有和工频电源进行切换的功能：

1 号泵由 KM_2 和 KM_3 切换。

2 号泵由 KM_4 和 KM_5 切换。

3 号泵由 KM_6 和 KM_7 切换。

KM_1 用于接通变频器的电源。

三台冷却泵的工作方式如下：

1）每次运行，最多只需两台泵，另一台为备用。

2）任一台泵都可以选定为主控泵。运行时，首先由 1 号泵作为主控泵，进行变频运行，如频率已经升高到上限值，而温差仍偏大时，则将 1 号泵切换为工频运行，变频器将与 2 号泵相接，使 2 号泵处于变频运行状态。当变频器的工作频率已经下降到下限值，而温差仍偏小时，令 1 号泵停机，2 号泵仍处于变频运行状态。

（2）控制电路　控制电路采用 PLC 进行控制。要点如下：

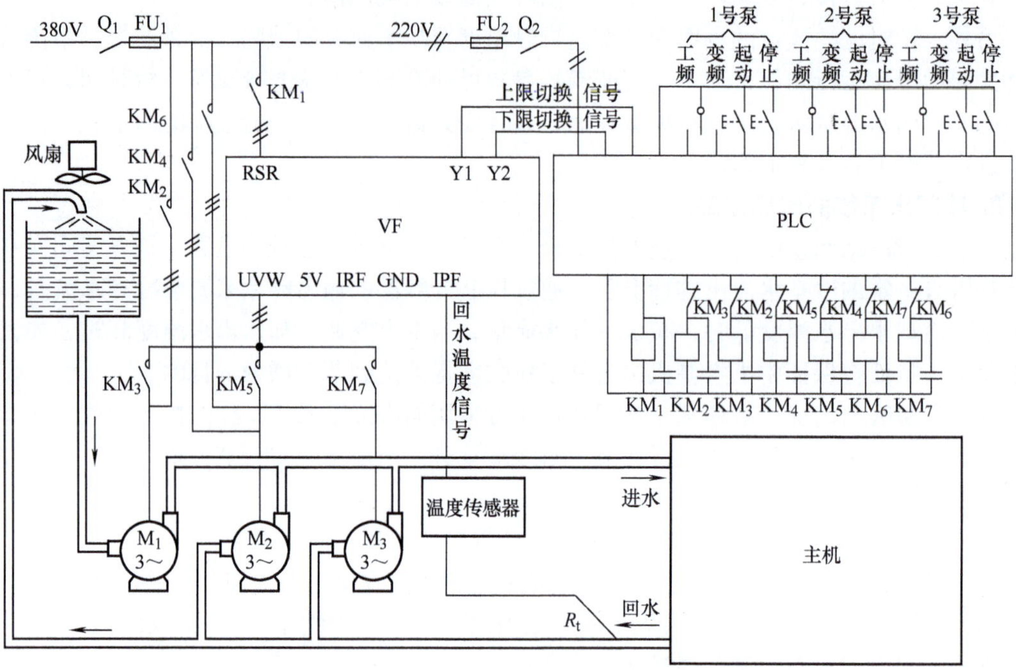

图 10-11 采用森兰 BT12S 系列变频器的控制框图

每台泵都可以选择"工频运行"方式和"变频运行"方式。当切换开关切换为"变频"位时，该泵将作为主控泵，实现上述控制；而当切换开关切换为"工频"位时，该泵可通过起动按钮和停止按钮进行手动控制，使电动机在工频下运行。

（3）PID 调节

1）反馈信号。在回水管道处分别安装两个热电阻 R_t，以检测回水温度，由温度传感器转换成与温度大小成正比的电流信号，作为变频器的反馈信号，接至反馈信号输入端 IPF。

2）目标信号。目标信号是根据实际测试而确定的一个温度设定值，可通过操作面板设置。

3）目标信号和反馈信号进行比较后，送入变频器内的 PID 调节器变频器输出的频率，当冷却水出水温度高于温度上限设定值时，频率直接优先上调至上限频率；当冷却水出水温度低于温度下限设定值时，频率直接优先下调至下限频率。

10.4.3 节能分析

经变频调速后，水泵电动机转速下降，电动机从电网吸收的电能就会大大减少。其减少的功耗为

$$\Delta P = P_0 \left[1 - \left(\frac{n_1}{n_0} \right)^3 \right] \tag{10-11}$$

减少的流量为

$$\Delta Q = Q_0 \left[1 - \left(\frac{n_1}{n_0} \right) \right] \tag{10-12}$$

式中，n_1 为改变后的转速；n_0 为电动机原来的转速；P_0 为电动机原转速下的电动机消耗功率；Q_0 为电动机原转速下所产生的水泵流量。

由式（10-11）和式（10-12）可以看出，流量的减少与转速减少的一次方成正比，但功耗的减少却与转速减少的三次方成正比。例如：假设原流量为 100 个单位，耗能也为 100 个单位，如果转速降低 10 个单位，由式（10-12）即 $\Delta Q = Q_0[1-(n_1/n_0)] = 100 \times [1-(90/100)] = 10$，可得出流量改变了 10 个单位。但由式（10-11）即 $\Delta P = P_0[1-(n_1/n_0)^3] = 100 \times [1-(90/100)^3] = 27.1$，可得出功率将减少 27.1 个单位，即比原来减少 27.1%。

由于变频器是软起动方式，采用变频器控制电动机后，电动机在起动及运转过程中均无冲击电流，而冲击电流是影响接触器、电动机使用寿命最主要、最直接的因素，同时采用变频器控制电动机后还可避免水锤现象，因此可大大延长电动机、接触器及机械散件、轴承、阀门、管道的使用寿命。

10.5　中压变频器在潜油电泵中的应用

10.5.1　潜油电泵传统供电方式的不足

油田采油的潜油电泵一般安装在地平面以下 1000～3000m 处，工作环境非常恶劣（高温、强腐蚀等），传统的控制方式是采用全压供电和工频运行，起动电流大，冲击扭矩大，因此故障发生率高，维修困难。此外，由于油田供电电压波动大，经常使电动机工作在欠电压状态，对电动机的使用寿命影响极大。如果潜油电泵损坏提到地面上来维修，仅工程费用就有 5 万元，价值 10 万元的电缆平均提上入下 5 次就得更换；潜油电泵平均 10 个月就得维修一次，维修费用约 8 万元，显然造成采油成本大量提高。概括来说，传统供电方式对潜油电泵的正常运行存在以下危害和不足：

1）当潜油电泵全速运转而井下液量不富裕时，容易抽空，甚至造成死井，一旦井死，则损失惨重。

2）全压、工频工作起动电流大，冲击扭矩大，故障发生率高。

3）油田供电电压常有波动，使电动机欠电压运行，对电动机的使用寿命有很大影响。

4）几千米的井下电缆大约造成 150V 左右的线路损耗，由于这部分损耗无法补偿，从而影响了电动机的正常工作。

10.5.2　潜油电泵改为变频调速的优点

若将潜油电泵的传统供电方式改造为变频调速控制，则能达到以下优良的性能指标：

1）可以实现软起动。

2）调速方便，起动时间和运行速度能根据工作状况任意设置。

3）不受供电电压波动的影响，并能补偿电缆的线路损耗。

4）变频器的 SPWM 控制可以输出理想的正弦波电压，避免了谐波经电缆反射，形成电压脉冲叠加容易烧毁电动机的弊端。

5）各种保护功能齐全，减少了故障率。

6）控制、操作方便、显示清楚。

10.5.3 潜油电泵变频调速改造方案

由于潜油电泵的特殊性，用风机、水泵变频器无法达到上述的性能指标，因为风机、水泵变频器与潜油电泵需要的电压不符，输出波形也不是正弦波。山东新风光电子科技发展有限公司成功研制出了 1140V、30~100kW 潜油电泵专用变频器系列产品。使用该系列变频器进行改造，可以获得较理想的效果。

选择的变频器技术指标为：

容量：75kW。

三相输入：线电压为 1140V，允许电压波动为 ±15%~20%，频率为 50Hz。

三相输出：额定电压为 1140V，频率 2~50Hz 连续可调，并能提供合适的电缆补偿电压。

输出波形：正弦。

本设计的变频器的主电路与电动机的连接，如图 10-12 所示。

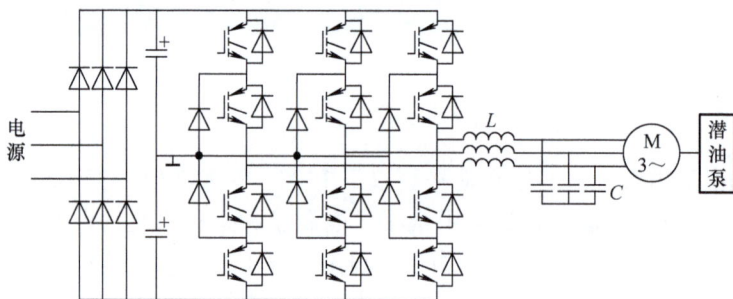

图 10-12 变频器的主电路与电动机的连接图

其中变频器的主电路部分采用三电平电路或称中点钳位（Npc）方式。它不但能输出较高电压，而且能降低输出谐波和电压变化率（du/dt）。图中的功率开关器件选用西门子的双单元 IGBT 模块（1700V、200A），整流后由两组大电容器相串联组成滤波器，两组电容器的连接点即本电路的中心点（三电平的中间电平）。

1. 对载波频率的选择

提高载波频率对改善波形、降低噪声大有好处，可是载波频率提高，会使开关损耗增加，所以选择时必须权衡利弊，本设备中载波频率选为 9.5kHz，选择这个值是考虑到了输出端 LC 低通滤波器电感铁心的重量因素。

2. 对输入电压的稳定

输入电压经整流、滤波后得到直流母线电压，以 U_0 表示。在此装有一个电压传感器，其输出电压 U_t 正比于母线电压 U_0，将 U_t 值送单片机处理，令 U_0 的额定值对应的 U_t 值为 1，电网电压向上波动时，$U_t > 1$；电网电压向下波动时，$U_t < 1$，CPU 在计算 PWM 波的脉宽时要乘以因子 $1/U_t$ 这样就达到了稳定输入电压的目的。设备在油田的实际运行中，当电网侧电压波动 +10% 时，电动机侧测不到电压的波动，说明 U_t 补偿效果明显。

3. 输出端为正弦波

电压型变频器输出的是三相 SPWM 波，即宽度按正弦规律分布的矩形脉冲波。这种波直接送给电动机，由于电动机是感性负载，所以能获得近似的正弦驱动电流。在本设备中存在有几千米的电缆线，若把 PWM 波直接加在电缆输入端，由于长线效应电动机侧会受到数倍于额定值的尖峰电压的冲击，电动机很可能被烧坏。因此三相低通 *LC* 滤波器是必要的，滤波器电路如图 10-13 所示，在本设计中其截止频率约为载波频率的 1/3。

4. 电缆损耗的补偿

潜油电泵对 *U/f* 曲线并无特殊要求。频率降到 30Hz 以下已经不出油了，为了实现软起动，本设备把起动频率设为 2Hz，给定频率为 50Hz，对应 1140V 的额定电压输出；电缆补偿电压 U_b 设为 100V，在实际应用中，U_b 的大小还可调整。潜油电泵的 *U/f* 曲线如图 10-14 所示。

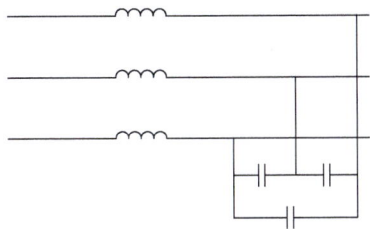

图 10-13　滤波器电路　　　　图 10-14　潜油电泵的 *U/f* 曲线

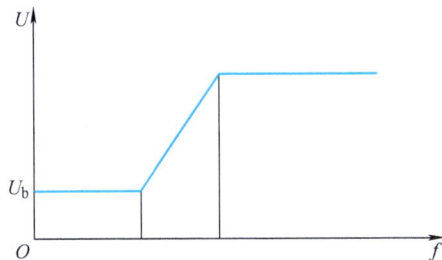

5. 效果评价和经济效益

经过对 1140V 潜油电泵专用变频器的节电效果现场测试，得出结论如下：

1）功率因数得到提高，由 0.671 提高到 0.759。

2）有功功率降低幅度较大，有功节电率达到了 22.49%，无功节电率为 39.85%，综合节电率为 23.04%，节电效果较好。测试数据见表 10-5。

表 10-5　安装变频器前后测试数据表

序号	项目	安装前	安装后
1	有功功率/kW	78.18	60.60
2	无功功率/kvar	86.30	51.91
3	功率因数	0.671	0.759
4	有功节电率（%）	22.49	
5	无功节电率（%）	39.85	
6	综合节电率（%）	23.04	

按表 10-5 实测数据，可以算出年节电 1.522×10^5 kW·h，基本电费按 0.60 元/kW·h 计算，则每年节约电费 9.132 万元，不到两年便可收回投资（该变频器价格为 12.5 万元）。

另外，由于变频器实现了电泵的软起停，对延长电泵的使用寿命将大有益处，可节约维护资金，提高经济效益。

10.6　矿用提升机变频调速系统

现在大多数矿用提升机还在沿用传统的绕线转子异步电动机，用转子串电阻的方法调速。这种系统属于有级调速，低速转矩小，起动电流和换档电流冲击大；中高速运行振动大，制动不安全不可靠，对再生能量处理不力，斜井提升机运行中调速不连续，容易掉道，故障率高。矿用生产往往是多小时连续作业，即使短时间的停机维修也会给生产带来很大损失。矿用提升机的技术改造要求迫在眉睫。

鉴于提升绞车的特殊性，山东新风光电子科技发展有限公司研制开发矿用提升机系列变频器，用该系列变频器对原矿用提升机进行改造，具有良好的安全运行及节能效果。

10.6.1 使用矿用提升机系列变频器的优点

1）可以实现电动机的软起动、软停车，减少了机械冲击，使运行更加平稳可靠。

2）起动及加速换档时冲击电流很小，减轻了对电网的冲击，简化了操作、降低了工人的劳动强度。

3）运行速度曲线成 S 形，使加减速平滑、无撞击感。

4）安全保护功能齐全，除一般的过电压、欠电压、过载、短路及温升等保护外，还设有联锁及自动限速保护功能等。

5）设有直流制动、能耗制动及回馈制动等多种制动方式，使安全性更加可靠。

6）该系统四象限运行，回馈能量直接返回电网，且不受回馈能量大小的限制，适应范围广，节能效果明显。

10.6.2 矿用提升机变频调速系统的原理

该设备为交-直-交电压型变频调速系统，原理图如图 10-15 所示。

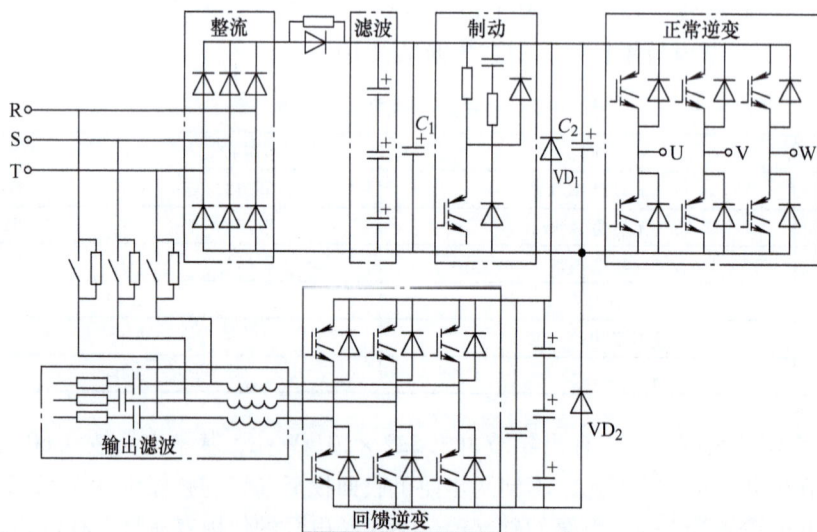

图 10-15 矿用提升机变频器的主电路

该系统的运行过程主要分为两个过程：

1）绞车电机作为电动机的过程，即正常的逆变过程。该过程主要由整流、滤波和正常逆变三大部分组成，如图 10-15 所示。其中，正常逆变过程是其核心部分，它改变电动机定子的供电频率，从而改变输出电压，起到调速作用。

2）绞车电机作为发电机的过程，即能量回馈过程。该过程主要由整流、回馈逆变和输出滤波三部分组成，如图 10-15 所示。其中，该部分的整流是由正常逆变部分中 IGBT 的续流二极管完成。二极管 VD_1 和 VD_2 为隔离二极管，其主要作用是隔离正常逆变部分和回馈逆变部分。电解电容 C_2 的主要作用是为回馈逆变部分提供一个稳定的电压源，保证逆变部分运行更可靠。回馈逆变部分是整个回馈过程的核心部分，该部分实现回馈逆变输出电压相位与电网电压相位的一致。因为回馈逆变输出的是调制波，故为保证逆变的正常工作以及减少对电网的污染，增加了一个输出滤波部分，使该系统的可靠性更加稳定。

鉴于矿区电压的波动性可能比较大的事实，由于变频器的回馈条件是要和电网电压有一个固定的电压差值，若某时刻电网电压比较高，再加上回馈时的固定电压差值，则此时变频器的母线电压就会达到一个比较高的电压值；如果再有重车下滑，则母线电压会更高。此时的高电压就有可能威胁到变频器的大功率器件的安全，为此，该系统又加了一个刹车部分，以保证变频器的安全。

10.6.3 变频调速系统对原调速系统的改造

为了确保安全可靠，让变频调速系统与原调速系统并存，互为备用，随时可以切换。同时为了让操作者不改变操作习惯，工频和变频系统都用原操作机构操作，变频调速系统对原调速系统的改造框图如图 10-16 所示。

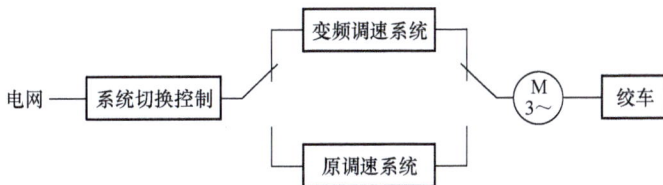

图 10-16 变频调速系统对原调速系统的改造框图

10.6.4 现场应用情况及运行效果

该系统改造后节能效果明显，尤其是斜井单沟和直井矿井，节电率都在 30% 以上。同时变频改造后绞车运行的稳定性和安全性都大大增加，因此大大减少了运行故障和维修时间，矿区的产量也提高不少，用户反应普遍较好。

10.7 变频器在液态物料传输中的应用

随着楼宇的增多，建筑工程和餐饮业经常用到液态物料的楼上楼下传输，传统的方法是使用提升机。但由于提升机的电动机起动和停车过猛，故往往会使液态物料溅出或容器倾倒，造成物料的浪费，甚至酿成事故。

用变频调速技术对提升机进行改造，可实现提升机电动机的软起动和软制动，即起动时缓慢升速，制动时缓慢停车；还可自动实现多档转速的程序控制，让中间的传输过程加快，使液态物料上下传输快速、安全、平稳。

10.7.1 液态物料上下传输系统组成及其传输程序

液态物料上下传输是利用提升机电动机的正反转卷绕钢丝绳，带动料斗上下运动来实现的。图 10-17 所示为液态物料上下传输的示意图。为对传输过程进行控制，图中画有用于控制的 4 个限位开关 SQ_1、SQ_2、SQ_3、SQ_4。

液态物料上下传输时，要求起动时缓慢升速，达到一定速度后匀速运行，当接近终点时，先减速再缓慢停车，具体的传输程序如图 10-18 所示。

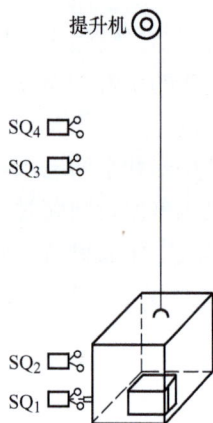

图 10-17　液态物料
上下传输示意图

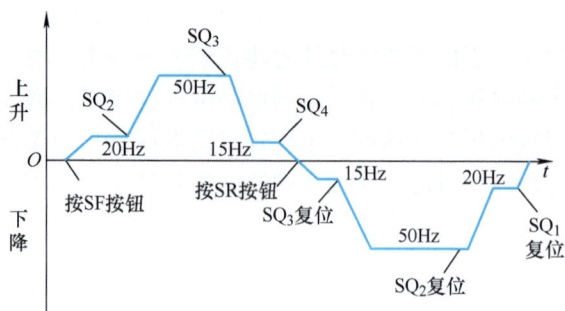

图 10-18　液态物料上下传输程序

10.7.2　变频器控制液态物料上下传输系统

使用变频器可以很容易满足液态物料的程序控制。变频器可以任意设置起动升速时间和制动减速时间，使起动和制动过程平稳；还可以轻易地做到多档转速程序控制。

图 10-19 所示为变频器用于液态物料上下传输系统的电路原理图。

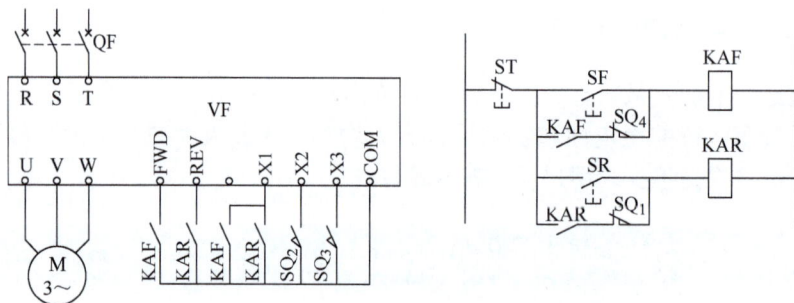

图 10-19　变频器用于液态物料上下传输系统的电路原理图

变频器的多档频率转速间的转换可由外接开关的通断组合来实现的。使用 3 个输入端子可切换 7 档频率转速。

现以森兰 SB60 系列变频器为例，说明将 X1、X2、X3 定义为多档频率端子编程方法：

F500 = 0，将 X1 设置为多档频率端子 1。

F501 = 1，将 X2 设置为多档频率端子 2。

F502 = 2，将 X3 设置为多档频率端子 3。

设计时按照液态物料上下传输的程序要求，由控制按钮 SF、SR 以及限位开关 SQ_1、SQ_2、SQ_3、SQ_4 的通断，形成 X1、X2、X3 的状态组合，来实现各程序段之间的切换，见表 10-6。

表 10-6　液态物料上下传输控制程序

端子状态	物料上传				空箱下降			
	正转起动	碰 SQ_2	碰 SQ_3	碰 SQ_4	反转起动	SQ_3 复位	SQ_2 复位	SQ_1 复位
X3	0	0	1	1	1	0	0	0
X2	0	1	1	1	1	1	0	0
X1	1	1	1	0	1	1	1	0
转速档次	1	3	7	6	7	3	1	0
f_X/Hz	20	50	15	0	15	50	20	0

预置与各档转速对应的频率编程如下：

F616 = 20Hz，设置第 1 档转速频率 f_1 为 20Hz；

F618 = 50Hz，设置第 3 档转速频率 f_3 为 50Hz；

F621 = 0Hz，设置第 6 档转速频率 f_6 为 0Hz；

F622 = 15Hz，设置第 7 档转速频率 f_7 为 15Hz。

当楼下的物料放入料斗后，按上升按钮 SF，电动机正转起动后以 S 形加速方式升速至转速 n_1（频率为 f_1）；当挡铁碰到限位开关 SQ_2 时，将转速升高至 n_2（频率为 f_2），快速上升；当挡铁碰到限位开关 SQ_3 时，将转速下降至 n_3（频率为 f_3），作为缓冲；当料斗到达楼上时，碰到限位开关 SQ_4 时，电动机降速并停止，上升程序结束。

当物料卸下并装入其他东西后，按下降按钮 SR，电动机反转起动后以 S 形方式升速至转速 n_3（频率为 f_3），当挡铁碰到限位开关 SQ_3 时使其复位，将转速升高至 n_2（频率为 f_2），快速下降；当挡铁碰到限位开关 SQ_2 时使其复位，将转速下降至 n_1（频率为 f_1），作为缓冲；当料斗到达楼下时，挡铁碰到限位开关 SQ_1 时，电动机降速并停止，下降程序结束。

现对变频器实现液态物料上下传输系统的原理图说明如下：

（1）上升起动　按上升按钮 SF，使继电器 KAF 的线圈得电并自锁，其触点一方面将变频器的 FWD 与 COM 接通，电动机开始起动。另一方面，KAF 将变频器的 X1 与 COM 接通，X3、X2、X1 处于"001"状态，工作频率为 f_1，使料斗慢速上升。在上升过程中，挡铁碰到行程开关 SQ_1 动作，为下降时 KAR 能够自锁做准备。

（2）升速　当挡铁使 SQ_2 动作时，变频器的 X2 与 COM 接通，X3、X2、X1 处于"011"状态，工作频率上升为 f_3。

（3）降速　当挡铁使 SQ_3 动作时，变频器的 X3 与 COM 接通，X3、X2、X1 处于"111"状态，工作频率下降为 f_7。

（4）上升停止　当挡铁使 SQ_4 动作时，切断继电器 KAF 的自锁电路，KAF 的线圈断电，其触点使变频器的 FWD 与 COM 之间断开，电动机降速并停止。这时，X3、X2、X1 处于"110"状态。

（5）下降起动　按下下降按钮 SR，使继电器 KAR 的线圈得电并自锁，其触点一方面将变频器的 REV 与 COM 接通，使电动机开始反转起动。另一方面，KAR 将变频器的 X1 与 COM 接通，X3、X2、X1 又处于"111"状态，工作频率为 f_7，使料斗慢速下降；在下降过程中，行程开关 SQ_4 复位，为上升时 KAF 能够自锁做准备。

（6）升速　当挡铁使 SQ_3 复位时，变频器的 X3 与 COM 断开，X3、X2、X1 又处于"011"状态，工作频率又上升为 f_3。

（7）降速 当挡铁使 SQ₂ 复位时，变频器的 X3 与 COM 接通，X3、X2、X1 又处于 "001" 状态，其输出频率下降为第 1 档工作频率 f_1。

（8）下降停止 当挡铁使 SQ₁ 复位时，切断继电器 KAR 的自锁电路，KAR 断电，变频器的 REV 与 COM 之间断开，电动机降速并停止。这时，X1、X2、X3 处于 "000" 状态。

系统中的 QF 为断路器，具有隔离、过电流及欠电压等保护作用。急停按钮 ST、上升按钮 SF、下降按钮 SR 根据操作方便需要可安装在楼上，也可安装在楼下，或者两地都安装。操作时，只需按下 SF 或 SR，系统就可自动实现程序控制。

10.7.3 应用范围及效果

变频器控制的提升机系统可广泛应用于建筑工程的水、水泥沙浆、涂料及油漆等液态物料的上下传输，也可用于酒楼的菜肴楼上楼下的传输。经实测，提升机电动机的起动电流很容易被限制在额定电流的 1.5 倍以下，系统运行平稳，噪声小，并且具有显著的节能效果。

本 章 小 结

本章列举了风机、空气压缩机、供水、中央空调和液态物料提升机等多种应用实例，每个例子都有系统方案选择、设备选用、电路原理图及安装调试的详细说明，方便用户参照这些例子开发新的变频器应用项目。

采用变频调速系统，可以根据生产和工艺的要求适时进行速度调节，必然会提高产品质量和生产效率。变频调速系统可实现电动机软起动和软停止，使起动电流小，且减少负载机械冲击；还具有容易操作、便于维护、控制精度高等优点。

通过一些应用实例的节能计算，可以清楚地看出，变频调速具有显著的节能效果，一般进行老设备改造，一到两年即可收回投资。

习 题 10

1. 某风机原来用风门控制风量，所需风量约为最大风量的 80%，分析采用变频调速后的节能效果。

2. 画出风机变频调速系统的电路原理图，说明电路工作过程。如果要让风机在两个地方操作调节风量，应如何连接？

3. 空气压缩机的负载属于什么类型？空气压缩机的电动机实现变频调速后有什么优点？

4. 画出空气压缩机变频调速系统的电路原理图，说明电路工作过程。

5. 变频恒压供水与传统的水塔供水相比，具有什么优点？

6. 如何选择变频恒压供水的水泵和变频器？

7. 画出变频器 1 拖 3 的电路图，说明随供水量变化循环的工作过程。

8. 为什么恒压供水系统最好选用专用供水变频器？

9. 简述中央空调系统的组成，说明中央空调改造为变频调速的意义。

10. 画出中央空调系统冷冻水部分变频调速的电路原理图，取什么信号作为反馈量较好？

11. 为什么潜油电泵适合应用中压变频器进行变频调速？

12. 矿用提升机变频调速系统为什么选用专用变频器？说明矿用提升机专用变频器主电路的结构特点。

13. 液态物料对提升机的工作有何要求？提升机采用变频调速有什么优点？

附　录

附录 A　森兰变频器

SB70G 系列变频器是希望森兰科技股份有限公司自主开发的新一代低噪声、高性能、多功能变频器。SB70G 系列变频器采用转子磁场定向的矢量控制方式实现了对电动机大转矩、高精度、宽范围调速，可靠性高，功能强大。SB70G 系列变频器应用极其广泛，这主要得利于它的模块化设计及多种选配件。这使它能给各种行业需求提供解决平台和一体化解决方案，对降低系统成本，提高系统可靠性具有极大价值。

1. SB70G 系列变频器通用技术规范

SB70G 系列变频器通用技术规范见表 A-1。

表 A-1　SB70G 系列变频器通用技术规范

项目		项目描述
输入	额定电压，频率	三相：220/380V，50/60Hz
	允许范围	电压波动范围：−15%~10%；电压不平衡度：<3%；频率：47~63Hz
输出	输出电压	3 相，0V~输入电压，误差小于 5%
	输出频率范围	U/f 控制：0.00~650.00Hz；矢量控制：0.00~200.00Hz
基本规范	电动机控制模式	无 PG U/f 控制、有 PG U/f 控制、无 PG 矢量控制、有 PG 矢量控制、U/f 分离控制
	稳态转速精度	无 PG 矢量控制≤1%；有 PG 矢量控制≤0.02%
	起动转矩	0.50Hz 时≥150% 额定转矩
	过载能力	150% 额定电流 1min
	频率分辨率	数字给定：0.01Hz；模拟给定：0.1% 最大频率
	输出频率精度	模拟给定：±0.2% 最大频率（25℃±10℃）；数字给定：0.01Hz（−10~+40℃）
	运行命令通道	操作面板给定、控制端子给定、通信给定，可通过端子切换
	频率给定通道	操作面板、通信、UP/DOWN 调节值、AI1、AI2、PFI、算术单元
	辅助频率给定	实现灵活的辅助频率微调、给定频率合成
	转矩提升	自动转矩提升；手动转矩提升
	U/f 曲线	用户自定义 U/f 曲线、线性 U/f 曲线和 5 种降转矩特性曲线

（续）

项目		项目描述
基本规范	加减速方式	直线加减速、S 曲线加减速
	点动	点动频率范围：0.10～50.00Hz；点动加减速时间：0.1～60.0s
	自动节能运行	根据负载情况，自动优化 U/f 曲线，实现自动节能运行
	自动电压调整（AVR）	当电网电压在一定范围内变化时，能自动保持输出电压恒定
	自动载波调整	可根据负载特性和环境温度，自动调整载波频率
	随机 PWM	调节电动机运行时的音色
	下垂控制	适用于多台变频器驱动同一负载的场合
	瞬停处理	瞬时掉电时，通过母线电压控制，实现不间断运行
	能耗制动能力	15kW 及以下功率等级内置制动单元，使用外置制动电阻
	直流制动能力	制动时间：0.0～60.0s，制动电流：0.0%～100.0% 额定电流
	PFI	最高输入频率：50kHz
	PFO	0～50kHz 的集电极开路型脉冲方波信号输出，可编程
	模拟输入	2 路模拟信号输入，电压型电流型均可选，可正负输入
	模拟输出	2 路模拟信号输出，分别可选 0/4～20mA 或 0/2～10V，可编程
	数字输入	8 路源漏型可选的多功能数字输入
	数字输出	2 路源漏型可选的多功能数字输出；2 路多功能继电器输出
	通信	内置 RS-485 通信接口，支持 Modbus 协议、USS 指令
特色功能	过程 PID	两套 PID 参数；多种修正模式；具有自由 PID 功能
	多模式 PLC	用户可以设置多达 8 套 PLC 运行模式参数，单一模式 PLC 可达 48 段；可以通过端子选择模式；掉电时 PLC 状态可存储
	多段速方式	编码选择、直接选择、叠加选择和个数选择方式
	用户自定义菜单	可定义 30 个用户参数
	更改参数显示	支持与出厂值不同的参数显示
	转矩控制功能	转矩/速度控制可通过端子切换，多种转矩给定方式
	零伺服及位置控制功能	可实现零速位置锁定、精确定位及位置控制
	高速增减计数器	可实现位置同步控制、生产计数、计数停机及精确定位控制
	高速计米器	可实现定长停机及长度指示
	纺织摆频功能	实现纺织卷绕的排线均匀
	可编程单元	比较器、逻辑单元、触发器、算术单元、滤波器、多路开关及定时器
	计时电能表功能	便于调整最佳节能方案
保护功能		过电流、过电压、欠电压、输入输出缺相、输出短路、过热、电动机过载、外部故障、模拟输入掉线及失速防止等
选配件		制动组件、远程控制盒、数字 I/O 扩展板、编码器接口板、模拟输入扩展板、带参数复制功能或电位器的操作面板、操作面板安装盒、操作面板延长线、输入输出电抗器、电磁干扰滤波器及 Profibus-DP 模块等

（续）

项目		项目描述
环境	使用场所	海拔低于1000m，室内，不受阳光直晒，无尘埃、腐蚀性气体、可燃性气体、油雾、水蒸气、滴水及盐雾等场合
	工作环境温度/湿度	−10 ~ +40℃/20%～90% RH，无水珠凝结
	存储温度	−20 ~ +60℃
	振动	小于5.9m/s^2
结构	防护等级	IP20
	冷却方式	强制风冷，带风扇控制

2. 产品系列规格

1）200V级产品系列规格见表A-2。

表A-2　200V级产品系列规格

变频器型号	额定容量/kV·A	额定输出电流/A	适配电动机/kW
SB70G0.55D2	1.1	3	0.55
SB70G0.75D2	1.9	5	0.75
SB70G1.5D2	3.1	8	1.5
SB70G2.2D2	4.2	11	2.2
SB70G4T2	6.9	18	4
SB70G5.5T2	9.9	26	5.5

2）400V级产品系列规格见表A-3。

表A-3　400V级产品系列规格

变频器型号	额定容量/kV·A	额定输出电流/A	适配电动机/kW	变频器型号	额定容量/kV·A	额定输出电流/A	适配电动机/kW
SB70G0.4	1.1	1.5	0.4	SB70G132	167	253	132
SB70G0.75	1.6	2.5	0.75	SB70G160	200	304	160
SB70G1.5	2.4	3.7	1.5	SB70G200	248	377	200
SB70G2.2	3.6	5.5	2.2	SB70G220	273	415	220
SB70G4	6.4	9.7	4	SB70G250	310	475	250
SB70G5.5	8.5	13	5.5	SB70G280	342	520	280
SB70G7.5	12	18	7.5	SB70G315	389	590	315
SB70G11	16	24	11	SB70G375	460	705	375
SB70G15	20	30	15	SB70G400	490	760	400
SB70G18.5	25	38	18.5	SB70G450	550	855	450
SB70G22	30	45	22	SB70G500	610	950	500
SB70G30	40	60	30	SB70G560	680	1040	560
SB70G37	49	75	37	SB70G630	765	1180	630
SB70G45	60	91	45	SB70G700	850	1320	700
SB70G55	74	112	55	SB70G800	970	1520	800
SB70G75	99	150	75	SB70G900	1090	1710	900
SB70G90	116	176	90	SB70G1000	1210	1900	1000
SB70G110	138	210	110	SB70G1100	1330	2080	1100

3. 功能参数

功能参数一览表如表 A-4 ~ 表 A-14 所示。表中"更改"栏目说明:"○"表示待机和运行状态均可更改,"×"表示仅运行状态不可更改,"△"表示只读。

表 A-4 F0 基本参数

参数	名称	设定范围及说明	出厂值	更改
F0-00	数字给定频率	0.00Hz ~ F0-06"最大频率"	50.00Hz	○
F0-01	普通运行主给定通道	0:F0-00 数字给定 1:通信给定 2:UP/DOWN 调节值 3:AI1 4:AI2 5:PFI 6:算术单元 1 7:算术单元 2 8:算术单元 3 9:算术单元 4 10:面板电位器给定	0	○
F0-02	运行命令通道选择	0:操作面板 1:端子 2:通信控制	0	×
F0-03	给定频率保持方式	个位:掉电存储选择 0:▲、▼或通信修改的主给定频率掉电存储到 F0-00 1:▲、▼或通信修改的主给定频率掉电不存储 十位:停机保持选择 0:停机时▲、▼或通信修改的主给定频率保持 1:停机时▲、▼或通信修改的主给定频率恢复为 F0-00	00	○
F0-04	辅助给定通道选择	0:无 1:F0-00 2:UP/DOWN 调节值 3:AI1 4:AI2 5:PFI 6:算术单元 1 7:算术单元 2 8:算术单元 3 9:算术单元 4	0	○
F0-05	辅助通道增益	-1.000 ~ 1.000	1.000	○
F0-06	最大频率	F0-07 ~ 650.00Hz (U/f) /200.00Hz (矢量控制)	50.00Hz	×
F0-07	上限频率	F0-08"下限频率"~ F0-06"最大频率"	50.00Hz	×
F0-08	下限频率	0.00Hz ~ F0-07"上限频率"	0.00Hz	×
F0-09	方向锁定	0:正反均可 1:锁定正向 2:锁定反向	0	○
F0-10	参数写入保护	0:不保护 1:F0-00、F7-04 除外 2:全保护	0	○
F0-11	参数初始化	11:初始化 22:初始化,通信参数除外	00	×
F0-12	电动机控制模式	0:无 PG U/f 控制 1:有 PG U/f 控制 2:无 PG 矢量控制 3:有 PG 矢量控制 4:U/f 分离控制	0	×
F0-13	变频器额定功率	最小单位:0.01kW	机型确定	△
F0-14	软件版本号	0.00 ~ 99.99	版本确定	△
F0-15	用户密码设定期	0000 ~ 9999,0000 为无密码	0000	○

表 A-5　**F1 加减速、起动、停机和点动参数**

参数	名称	设定范围及说明	出厂值	更改
F1-00	加速时间 1			
F1-01	减速时间 1			
F1-02	加速时间 2			
F1-03	减速时间 2			
F1-04	加速时间 3			
F1-05	减速时间 3	0.01~3600.0s 加速时间：频率增加 50Hz 所需的时间 减速时间：频率减小 50Hz 所需的时间 **注**：22kW 及以下机型出厂设定 6.0s，30kW 及以上机型出厂设定 20.0s （最小单位由 F1-16 确定）	机型确定	○
F1-06	加速时间 4			
F1-07	减速时间 4			
F1-08	加速时间 5			
F1-09	减速时间 5			
F1-10	加速时间 6			
F1-11	减速时间 6			
F1-12	加速时间 7			
F1-13	减速时间 7			
F1-14	加速时间 8			
F1-15	减速时间 8			
F1-16	加减速时间最小单位	0：0.01s　1：0.1s	1	○
F1-17	加减速时间自动切换点	0.00~650.00Hz，该点以下为加减速时间 8	0.00Hz	×
F1-18	紧急停机减速时间	0.01~3600.0s，最小单位由 F1-16 确定	10.0s	○
F1-19	起动方式	0：从起动频率起动　1：先直流制动再从起动频率起动　2：转速跟踪起动	0	×
F1-20	起动频率	0.00~60.00Hz	0.50Hz	○
F1-21	起动频率保持时间	0.0~60.0s	0.0s	○
F1-22	电压软起动	0：无效　1：有效	1	×
F1-23	起动直流制动时间	0.0~60.0s	0.0s	○
F1-24	起动直流制动电流	0.0%~100.0%，以变频器额定电流为 100%	0.0%	○
F1-25	停机方式	0：减速停机　1：自由停机　2：减速+直流制动　3：减速+抱闸延迟	0	○
F1-26	停机/直流制动频率	0.00~60.00Hz	0.50Hz	○
F1-27	停机直流制动等待时间	0.00~10.00s	0.00s	○
F1-28	停机直流制动时间	0.0~60.0s，兼作停机抱闸延迟时间	0.0s	○
F1-29	停机直流制动电流	0.0%~100.0%，以变频器额定电流为 100%	0.0%	○
F1-30	零速延迟时间	0.0~60.0s	0.0s	○
F1-31	加减速方式选择	0：直线加减速　1：S曲线加减速	0	×

（续）

参数	名称	设定范围及说明	出厂值	更改
F1-32	S曲线加速起始段时间	0.01~10.00s	0.20s	×
F1-33	S曲线加速结束段时间			
F1-34	S曲线减速起始段时间	0.01~10.00s	0.20s	×
F1-35	S曲线减速结束段时间			
F1-36	正反转死区时间	0.0~3600.0s	0.0s	×
F1-37	点动运行频率	0.10~50.00Hz	5.00Hz	○
F1-38	点动加速时间	0.1~60.0s	机型确定	○
F1-39	点动减速时间	0.1~60.0s	机型确定	○

表 A-6　F2 U/f 控制参数

参数	名称	设定范围及说明	出厂值	更改
F2-00	U/f曲线设定	0：自定义　1：线性　2：降转矩U/f曲线1　3：降转矩U/f曲线2　4：降转矩U/f曲线3　5：降转矩U/f曲线4　6：降转矩U/f曲线5	1	×
F2-01	转矩提升选择	0：无　1：手动提升　2：自动提升　3：手动提升+自动提升	1	×
F2-02	手动转矩提升幅值	0.0%~机型确定最大值，最小单位0.1%	机型确定	○
F2-03	手动转矩提升截止点	0.0%~100.0%，以F2-12为100%	10.0%	○
F2-04	自动转矩提升度	0.0%~100.0%	100.0%	×
F2-05	滑差补偿增益	0.0%~300.0%	0.0%	○
F2-06	滑差补偿滤波时间	0.1~25.0s	1.0s	×
F2-07	电动滑差补偿限幅	0%~250%，以电动机额定滑差频率为100%	200%	×
F2-08	再生滑差补偿限幅	0%~250%，以电动机额定滑差频率为100%	200%	×
F2-09	防振阻尼	0~200	机型确定	○
F2-10	AVR功能设置	0：无效　1：一直有效　2：仅减速时无效	1	×
F2-11	自动节能运行选择	0：无效　1：有效	0	○
F2-12	基本频率	1.00~650.00Hz	50.00Hz	×
F2-13	最大输出电压	200V级：75~250V，出厂值220V 400V级：150~500V，出厂值380V	220V 380V	×
F2-14	U/f频率值F4	F2-16~F2-12	0.00Hz	×
F2-15	U/f电压值V4	F2-17~100.0%，以F2-13为100%	0.0%	×
F2-16	U/f频率值F3	F2-18~F2-14	0.00Hz	×
F2-17	U/f电压值V3	F2-19~F2-15，以F2-13为100%	0.0%	×
F2-18	U/f频率值F2	F2-20~F2-16	0.00Hz	×
F2-19	U/f电压值V2	F2-21~F2-17，以F2-13为100%	0.0%	×
F2-20	U/f频率值F1	0.00Hz~F2-18	0.00Hz	×
F2-21	U/f电压值V1	0.0%~F2-19，以F2-13为100%	0.0%	×

（续）

参数	名称	设定范围及说明	出厂值	更改
F2-22	U/f分离电压 输入选择	0：F2-23　1：|AI1|　2：|AI2|　3：|UP/DOWN 调节值| 4：|PFI|　5：|算术单元 1|　6：|算术单元 2| 7：|算术单元 3|　8：|算术单元 4|	0	×
F2-23	U/f分离电压 数字设定	0.0%～100.0%	100.0%	○
F2-24	U/f电压系数	0：100.0%　1：|AI1|　2：|AI2| 3：|UP/DOWN 调节值|　4：|PFI|　5：|算术单元 1| 6：|算术单元 2|　7：|算术单元 3|　8：|算术单元 4|	0	×

表 A-7　**F3 速度、转矩和磁通控制参数**

参数	名称	设定范围及说明	出厂值	更改
F3-00	高速 ASR 比例增益	0.00～200.00	5.00	×
F3-01	高速 ASR 积分时间	0.010～30.000s	1.000s	×
F3-02	低速 ASR 比例增益	0.00～200.00	10.00	×
F3-03	低速 ASR 积分时间	0.010～30.000s	0.500s	×
F3-04	ASR 参数切换点	0.00～650.00Hz	0.00Hz	×
F3-05	ASR 滤波时间	0.000～2.000s	0.010s	×
F3-06	加速度补偿微分时间	0.000～20.000s	0.000s	×
F3-07	转矩限幅选择	0：由 F3-08、F3-09 确定　1：|AI1|×2.5 2：|AI2|×2.5　3：|算术单元 1|×2.5 4：|算术单元 2|×2.5　5：|算术单元 3|×2.5 6：|算术单元 4|×2.5	0	×
F3-08	电动转矩限幅	0.0%～290.0%，以电动机额定转矩为100%	180.0%	×
F3-09	再生转矩限幅	**注**：仅用于矢量控制	180.0%	×
F3-10	ASR 输出频率限幅	0.0%～20.0%，仅用于有 PG U/f 控制	10.0%	×
F3-11	下垂度	0.00%～50.00Hz	0.00Hz	○
F3-12	下垂开始转矩	0.0%～100.0%，以电动机额定转矩为100%	0.0%	○
F3-13	转矩控制选择	0：数字输入45 选择　1：一直有效	0	×
F3-14	转矩给定选择	0：F3-15 给定　1：AI1×2.5　2：AI2×2.5　3： PFI×2.5　4：UP/DOWN 调节值×2.5　5：算术 单元 1×2.5　6：算术单元 2×2.5　7：算术单元 3×2.5　8：算术单元 4×2.5	0	×
F3-15	数字转矩给定	−290.0%～290.0%，以电动机额定转矩为100%	0.0%	○
F3-16	转矩控制速度极限选择	0：给定频率确定　1：F3-17 和 F3-18 确定	0	○
F3-17	转矩控制速度正向极限	0.00Hz～F0-07 "上限频率"	5.00Hz	○
F3-18	转矩控制速度反向极限	0.00Hz～F0-07 "上限频率"	5.00Hz	○

（续）

参数	名称	设定范围及说明	出厂值	更改
F3-19	转矩给定增减时间	0.000～10.000s	0.020s	×
F3-20	速度/转矩控制切换延迟时间	0.001～1.000s	0.050s	×
F3-21	预励磁时间	0.01～5.00s	机型确定	×
F3-22	磁通强度	50.0%～150.0%	100.0%	×
F3-23	低速磁通提升	0%～50%	0%	×
F3-24	弱磁调节器积分时间	0.010～3.000s	0.150s	×
F3-25	电动功率限制	0.0%～250.0%，以变频器额定功率为100%	120.0%	×
F3-26	再生功率限制	0.0%～250.0%，以变频器额定功率为100%	120.0%	×

表 A-8　F4 数字输入端子及多段速

参数	名称	设定范围及说明		出厂值	更改
F4-00	X1 数字输入端子功能	0：不连接到下列的信号	1：多段频率选择 1	1	
F4-01	X2 数字输入端子功能	2：多段频率选择 2	3：多段频率选择 3	2	
		4：多段频率选择 4	5：多段频率选择 5		
F4-02	X3 数字输入端子功能	6：多段频率选择 6	7：多段频率选择 7	3	
		8：多段频率选择 8	9：加减速时间选择 1		
F4-03	X4 数字输入端子功能	10：加减速时间选择 2	11：加减速时间选择 3	4	
		12：外部故障输入	13. 故障复位		
F4-04	X5 数字输入端子功能	14：正转点动运行	15：反转点动运行	12	
		16：紧急停机	17：变频器运行禁止		
F4-05	X6 数字输入端子功能	18：自由停机	19：UP/DOWN 增	13	
		20：UP/DOWN 减	21：UP/DOWN 清除		
F4-06	FWD 端子功能	22：PLC 控制禁止	23：PLC 暂停运行	38	
		24：PLC 待机状态复位	25：PLC 模式选择 1		
		26：PLC 模式选择 2	27：PLC 模式选择 3		
		28：PLC 模式选择 4	29：PLC 模式选择 5		
		30：PLC 模式选择 6	31：PLC 模式选择 7		×
		32：辅助给定通道禁止	33：运行中断		
		34：停机直流制动	35：过程 PID 禁止		
		36：PID 参数 2 选择	37：三线式停机指令		
		38：内部虚拟 FWD 端子	39：内部虚拟 REV 端子		
		40：模拟量给定频率保持	41：加减速禁止		
F4-07	REV 端子功能	42：运行命令通道切换到端子或面板		39	
		43：给定频率切换至 AI1			
		44：给定频率切换至算术单元 1			
		45：速度/转矩控制选择	46：多段 PID 选择 1		
		47：多段 PID 选择 2	48：多段 PID 选择 3		
		49：零伺服指令	50：计数器预置		
		51：计数器清零			
		52：计数器及计数器 2 清零			
		53：摆频投入	54：摆频状态复位		

（续）

参数	名称	设定范围及说明	出厂值	更改
F4-08	FWD/REV 运转模式	0：单线式（起停）　1：两线式 1（正转、反转）　2：两线式 2（起停、方向）　3：两线式 3（起动、停止）　4：三线式 1（正转、反转、停止）　5：三线式 2（运行、方向、停止）	1	×
F4-09	输入端子正反逻辑 1	万：X5　千：X4　百：X3　十：X2　个：X1	00000	×
F4-10	输入端子正反逻辑 2	百位：REV　十位：FWD　个位：X6	000	×
F4-11	数字输入端子消抖时间	0 ~ 2000ms	10ms	○
F4-12	UP/DOWN 调节方式	0：端子电平式　1：端子脉冲式　2：操作面板电平式　3：操作面板脉冲式	0	○
F4-13	UP/DOWN 速率/步长	0.01 ~ 100.00，单位是%/s 或%	1.00	○
F4-14	UP/DOWN 记忆选择	0：掉电存储　1：掉电清零　2：停机、掉电均清零	0	○
F4-15	UP/DOWN 上限	0.0% ~ 100.0%	100.0%	○
F4-16	UP/DOWN 下限	− 100.0% ~ 0.0%	0.0%	○
F4-17	多段速选择方式	0：编码选择　1：直接选择　2：叠加方式　3：个数选择	0	×
F4-18 ~ F4-65	多段频率 1 ~ 48	0.00 ~ 650.00Hz 多段频率 1 ~ 多段频率 48 出厂值为各自的多段频率号，例：多段频率 3 出厂值为 3.00Hz	n.00Hz（n = 1 ~ 48）	○

表 A-9　多段频率对应参数表

n	1	2	3	4	5	6	7	8	9	10	11	12
多段频率 n	F4-18	F4-19	F4-20	F4-21	F4-22	F4-23	F4-24	F4-25	F4-26	F4-27	F4-28	F4-29
n	13	14	15	16	17	18	19	20	21	22	23	24
多段频率 n	F4-30	F4-31	F4-32	F4-33	F4-34	F4-35	F4-36	F4-37	F4-38	F4-39	F4-40	F4-41
n	25	26	27	28	29	30	31	32	33	34	35	36
多段频率 n	F4-42	F4-43	F4-44	F4-45	F4-46	F4-47	F4-48	F4-49	F4-50	F4-51	F4-52	F4-53
n	37	38	39	40	41	42	43	44	45	46	47	48
多段频率 n	F4-54	F4-55	F4-56	F4-57	F4-58	F4-59	F4-60	F4-61	F4-62	F4-63	F4-64	F4-65

表 A-10　F5 数字输出和继电器输出设置

参数	名称	设定范围及说明	出厂值	更改
F5-00	Y1 数字输出端子功能	0：变频器运行准备就绪　　1：变频器运行中	1	
F5-01	Y2 数字输出端子功能	2：频率到达　　3：频率水平检测信号 1	2	
F5-02	T1 继电器输出功能	4：频率水平检测信号 2　　5：故障输出	5	
F5-03	T2 继电器输出功能	6：抱闸制动信号　　7：电动机负载过重　8：电动机过载　　9：欠电压封锁　10：外部故障停机　　11：故障自复位过程中　12：瞬时停电再上电动作中　13：报警输出　14：反转运行中　　15：停机过程中　16：运行中断状态　　17：操作面板控制中	13	×

（续）

参数	名称	设定范围及说明		出厂值	更改
F5-03	T2 继电器输出功能	18：转矩限制中 20：频率下限限制中 22：零速运行中 24：PLC 运行中 26：PLC 阶段运转完成 28：上位机数字量 1 30：摆频上下限限制中 32：指定计数值到达 34：X1（正反逻辑后） 36：X3（正反逻辑后） 38：X5（正反逻辑后） 40：X7（扩展端子） 42：X9（扩展端子） 44：X11（扩展端子） 46：REV（正反逻辑后） 48：比较器 2 输出 50：逻辑单元 2 输出 52：逻辑单元 4 输出 54：定时器 2 输出 56：定时器 4 输出 58：编码器 B 通道 60：电动机虚拟计圈脉冲 62：PLC 模式 1 指示 64：PLC 模式 3 指示 66：PLC 模式 5 指示 68：PLC 模式 7 指示 70：逻辑单元 5 输出	19：频率上限限制中 21：发电运行中 23：零伺服完毕 25：PLC 运行暂停中 27：PLC 循环完成 29：上位机数字量 2 31：设定计数值到达 33：计米器设定长度到达 35：X2（正反逻辑后） 37：X4（正反逻辑后） 39：X6（正反逻辑后） 41：X8（扩展端子） 43：X10（扩展端子） 45：FWD（正反逻辑后） 47：比较器 1 输出 49：逻辑单元 1 输出 51：逻辑单元 3 输出 53：定时器 1 输出 55：定时器 3 输出 57：编码器 A 通道 59：PFI 端子状态 61：PLC 模式 0 指示 63：PLC 模式 2 指示 65：PLC 模式 4 指示 67：PLC 模式 6 指示 69：指定计数值 2 到达 71：逻辑单元 6 输出	13	×
F5-04	Y 端子输出正反逻辑	十位：Y2　　个位：Y1		00	×
F5-05	频率到达检出宽度	0.00 ~ 650.00Hz		2.50Hz	○
F5-06	频率水平检测值 1	0.00 ~ 650.00Hz		50.00Hz	○
F5-07	频率水平检测滞后值 1	0.00 ~ 650.00Hz		1.00Hz	○
F5-08	频率水平检测值 2	0.00 ~ 650.00Hz		25.00Hz	○
F5-09	频率水平检测滞后值 2	0.00 ~ 650.00Hz		1.00Hz	○
F5-10	Y1 端子闭合延时	0.00 ~ 650.00s		0.00s	○
F5-11	Y1 端子分断延时			0.00s	
F5-12	Y2 端子闭合延时			0.00s	
F5-13	Y2 端子分断延时			0.00s	
F5-14	T1 端子闭合延时	0.00 ~ 650.00s		0.00s	○
F5-15	T1 端子分断延时			0.00s	
F5-16	T2 端子闭合延时			0.00s	
F5-17	T2 端子分断延时			0.00s	

表 A-11　F6 模拟量及脉冲频率端子设置

参数	名称	设定范围及说明	出厂值	更改
F6-00	AI1 输入类型	0：0~10V 或 0~20mA，对应 0%~100% 1：10~0V 或 20~0mA，对应 0%~100% 2：2~10V 或 4~20mA，对应 0%~100% 3：10~2V 或 20~4mA，对应 0%~100% 4：−10~10V 或 −20~20mA，对应 −100%~100% 5：10~−10V 或 20~−20mA，对应 −100%~100% 6：0~10V 或 0~20mA，对应 −100%~100% 7：10~0V 或 20~0mA，对应 −100%~100%	0	○
F6-01	AI1 增益	0.0%~1000.0%	100.0%	○
F6-02	AI1 偏置	−99.99%~99.99%，以 10V 或 20mA 为 100%	0.00%	○
F6-03	AI1 滤波时间	0.000~10.000s	0.100s	○
F6-04	AI1 零点阈值	0.0%~50.0%	0.0%	○
F6-05	AI1 零点回差	0.0%~50.0%	0.0%	○
F6-06	AI1 掉线门限	0.0%~20.0%，以 10V 或 20mA 为 100% **注**：对 2~10V 或 4~20mA 以及 10~2V 或 20~4mA 时，内部掉线门限固定为 10%； 对 −10~10V 或 −20~20mA 以及 10~−10V 或 20~−20mA 时，不作掉线检测	0.0%	○
F6-07	AI2 输入类型	同 AI1 输入类型 F6-00	0	○
F6-08	AI2 增益	0.0%~1000.0%	100.0%	○
F6-09	AI2 偏置	−99.99%~99.99%，以 10V 或 20mA 为 100%	0.00%	○
F6-10	AI2 滤波时间	0.000~10.000s	0.100s	○
F6-11	AI2 零点阈值	0.0%~50.0%	0.0%	○
F6-12	AI2 零点回差	0.0%~50.0%	0.0%	○
F6-13	AI2 掉线门限	同 AI1 掉线门限 F6-06	0.0%	○
F6-14	AO1 功能选择	0：运行频率　　　　　1：给定频率 2：输出电流　　　　　3：输出电压 4：输出功率　　　　　5：输出转矩 6：给定转矩　　　　　7：PID 反馈值 8：PID 给定值　　　　9：PID 输出值 10：AI1　　　　　　　11：AI2 12：PFI1　　　　　　　13：UP/DOWN 调节值 14：直流母线电压　　　15：加减速斜坡后的给定频率 16：PG 检测频率　　　　17：计数器偏差 18：计数值百分比　　　19：算术单元 1 输出 20：算术单元 2 输出　　21：算术单元 3 输出 22：算术单元 4 输出　　23：算术单元 5 输出 24：算术单元 6 输出　　25：低通滤波器 1 输出 26：低通滤波器 2 输出　27：模拟多路开关输出 28：比较器 1 数字设定　29：比较器 2 数字设定 30：算术单元 1 数字设定　31：算术单元 2 数字设定 32：算术单元 3 数字设定　33：算术单元 4 数字设定 34：算术单元 5 数字设定　35：算术单元 6 数字设定 36：上位机模拟量 1　　37：上位机模拟量 2 38：厂家输出 1　　　　39：厂家输出 2 40：输出频率（厂家用）　41：面板电位器值 42：计数器 2 计数值	0	○

（续）

参数	名称	设定范围及说明	出厂值	更改
F6-15	AO1 类型选择	0：0～10V 或 0～20mA　1：2～10V 或 4～20mA 2：以 5V 或 10mA 为中心	0	○
F6-16	AO1 增益	0.0%～1000.0%	100.0%	○
F6-17	AO1 偏置	-99.99%～99.99%，以 10V 或 20mA 为 100%	0.00%	○
F6-18	AO2 功能选择	同 AO1 功能选择 F6-14	2	○
F6-19	AO2 类型选择	同 AO1 类型选择 F6-15	0	○
F6-20	AO2 增益	0.0%～1000.0%	100.0%	○
F6-21	AO2 偏置	-99.99%～99.99%，以 10V 或 20mA 为 100%	0.00%	○
F6-22	100% 对应的 PFI 频率	0～50000Hz	10000Hz	○
F6-23	0% 对应的 PFI 频率	0～50000Hz	0Hz	○
F6-24	PFI 滤波时间	0.000～10.000s	0.100s	○
F6-25	PFO 功能选择	同 AO1 功能选择 F6-14	0	○
F6-26	PFO 输出脉冲调制方式	0：频率调制　1：占空比调制	0	○
F6-27	100% 对应的 PFO 频率	100% 对应的 PFO 频率 0～50000Hz，兼做占空比调制频率	10000Hz	○
F6-28	0% 对应的 PFO 频率	0～50000Hz	0Hz	○
F6-29	100% 对应的 PFO 占空比	100% 对应的 PFO 占空比 0.0～100.0%	100.0%	○
F6-30	0% 对应的 PFO 占空比	0.0%～100.0%	0.0%	○

表 A-12　F7 过程 PID 参数

参数	名称	设定范围及说明	出厂值	更改
F7-00	PID 控制功能选择	0：不选择过程 PID 控制 1：选择过程 PID 控制 2：选择 PID 对加减速斜坡前的给定频率修正 3：选择 PID 对加减速斜坡后的给定频率修正 4：选择 PID 进行转矩修正 5：自由 PID 功能	0	×
F7-01	给定通道选择	0：F7-04　1：AI1　2：AI2 3：PFI　4：UP/DOWN 调节值 5：算术单元 1　6：算术单元 2 7：算术单元 3　8：算术单元 4	0	×
F7-02	反馈通道选择	0：AI1　1：AI2　2：PFI　3：AI1-AI2 4：AI1+AI2　5：AI1　6：AI2 7：AI1-AI2　8：AI1+AI2 9：算术单元 1　10：算术单元 2 11：算术单元 3　12：算术单元 4	0	×
F7-03	PID 显示系数	0.010～10.000，仅影响监视菜单	1.000	○
F7-04	PID 数字给定	-100.0%～100.0%	0.0%	○

（续）

参数	名称	设定范围及说明	出厂值	更改
F7-05	比例增益 1	0.00 ~ 100.00	0.20	○
F7-06	积分时间 1	0.01 ~ 100.00s	20.00s	○
F7-07	微分时间 1	0.00 ~ 10.00s	0.00s	○
F7-08	比例增益 2	0.00 ~ 100.00	0.20	○
F7-09	积分时间 2	0.01 ~ 100.00s	20.00s	○
F7-10	微分时间 2	0.00 ~ 10.00s	0.00s	○
F7-11	PID 参数过渡方式	0：数字输入 36 "PID 参数 2 选择"确定 1：根据运行频率过渡　2：│算术单元 1│ 3：│算术单元 2│　4：│算术单元 3│　5：│算术单元 4│	0	×
F7-12	采样周期	0.001 ~ 10.000s	0.010s	○
F7-13	偏差极限	0.0% ~ 20.0%，以 PID 给定值为 100%	0.0%	○
F7-14	给定量增减时间	0.00 ~ 20.00s	0.00s	○
F7-15	PID 调节特性	0：正作用　1：反作用	0	×
F7-16	积分调节选择	0：无积分作用　1：有积分作用	1	×
F7-17	PID 上限幅值	F7-18 "PID 下限幅值" ~ 100.0%	100.0%	○
F7-18	PID 下限幅值	−100.0% ~ F7-17 "PID 上限幅值"	0.0%	○
F7-19	PID 微分限幅	0.0% ~ 100.0%，对微分分量进行上下限幅	5.0%	○
F7-20	PID 预置	F7-18 ~ F7-17	0.0%	○
F7-21	PID 预置保持时间	0.0 ~ 3600.0s	0.0s	×
F7-22	多段 PID 给定 1	−100.0% ~ 100.0%	1.0%	○
F7-23	多段 PID 给定 2		2.0%	
F7-24	多段 PID 给定 3		3.0%	
F7-25	多段 PID 给定 4		4.0%	
F7-26	多段 PID 给定 5		5.0%	
F7-27	多段 PID 给定 6		6.0%	
F7-28	多段 PID 给定 7		7.0%	

表 A-13　F8 简易 PLC

参数	名称	设定范围及说明	出厂值	更改
F8-00	PLC 运行设置	个位：PLC 运行方式选择 0：不进行 PLC 运行 1：循环 F8-02 设定的次数后停机 2：循环 F8-02 设定的次数后保持最终值 3：连续循环 十位：PLC 中断运行再起动方式选择 0：从第一段开始运行 1：从中断时刻的阶段频率继续运行	0000	×

（续）

参数	名称	设定范围及说明	出厂值	更改
F8-00	PLC 运行设置	2：从中断时刻的运行频率继续运行 百位：掉电时 PLC 状态参数存储选择 0：不存储　1：存储 千位：阶段时间单位选择 0：秒　1：分	0000	×
F8-01	PLC 模式设置	个位：PLC 运行模式及段数划分 0：1×48，共 1 种模式，每种模式 48 段 1：2×24，共 2 种模式，每种模式 24 段 2：3×16，共 3 种模式，每种模式 16 段 3：4×12，共 4 种模式，每种模式 12 段 4：6×8，共 6 种模式，每种模式 8 段 5：8×6，共 8 种模式，每种模式 6 段 十位：PLC 运行模式选择 0：端子编码选择　1：端子直接选择 2~9：模式 0 ~ 模式 7	00	×
F8-02	PLC 循环次数	1 ~ 65535	1	×
F8-03 ~ F8-97	阶段 1 ~ 48 设置	个位：运转方向 0：正转　1：反转 十位：加减速时间选择 0：加减速时间 1　　1：加减速时间 2 2：加减速时间 3　　3：加减速时间 4 4：加减速时间 5　　5：加减速时间 6 6：加减速时间 7　　7：加减速时间 8	00	○
F8-04 ~ F8-98	阶段 1 ~ 48 时间	0.0 ~ 6500.0（s 或 min） 单位由 F8-00 "PLC 运行方式" 的千位确定	0.0	○

表 A-14　FF 通信参数

FF-00	通信协议选择	出厂值	0	更改	×
设定范围	0：Modbus 协议　1：兼容 USS 指令　2：CAN 总线				
FF-01	通信数据格式	出厂值	0	更改	×
设定范围	0：8，N，1（1 个起始位，8 个数据位，无奇偶校验，1 个停止位） 1：8，E，1（1 个起始位，8 个数据位，偶校验，1 个停止位） 2：8，O，1（1 个起始位，8 个数据位，奇校验，1 个停止位） 3：8，N，2（1 个起始位，8 个数据位，无奇偶校验，2 个停止位）				

（续）

FF-02	波特率选择	出厂值	3	更改	×
设定范围	0：1200bit/s　1：2400bit/s　2：4800bit/s　3：9600bit/s　4：19200bit/s　5：38400bit/s 6：57600bit/s　7：115200bit/s　8：250000bit/s　9：500000bit/s **注**：Modbus 和兼容 USS 指令协议选择范围 0~5，CAN 总线选择范围 0~9				
FF-03	本机地址	出厂值	1	更改	×
设定范围	0~247 **注**：Modbus 选择范围 1~247，兼容 USS 指令选择范围 0~31，CAN 总线选择范围 0~127				
FF-04	通信超时检出时间	出厂值	10.0s	更改	○
设定范围	0.1~600.0s				
FF-05	本机应答延时	出厂值	5ms	更改	○
设定范围	0~1000ms				
FF-06	通信超时动作	出厂值	0	更改	×
设定范围	0：不动作　1：报警　2：故障并自由停机　3：报警，按 F0-00 运行　4：报警，按上限频率运行 5：报警，按下限频率运行				
FF-07	USS 报文 PZD 字数	出厂值	2	更改	×
设定范围	0~4				
FF-08	通信设定频率比例	出厂值	1.000	更改	○
设定范围	0.001~30.000，通信给定频率乘以该参数后作为频率给定				

　　说明：限于篇幅，F9 纺织摆频、计数器、计米器和零伺服；FA 电机参数；Fb 保护功能及变频器高级设置；FC 键盘操作及显示设置；Fd 扩展选件及扩展功能；FE 可编程单元；Fn 厂家参数；FP 故障记录；FU 数据监视参数从略。需要使用时，请查阅《SB70 说明书》。

附录 B　风光变频器

　　山东新风光电子科技发展有限分司是生产制造变频器和特种电源的国家高新技术企业，开发制造变频器的技术水平处于国内领先地位，公司所产变频器曾被国家质量监督检验检疫总局认定为中国名牌产品。

1. 风光高压变频器

　　（1）风光高压变频器的外形　风光高压变频器的外形如图 B-1 所示。

　　（2）风光高压变频器的基本规格及主要技术参数　风光高压变频器的基本规格及主要技术参数见表 B-1。

图 B-1　风光高压变频器的外形

表 B-1　风光高压变频器的基本规格及主要技术参数（3000～10000V/200～10000kW）

型号 JD-BP37-F、JD-BP38-F、JD-BP37-T、JD-BP38-T			200～10000kW
适用电动机功率/kW			200～10000（以 4 极电动机为标准，6～12 极电动机按电流选型）
额定输出		额定功率/kW	电动机额定电压的额定功率：200～10000
		额定电流/A	电动机额定电压的额定电流
		过载能力	105% 连续，120% 每 10min 允许 1min，150% 允许 1min（220% 允许 1.5s，提升机高压变频器所特有）
		输出电压/kV	三相：0～6，（0～10）
		波形	多重化 SPWM 正弦波
输入电压		相数、频率、电压	三相，50Hz，6kV（10kV）
		允许波动	电压：-20%～+15%。频率：±10%
基本性能		起动频率	1.1～5Hz，可设定
		精度	模拟设定：最高频率设定值的 0.3%（25℃±10℃）以下 数字设定：最高频率设定值的 0.1%（-10～+50℃）以下
		分辨率	模拟设定：最高频率设定值的 1/2000 数字设定：0.01Hz（99.99Hz 以下）；0.1Hz（100Hz 以上）
		效率	>98%，额定输出时
		功率因数	>0.95
控制	转矩特性	转矩提升	根据负载转矩调整到最佳值，可通过变频器基本参数中的（Fx，Vx）任意设置
		起动转矩	大于 2 倍额定转矩
		低频转矩	6Hz 时大于 1.6 倍的额定转速
		制动转矩	大于额定转矩
	加、减速时间		1～32000s，对加速、减速时间可以单独设定
	电压/频率特性		由所选定的 U/f 曲线决定
	PID		手动设定 PID 参数
	附属功能		工作模态、U/f 曲线、低频补偿、额定电流、电流保护界限设定
	高压隔离		电磁耦合，多通道光纤传输
	控制电源输入		AC 220V 5kV·A
运转	运转操作		就地（触摸屏、柜门开关、柜门电位器）操作、远距离外控操作及上位机操作（可选）
	频率给定		触摸屏数字给定、柜门电位器模拟给定、多段速给定，远程模拟信号（DC0～5V 或 DC4～20mA）给定
	运转状态输出		继电器状态输出，频率到达某些特征值时给出指示
	触摸屏		输入/输出电压、输入/输出电流、设定值、各单元故障状态、运行状态及变压器状态等
保护功能			电动机过电流、单元过电流、过电压、欠电压、过热、失速及断相等
制动方式			直流制动、回馈制动（提升机高压变频器所特有）

（续）

型号 JD-BP37-F、JD-BP38-F、JD-BP37-T 、JD-BP38-T		200～10000kW
环境	使用场所	室内，没有腐蚀或导电性气体、灰尘、直射阳光，海拔 1000m 以下（高海拔区可定制）
	环境温度 / 湿度	0～+40℃/20%～90% RH 不结露
	振动	5m/s^2
	保存温度	-20～+65℃（适用运输等短时间的保存）
冷却方式及外壳防护等级		强迫风冷、IP31

2. 风光低压变频器

（1）风光低压变频器　风光低压变频器的外形如图 B-2 所示。

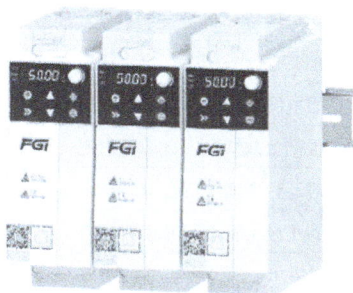

图 B-2　风光低压变频器的外形

（2）风光低压通用变频器的基本规格及主要技术参数　风光低压通用变频器的基本规格及主要技术参数见表 B-2。

表 B-2　风光低压通用变频器基本规格及主要技术参数（380V/660V/2.2～1200kW）

型号 JD-BP32-F、JD-BP33-F		2.2～1200kW
输入	额定电压/频率	三相 380V/660V；50Hz
	变动容许值	电压：-20%～+20%　　电压失衡率：<3%　　频率：±5%
输出	额定电压	0～380V，0～660V
	频率范围	0～500Hz
	频率解析度	0.01Hz
	过载能力	150% 额定电流 1min，180% 额定电流 3s
主要控制功能	调制方式	优化空间电压矢量 SVPWM 调制
	控制方式	两种 U/f 控制模式：U/f 开环和 U/f 闭环控制模式 两种矢量控制模式：无速度传感器和有速度传感器矢量控制模式
	频率精度	数字设定：最高频率×±0.01%；模拟设定：最高频率×±0.2%
	频率分辨率	数字设定：0.01Hz；模拟设定：最高频率×0.1%
	起动频率	0.40～20.00Hz
	转矩提升	自动转矩提升，手动转矩提升 0.1%～30.0%

（续）

型号 JD-BP32-F、JD-BP33-F		2.2～1200kW	
主要控制功能	U/f 曲线	五种方式：恒转矩 U/f 曲线、1 种用户定义多段 U/f 曲线方式和 3 种降转矩特性曲线方式（2.0 次幂、1.7 次幂和 1.2 次幂）	
	加减速曲线	两种方式：直线加减速、S 曲线加减速；七种加减速时间，时间单位（分/秒）可选 ，最长 6000min	
	直流制动	直流制动开始频率：0～15.00Hz 制动时间：0～60.0s；制动电流：0～80%	
	能耗制动	内置能耗制动单元，可外接制动电阻	
	点动	点动频率范围：0.1～50.00Hz，点动加减速时间 0.1～60.0s	
	内置 PI	可方便地构成闭环控制系统	
	多段速运行	通过内置 PLC 或控制端子实现多段速运行	
	纺织摆频	可实现预置频率、中心频率可调的摆频功能	
	自动电压调整（AVR）	当电网电压变化时，维持输出电压恒定不变	
	自动节能运行	根据负载情况，自动优化 U/f 曲线，实现节能运行	
	自动限流	对运行期间电流自动限制，防止频繁过电流故障跳闸	
	定长控制	到达设定长度后变频器停机	
	通信功能	具有 RS-485 标准通信接口，支持 ASCII 和 RTU 两种格式的 Modbus 通信协议。具有主从多机联动功能	
运行功能	运行命令通道	操作面板给定；控制端子给定；串行口给定；可三种方式切换	
	频率设定通道	键盘模拟电位器给定；键盘▲、▼键给定；功能码数字给定；串行口给定；端子 UP/DOWN 给定；模拟电压给定；模拟电流给定；脉冲给定；组合给定；可多种给定方式随时切换	
	开关输入通道	正、反转指令；8 路可编程开关量输入，可分别设定 35 种功能	
	模拟输入通道	2 路模拟信号输入，4～20mA、0～10V 可选	
	模拟输出通道	模拟信号输出，4～20mA 或 0～10V 可选，可实现设定频率、输出频率等物理量的输出	
	开关、脉冲输出通道	2 路可编程开路集电极输出；2 路继电器输出信号；2 路 0～20kHz 脉冲输出信号，实现各种物理量输出	
操作面板	LED 数码显示	可显示设定频率、输出电压及输出电流等参数	
	外接仪表显示	输出频率、输出电流及输出电压显示等物理量显示	
	按键锁定	实现按键的全部锁定	
	参数复制	使用远控键盘可以实现变频器之间的功能码参数复制功能	
保护功能		过电流保护、过电压保护、欠电压保护、过热保护及过载保护等	
任选件		制动组件、远程操作面板及远程电缆等	
环境	使用场所	室内，不受阳光直射，无尘埃、腐蚀性气体、油雾及水蒸气等	
	海波	低于 1000m（高于 1000m 时需降额使用）	
	环境温度	−10～+40℃	

（续）

型号 JD-BP32-F、JD-BP33-F			2.2～1200kW
环境	湿度	小于90%RH，无结露	
	振动	小于5.9m/s^2	
	存储温度	−20～+60℃	
结构	防护等级	IP21（在选用状态显示单元或键盘的状态下）	
	冷却方式	强制风冷	

3. 风光中压三电平变频器

（1）风光中压变频器的外形　风光中压变频器的外形如图 B-3 所示。

图 B-3　风光中压变频器的外形

（2）风光中压变频器的基本规格及主要技术参数　风光中压变频器的基本规格及主要技术参数见表 B-3。

表 B-3　风光中压变频器的基本规格及主要技术参数（750～3000V/35～500kW）

型号 JD-BP34-XX Z、JD-BP35-XX Z			35～500kW
额定输出	过载能力	额定电流的150%，运行1min	
	输出电压	三相 0～1140V　0～2300V	
输入	相数、频率、电压	三相50Hz　700～1140V　1250～2300V	
	允许波动	电压：±15%　　　频率：±2%	
输出频率	设定	频率范围	0～80Hz
		最高频率	2～80Hz之间任意设定
		基本频率	2～50Hz之间任意设定
		起动频率	2～5Hz
	精度		模拟设定：最高设定值的 ±0.3%（25℃ ±10℃）以下
			数字设定：最高设定值的±0.1%（−10～+50℃）以下
	分辨率		模拟设定：最高设定值的1/2000
			数字设定：0.01Hz（99.99Hz以下）、0.1Hz（100Hz以上）

（续）

型号 JD-BP34-XX Z、JD-BP35-XX Z			35 ~ 500kW
控制	电压/频率特性		由所选的 U/f 曲线所决定
	转矩提升		根据负载转矩调整到最佳
	加、减速时间		1 ~ 3600s，对加速时间和减速时间可单独设定
	附属功能		工作模态、U/f 曲线、低频补偿、电流保护接线设定
	PID		手动设定 PID 参数
	自整定		采用最优化的自适应模糊控制，智能调节，系统的响应速度快、精度高、稳定性好，PID 参数免调试，简化了现场调试，并能长期保持稳定
运转	内控操作		人机界面：开机、停机、参数设置
	外控操作		开停机按钮，调频电位器
	状态输出		继电器状态输出，频率为达某些特征值时给出指示
显示	参数显示		输出频率、输出电流、输入电压、通信指示及运行指示
	灯指示		外部异常、2 倍过电流、硬件过电流、过载指示
保护功能			过电流、短路、过电压、欠电压、过热及失速（电动机过载）外部报警
环境	使用场所/储存温度		室内，无腐蚀性气体、灰尘、直射阳光/−20 ~ +65℃
	环境温度/湿度		−10 ~ +40℃/5% ~ 85% RH 不结露
冷却方式及外壳防护等级			强迫风冷、IP21

4. 风光提升机变频器

（1）风光提升机变频器的外形　风光提升机变频器的外形如图 B-4 所示。

图 B-4　风光提升机变频器的外形

（2）风光提升机变频器的基本规格及主要技术参数　如表 B-4 所示。

表 B-4　风光提升机变频器的基本规格及主要技术参数（380V/660V/45~500kW）

型号 JD-BP32-T、JD-BP33-T			45~500kW
输入	相数、频率、电压		输入 380V 时 三相 50Hz 320~440V　输入 660V 时 三相 50Hz 560~760V
	抗瞬间电压降		输入 380V 时 300V 以上可继续运行　输入 660V 时 550V 以上可继续运行
	允许波动		电压：±20%　　　频率：±5%
输出频率	设定	频率范围	2~400Hz
		最高频率	50~400Hz 之间任意设定
		基本频率	50~400Hz 之间任意设定
		起动频率	2~5Hz
	精度		模拟设定：最高设定值的 ±3%（25℃±10℃）以下；数字设定：最高设定值的 ±0.1%（-10~+50℃）以下
	分辨率		模拟设定：最高设定值的 1/2000。数字设定：0.01Hz（99.99Hz 以下）；0.1Hz（100Hz 以上）
	转矩特性	转矩提升	根据负载转矩调整到最佳
		起动转矩	大于 2 倍额定转矩
		低频转矩	6Hz 大于 1.6 倍额定转矩
		制动转矩	大于额定转矩
	电压/频率特性		由所选定的 U/f 曲线所决定
	加、减速时间		1~3600s，对加速时间和减速时间可单独设定
	附属功能		工作模态、U/f 曲线、低频补偿、额定电流及电流保护界限设定
	PID		手动设定 PID 参数
	自整定		采用最优化的自适应模糊控制，智能调节，系统的响应速度快，精度高，稳定性好，PID 参数调试，简化了现场调试，并能长期保持稳定
运行	运转操作		触摸面板：运行键、停止键、远距离操作
	频率设定		触摸面板：∧键、∧键；模拟信号：DCO~5V 或 DCO~10V 或 DC4~20mA，端子输入
	状态输出		开路集电极输出，频率到达某些特征值时给出输出
显示	数码显示器（LED）		输出频率、输出电流、输入电压、功率因数等运行数据，故障代码
	灯指示（LED）		运行指示、外控指示、故障指示
环境	使用场所/储存温度		室内，无腐蚀性气体、灰尘、直射阳光/-20~+65℃
	环境温度/湿度		-10~+50℃/20%~90%RH 不结露
保护功能			过电压、欠电压、过电流、短路、过热、外部报警、开机联锁及自动限速等保护
制动方式			直流制动、能耗制动及回馈制动
冷却方式外壳防护等级			强迫风冷、IP21

参 考 文 献

[1] 王廷才.变频器调速系统设计与应用［M］.北京：机械工业出版社，2012.

[2] 王兆义.变频器技术及应用［M］.2 版.北京：高等教育出版社，2023.

[3] 周奎，王玲.变频器技术应用［M］.2 版.北京：高等教育出版社，2018.

[4] 张小洁.变频器技术与应用［M］.北京：机械工业出版社，2017.

[5] 钱海月.变频器控制技术［M］.2 版.北京：电子工业出版社，2022.

[6] 王兴林.变频器使用与维护［M］.北京：中国电力出版社，2020.

[7] 刘金辉.变频器原理与检修技术［M］.北京：化学工业出版社，2019.

[8] 童克波.变频器原理及应用技术［M］.4 版.大连：大连理工大学出版社，2021.

普通高等教育"十一五"国家级规划教材

机械工业出版社精品教材

变频器原理及应用　第4版

变频器技术实训

主　编　王廷才　王崇文

副主编　王　淼　黄生江

参　编　韩艳赞　赵　阳　杜轶琛

机械工业出版社

目　　录

变频器技术实训

实训 1　变频器的基本操作

1. 实训目的

1）认识变频器的外形结构。

2）掌握操作面板和盖板的拆装方法。

3）掌握变频器操作面板各按键的意义。

2. 实训设备及材料

1）变频器，每组一台。

2）常用电工工具一套。

3. 实训内容及步骤

（1）变频器的外形结构认识

挂式变频器有开启式和封闭式两种。开启式的散热性能好，但接线端子外露，安全性不好，一般适用于电气柜安装；封闭式的接线端子全部在内部，从外部看不到。

1）观察记录变频器的组成及外部特征。

实训图 1-1 所示为封闭式变频器的外形结构。

2）变频器操作面板的拆装。拆卸 SB70G 挂式变频器的操作面板时，将手指放在操作面板上方的半圆球凹坑处，按住操作面板顶部的弹片后向外拉即可取出，如实训图 1-2 所示。

安装时，先将操作面板的底部固定卡口对接在操作面板安装槽下方的卡钩上，用手指按住操作面板

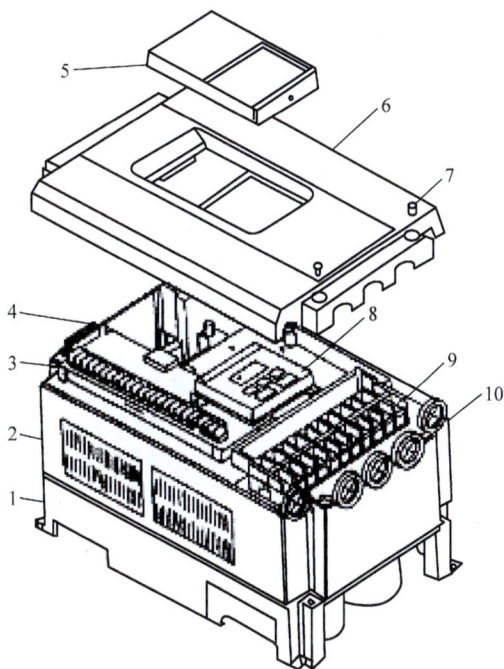

实训图 1-1　封闭式变频器的外形结构

1—底座　2—外壳　3—控制电路接线端子
4—充电指示灯　5—防护盖板　6—前盖　7—螺钉
8—操作面板　9—主电路接线端子　10—接线孔

上部后往里推，到位后松开即可，如实训图 1-3 所示。

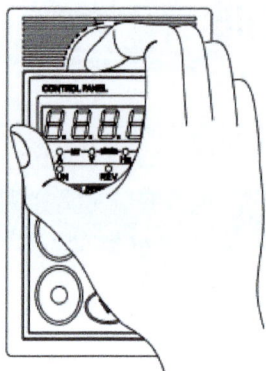

实训图 1-2　操作面板的拆卸

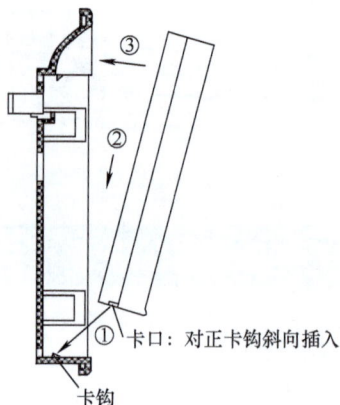

实训图 1-3　操作面板安装方法

不同型号变频器的操作面板和盖板的拆装方法不同，应在教师指导下按产品说明书进行操作。

3）变频器盖板的拆装。拆卸 SB70G 挂式变频器盖板时，先取下操作面板，然后按实训图 1-4a 所示两手同时按下机箱顶端的两个卡扣，向上稍微用力即可取下盖板。

安装时，如实训图 1-4b 所示，首先对准盖板底部的卡钩与机箱的卡槽，然后以底部为轴，向下压盖板顶端，直至顶端卡钩进入卡槽为止，最后再安装操作面板。

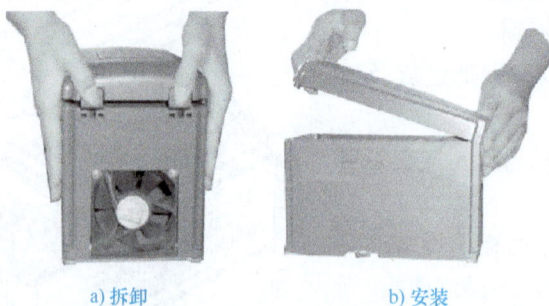

a) 拆卸　　　　　　　　　　　　　　b) 安装

实训图 1-4　盖板的拆卸和安装

（2）变频器操作面板的功能

1）操作面板的外形。操作面板可以设定和查看参数、运行控制及显示故障信息等。SB70 变频器的操作面板 SB-PU70 如实训图 1-5 所示。

2）SB-PU70 操作面板按键功能。SB-PU70 操作面板按键功能见实训表 1-1。

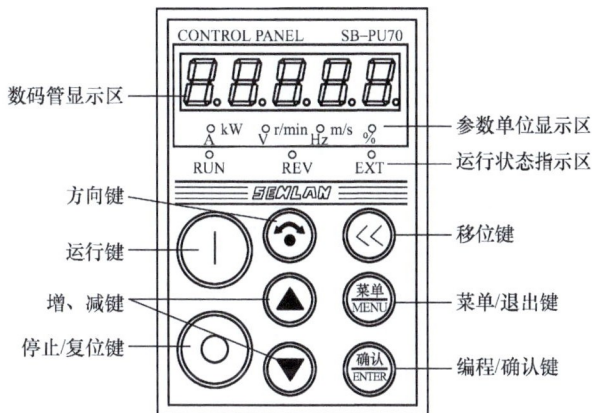

实训图 1-5　SB70 变频器的操作面板 SB-PU70

实训表 1-1　SB-PU70 操作面板按键功能

按键标识	按键名称	功能
(菜单/MENU)	菜单/退出键	退回到上一级菜单；进入/退出监视状态
(确认/ENTER)	编程/确认键	进入下一级菜单；存储参数；清除报警信息
(▲)	增键	数字递增，按住时递增速度加快
(▼)	减键	数字递减，按住时递减速度加快
(≪)	移位键	选择待修改位；监视状态下切换监视参数
(⊙)	方向键	运转方向切换，FC-01 百位设为 0 方向键无效
(|)	运行键	运行命令
(◎)	停止/复位键	停机、故障复位

3）操作面板三个状态指示灯。

操作面板三个状态指示灯 RUN、REV 和 EXT 指示意义见实训表 1-2。

实训表 1-2　操作面板三个状态指示灯指示意义

指示灯	显示状态	指示变频器的当前状态
RUN 指示灯	灭	待机状态
	亮	稳定运行状态
	闪烁	加速或减速过程中
REV 指示灯	灭	设定方向和当前运行方向均为正
	亮	设定方向和当前运行方向均为反
	闪烁	设定方向与当前运行方向不一致
EXT 指示灯	灭	操作面板控制状态
	亮	端子控制状态
	闪烁	通信控制状态
电位器指示灯	亮	F0-01 = 10 时，指示灯亮

（3）操作面板的显示状态和操作　SB70G 系列变频器操作面板的显示状态分为监视状态（包括待机监视状态、运行监视状态）、参数编辑状态、故障及报警状态等。各状态的转换关系如实训图 1-6 所示。

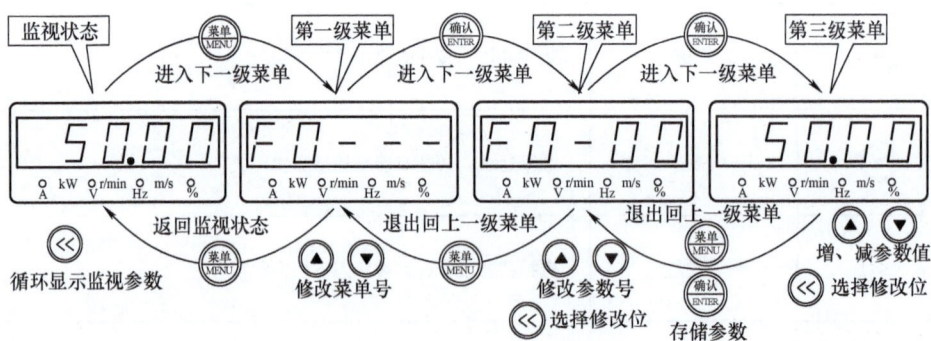

实训图 1-6　操作面板的各状态的转换关系

1）待机监视状态。待机状态下按 $\ll$，操作面板可循环显示不同的待机状态参数（由 FC-02 ~ FC-08 定义）。

2）运行监视状态。运行状态下按 $\ll$，可循环显示不同的运行状态参数（由 FC-02 ~ FC-12 定义）。

3）参数编辑状态。在监视状态下，按 菜单 可进入编辑状态，编辑状态按三级菜单方式进行显示，其顺序依次为：参数组号→参数组内序号→参数值。按 确认 可逐级进入下一级，按⊞退回到上一级菜单（在第一级菜单则退回监视状态）。使用⊞、⊞改变参数组号、参数组内序号或参数值。在第三级菜单下，可修改位会闪烁，使用⊞可以移动可修改位，按下⊞存储修改结果、返回到第二级菜单并指向下一参数。

当 FC-00 设为 1（只显示用户参数）或 2（只显示不同于出厂值的参数）时，为使用户操作更快捷，不出现第一级菜单。

4）密码校验状态。如设有用户密码（F0-15 不为零），进入参数编辑前先进入密码校验状态，此时显示"- - - -"，用户通过⊞、⊞、⊞输入密码（输入时一直显示"- - - -"），输入完按⊞可解除密码保护；若密码不正确，键盘将闪烁显示"Err"，此时按⊞退回到校验状态，再次按⊞将退出密码校验状态。

密码保护解除后在监视状态下按⊞+⊞或 2min 内无按键操作密码保护自动生效。

FC-00 为 1（只显示用户参数）时，用户参数不受密码保护，但改变 FC-00 时需输入用户密码。

5）故障显示状态。变频器检测到故障信号，即进入故障显示状态，闪烁显示故障代码。可以通过输入复位命令（操作面板的⊙、控制端子或通信命令）复位故障，若故障仍然存在，将继续显示故障代码，可在这段时间内修改设置不当的参数以排除故障。

6）报警显示状态。若变频器检测到报警信息，则数码管闪烁显示报警代码，同时发生多个报警信号则交替显示，按⊞或⊞暂时屏蔽报警显示。变频器自动检测报警值，若恢复正常后，则自动清除报警信号。报警时变频器不停机。

7）其他显示状态。实训表 1-3 为其他显示状态意义说明。

实训表 1-3 其他显示状态意义说明

显示信息	内容及说明	显示信息	内容及说明
UP	参数上传中	Ld	出厂值恢复中
dn	参数下载中	yES	参数比较结果一致
CP	参数比较中		

4. 注意事项

1）仔细阅读变频器使用说明书，熟悉操作面板上各按键的功能。

2）进行参数设定操作时，注意操作面板上各按键的操作顺序。

5. 思考题

1）如何从外形结构上区分变频器是属于开启式还是封闭式？在使用时应注意什么？

2）说明变频器的操作面板上各按键和指示灯的功能。

实训2　变频器运行操作模式及基本参数设置

1. 实验目的

1）掌握常见的变频器运行操作模式。

2）熟练掌握变频器参数的设置方法。

3）掌握频率设置及监视的操作。

2. 实验设备及材料

1）森兰 SB70 变频器，每组一台。

2）0.5～1kW 三相异步电动机一台。

3）连接导线若干条，用来连接电源和电动机。

4）电工常用工具一套。

3. 实训内容及步骤

（1）连接线路　按实训图2-1所示将变频器的 R、S、T 端与断路器连接，变频器的 U、V、W 端与电动机连接。

实训图 2-1　变频器与电源和电动机连接

（2）基本功能参数的设置操作

1）基本功能参数表请参阅主教材附录 A。

2）选择频率给定通道及设置给定频率，详见 F0-01 "普通运行主给定通道"的说明。

3）正确设置 F0-06 "最大频率"、F0-07 "上限频率"、F0-08 "下限频率"。

4）用 F1-19 设置 "起动方式"，用 F1-25 设置 "停机方式"。

用到的功能参数码及参数值见实训表2-1，操作练习时可加以更改。

实训表 2-1　功能参数码及参数值

参数名称	参数码	参数值	参数名称	参数码	参数值
由键盘进行运行控制	F0-02	0	起动方式	F1-19	0
由键盘设置频率	F0-00	▲/▼调节	停机方式	F1-25	0
上限频率	F0-07	50Hz	加速时间	F1-00	3
下限频率	F0-08	0Hz	减速时间	F1-01	4

最后，闭合断路器，接通变频器的电源，用操作面板上的键盘控制变频器起动与停止，并调节运行频率。

4. 注意事项

1）选定的功能参数码需经教师检查后方可进行预置操作，也可由教师直接给出功能参数码和参数值，由学生进行预置练习。

2）必须掌握正确的预置方法后才能进行功能预置，并且预置时要细心，以防由于预置错误而造成死机。

3）可以将实训表2-1中选定的参数值改动后再次进行预置，并观察变频器参数值改动后的运行效果。

4）当有多个功能参数需要重新预置时，可以不考虑前后顺序，只要将需要预置的参数预置进去即可。

5. 思考题

1）变频器运行模式设置的基本参数有哪些？

2）变频器的功能参数预置过程大致有哪几个步骤？

实训 3　U/f 控制曲线测试

1. 实训目的

1）了解变频器的 U/f 控制原理和控制方式。

2）了解变频器的转矩补偿。

3）学会根据工程需要正确选择功能参数码。

2. 实训设备及材料

1）变频器，每组一台。

2）0.5~1kW 三相异步电动机一台。

3）连接导线若干条。

4）万用表每组一只。

5）电工常用工具一套。

3. 实训内容及步骤

（1）连接电路　按实训 2 中实训图 2-1 连接电路。

（2）变频器基本 U/f 曲线的测试　设置 F0-12 电动机控制模式为 U/f 控制，再设置 F2-01 U/f 控制参数的转矩补偿选择。变频器基本 U/f 控制特性就是没有进行转矩补偿、U/f = 常数的运行控制特性。测试时要将变频器恢复为出厂时设定状态，并记录厂家设定的"基本频率""额定电压"等参数。

测试时由变频器的 LED 数码显示屏显示输出频率（如运行时显示的是其他量，要改变为显示输出频率功能），用万用表的交流电压档测量输出端线电压，将测量值填入实训表 3-1 的"U"行中。

实训表 3-1　U/f 特性的测量值

f/Hz	5	10	15	20	25	30	35	40	45	50	55	60
U/V												
U'/V												

（3）转矩补偿后的 U/f 曲线测试　转矩补偿是变频器的一种基本功能。转矩补偿量的大小及转矩补偿后的 U/f 曲线形状，是由功能参数码 F2-02 的功能数设定的，功能数的选择可由教师指定。将参数预置后即可进行测试。测试时仍按实训

表3-1选择 f 值，并将测量值填入实训表3-1的"U'"行中。

（4）绘制 U/f 特性曲线　在坐标纸上将测试的两组数据分别描点，而后绘出 U/f 特性曲线。注意绘制 U/f 特性曲线时，不要为了通过某个点而绘成折线，而要根据曲线的走向绘制成光滑的曲线。

4. 注意事项

1）测量过程中当频率比较低时，万用表表针摆动很大，要选择合适的档位，读数时要读表针指向的中间值。

2）测量时要注意两表笔不要短路，以免造成变频器输出开关器件的损坏。

5. 思考题

1）转矩补偿后的 U/f 曲线在基本 U/f 曲线的上面是什么补偿？在基本 U/f 曲线的下面是什么补偿？两种补偿曲线各在什么场合应用？

2）说明实训中你所测量出的补偿曲线属于什么补偿。

实训4　外端子控制正、反转及点动运行操作

1. 实训目的

1）掌握外端子的接线。

2）掌握外部控制端子的功能。

3）掌握外部控制运行模式下变频器的操作方法。

2. 实验设备及材料

1）森兰 SB70 变频器，每组一台。

2）断路器1个，按钮4个，接触器2个，连接导线若干条。

3）0.5～1kW 三相异步电动机一台。

4）电工常用工具一套。

3. 实训内容及步骤

（1）连接电路　按实训图4-1连接电路。

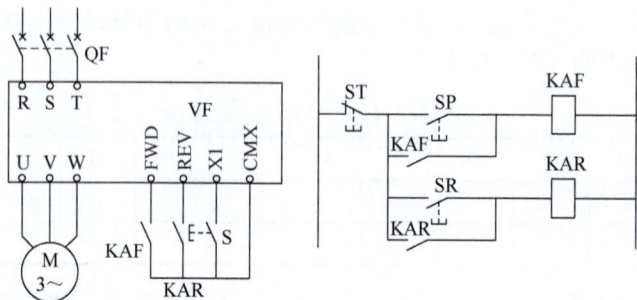

实训图4-1　外端子控制正、反转及点动运行连接

（2）变频器控制电动机运行的功能参数码选择

1）根据应用条件和需求选择控制模式，详见 F0-12 "电动机控制模式"的说明。

2）选择运行命令通道，详见 F0-02 "运行命令通道选择"的说明。

3）确认电动机接线相序，并按机械负载的要求设置 F0-09 "方向锁定"。

4）设置加减速时间，详见 F1 有关功能参数说明。在满足需要的情况下尽量设长点，太短会产生过大的转矩而损伤负载或引起过电流。

5）设置 F4 数字输入端子的功能参数。

操作练习时相关功能参数的选择请填入实训表 4-1 中。

实训表 4-1　外端子控制运行功能参数选择

功能码	相关功能参数	功能数值
	运行由外端子控制	
	点动端子设定	
	点动频率	20Hz
	外端子电位器频率控制	
	上限频率	50Hz
	下限频率	0Hz

（3）功能预置及运行　将选定的功能参数码由老师审校后再进行功能预置。预置前先将变频器恢复为出厂时的设定值。功能参数码预置完毕即可开机运行。先进行正、反转操作，再进行点动操作，并观察运行状态与设定值是否一致。

4. 注意事项

功能参数码的选择要合理，进行预置时要注意变频器的工作状态。有些功能参数必须在停机时进行预置才有效，因此，在功能参数预置前要检查各外接端子是否都处于"OFF"状态。

5. 思考题

变频器运行中的正、反转和点动与工频运行中的有什么区别？

实训 5　变频器正、反转运行控制电路安装与调试

1. 实训目的

1）掌握工程应用中变频器正、反转运行控制电路的安装方法。

2）掌握控制电路的调试方法。

2. 实训设备及材料

交流接触器 1 只（参数根据变频器的使用电压和电流确定）；中间继电器 2 只（参数根据变频器的使用电压和电流确定）；断路器 1 只；组合按钮 6 只；变频器 1 台；电动机 1 台；5kΩ/2W 线绕可变电阻 1 只；导线若干。

3. 电路原理

本实训为变频器的正、反转运行控制。实际应用电路中根据操作、安全运行等具体情况，往往需要由外接电路对变频器进行控制。选择控制电路时，首先考虑避免由主接触器直接控制电动机的起动和停止；其次是应由使用最为方便的按钮进行正、反转运行控制，控制电路如主教材第8章图8-25所示，工作原理如文中所述。

4. 电路安装

电路安装可以在电器控制实训柜中或实训配电屏上进行。由于变频器的接线端子不能也不便于反复拆装，可将变频器安装在一块绝缘板上，在板上安装接线排，变频器的接线端子连接到接线排上，组成一个变频器组件实训板，如实训图5-1所示。

如果没有合适的实训柜或配电屏，也可以在实训板上进行。实训图5-2为安装实训板示意图，材料可选用家装用的细木工板或纤维压合板，板的尺寸如图示。各电气元器件可用螺钉进行固定，安装时要根据变频器的安装原理进行区域划分，布线按照电工要求进行。控制电路安装完毕，先不要连接主电路，当检查通电无问题后再将主电路接通。连接主电路时要认真核对，以免将输入、输出端接错而造成变频器损坏。

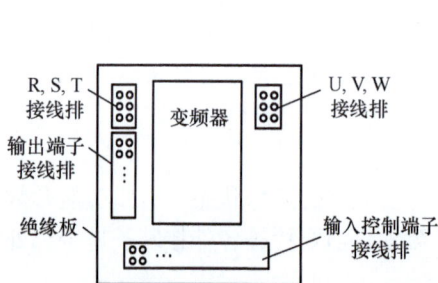

实训图5-1　变频器组件实训板

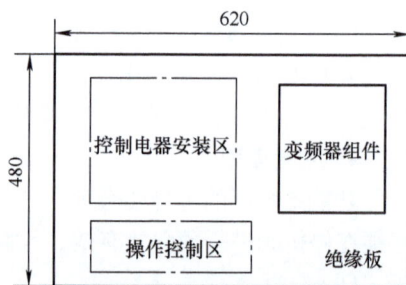

实训图5-2　安装实训板示意图

5. 调试运行

控制电路组装完毕，调试运行要围绕以下几个方面。

（1）检查控制电路有无接错　先对照原理图进行直观检查，确认无错误才可进行通电。通电后分别按下各按钮，检查电路功能是否与设计要求相同。例如，当电动机正、反转运行时，如果按下 SB_1 可以使变频器断电，那么与 SB_1 并联的互锁触点 KA_1、KA_2 可能接错或是不起作用；又如，当电动机正转或反转运行时，按下 SB_4 或 SB_6 电动机转动，松开按钮电动机就停止，这是与它们并联的自锁触点 KA_1 或 KA_2 没起作用。控制电路一切正常后，再将变频器接入，接入时要特别注意输入、输出端不要搞错。

（2）对变频器进行功能预置　将变频器的频率预置为外端子控制，并预置上限和下限频率、频率上升和下降时间等。改变外控电位器，观察变频器的频率变化。

（3）将电路按某一具体应用对变频器进行功能预置　可以将此控制电路赋予一定的功能，例如卧式车床上的主轴电动机控制，这样就可以按照车床主轴传动要求对变频器进行功能预置。

6. 实训总结

实训结束后写出书面总结，内容包括：实训中出现的问题，解决的方法，有哪些收获和经验教训等，并在学习小组中交流。

实训 6　变频-工频切换电路安装与调试

1. 实训目的

掌握变频-工频切换电路的工作原理；学习控制电路的安装与调试。

2. 实训设备及材料

变频器 1 台；5kΩ/2W 线绕可变电阻 1 只；电动机 1 台；接触器 3 只；中间继电器 2 只；旋转开关 1 只；时间继电器 1 只；热继电器 1 只；蜂鸣器 1 只；白炽灯 1 只（以上元器件参数根据所用电源电压值选取）；组合按钮 6 只；安装导线若干。

3. 电路连接、安装与调试

1）电路连接。按主教材图 8-27 所示电路进行连接。

2）电路安装。变频-工频切换电路如在实训板上安装，要划分安装区域。按钮、旋转开关、蜂鸣器及指示灯等在工程上都安装在控制室的控制台上，因此安装时要在实训板上画出控制区，将这些控制元件安装在这个区域，以此来模拟控制台。区域划分亦可按实训 5 中实训图 5-2 所示进行，安装布线要按照电工安装操作规程进行。

3）电路调试。安装完毕要对照原理图反复核对，确认无误经老师同意后才可通电调试。通电前先将 KM_3 主触点断开，以防止电路动作有误而损坏变频器。将 SA 旋转到接通 KM_3 支路，按下 SB_2，检查 KA_1、KM_3 控制的有关接点动作是否正常，主要有：KM_3 主触点是否闭合，KA_1 是否自保等。按下 SB_1，看 KA_1、KM_3 是否释放，这一路正常后，将 SA 旋转到变频控制电路。

按下 SB_2，查看 KM_2、KM_1 线圈是否得电吸合，如 KM_2 没有得电吸合，检查：KM_3 常闭触点是否接错，30C 是否接错，变频器预置是否不对等。如 KM_1 没有得电吸合，检查 KM_2 常闭触点是否接错。

控制电路调试时，关键之处是 KM_3 和 KM_2、KM_1 的互锁关系，即 KM_2、KM_1 闭合时 KM_3 必须断开；而 KM_3 闭合时 KM_2、KM_1 必须断开，二者不能有任何时间重叠。确认工作正常后再把 KM_3 的主触点与电路接通，进行切换操作。

4）变频器投入运行后，可先进行工频运行，而后手动切换为变频运行，当两种运行方式均正常时，再进行故障切换运行。故障切换运行可设置一个"外部紧急停止"端子，当这个端子有效时，变频器发出故障警报，30C 和 30A 触点动作，自动将变频器切换到工频运行并发出声光报警。

变频器调试时，各功能参数要根据变频器的具体型号和要求进行预置。

4. 实训总结

写出书面实训总结。本次实训环节较多，内容较复杂，电路连接时容易出错，调试中可能会出现一些意想不到的问题，因此要认真加以总结，并将总结内容在学习小组中进行交流。

实训 7　变频器-PLC 控制电路安装与调试

1. 实训目的

学习变频器-PLC 控制电路的安装与调试。

2. 实训设备及材料

变频器实训板 1 块；可编程序控制器 1 台；旋转开关 2 只；点动开关 2 只；钮子开关 1 只；220V 信号灯 4 只；断路器、接触器各 1 只；导线若干。

3. 实训内容及步骤

（1）变频器-PLC 控制正、反转电路原理　在变频器控制中，如果控制电路逻辑功能比较复杂，用 PLC 控制是最适合的控制方法。为了从简单入手，先学习用 PLC 控制变频器的正、反转运行，控制电路如实训图 7-1 所示。图中 SA_1 是一旋转开关，用于起动 PLC 工作；SB_1 是变频器通电按钮；SB_2 是变频器断电按钮；SA_2 是变频器正反转运行控制旋转开关。

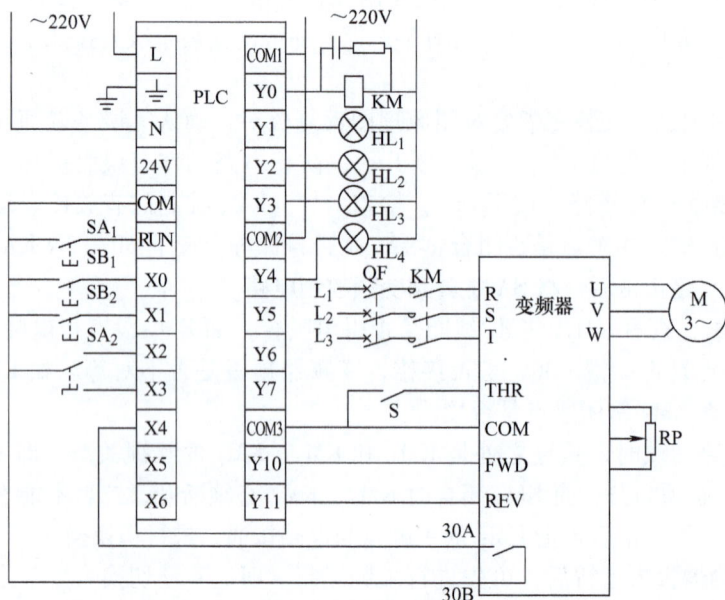

实训图 7-1　变频器-PLC 控制正、反转电路

下面结合梯形图介绍电路的控制原理。

实训图 7-2 是 PLC 的控制梯形图。当按下 SB$_1$，输入继电器 X0 得到信号并动作；输出继电器 Y0 动作并自保；接触器 KM 线圈得电吸合，接通变频器主电路。当 Y0 动作后，Y1 动作，接通指示灯 HL$_1$，指示变频器已经通电。当按下 SB$_2$，输入继电器 X2 动作。如果 X2、X3 均未动作，即正、反转旋转开关在中间位置，则 Y0 被复位，接触器 KM 失电释放，主触点断开，变频器切断电源。当将旋转开关 SA$_2$ 旋至 X2 时，输入继电器 X2 动作，输出继电器 Y10、Y2 动作，Y10 将 FWD 闭合，变频器正向转动，Y2 将指示灯 HL$_2$ 接通，指示变频器正转运行；如将 SA$_2$ 旋至 X3，输入继电器 X3 得到信号动作，输出继电器 Y11、Y3 动作，Y11 将 REV 闭合，变频器反向转动，Y3 将指示灯 HL$_3$ 接通，指示变频器反转运行；如将 SA$_2$ 旋至中间位置，X2、X3 均没有输入信号，变频器处于停止状态。与此同时，X2、X3 的常闭触点闭合，为变频器断电做准备。如这时按下 SB$_2$，Y0 复位，KM 释放使变频器断电。

当变频器出现了跳闸保护，30A、30B 闭合，输入继电器 X4 得到信号动作，输出继电器 Y4 动作，将 Y0 复位，KM 释放，变频器断电。

（2）实训电路安装　根据变频器的具体情况，可有多种安装方法，如 PLC 为实训台，可将"变频器组件"由导线和 PLC 连接起来。主要考虑的是 PLC 实训室是否可提供三相交流电，其次是接口电路的连接。PLC 和变频器也可以在同一块实训板上安装。为了防止 PLC 在反复拆装时损坏接线端子，也可以将各端子用导线接到接线排上，做成"PLC 组件"。"PLC 组件"和"变频器组件"可以在实训板上组成各种控制电路，实训图 7-3 是本实训的安装布局图。

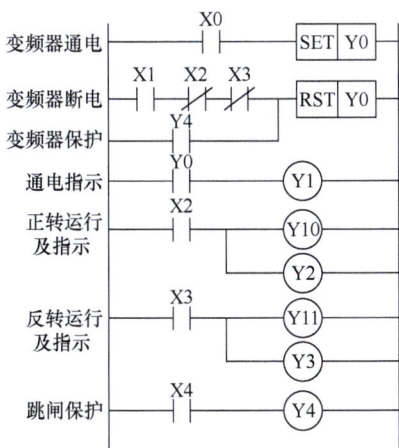

实训图 7-2　PLC 控制梯形图

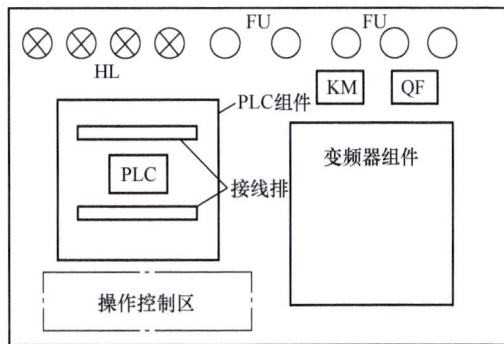

实训图 7-3　安装布局图

（3）调试运行　电路连接完毕，将根据梯形图编好的运行程序输入到 PLC，将变频器的有关功能参数也预置到变频器中。连接电路经老师检查确实无误后即可进行试机运行。操作 PLC 的各开关，观察变频器是否按设计功能运行。如有问题，首先要分清是 PLC 输出控制信号不正确还是变频器的参数设置不正确，还是电路连接有误，要认真检查。当变频器运行正常后，可用变频器的外部紧急停止端子控制变频器的紧急停止，以观察总报警输出端（30A、30B）动作，控制 PLC 发出断电信号，使 KM 释放，变频器断电。

4. 注意事项

1）电路连接时要注意 PLC 的 220V 电压不要接错位置，以免造成 PLC 损坏。

2）实训前要认真阅读本实训的有关内容，做到心中有数；根据所用 PLC 编制指令程序，并将编好的程序交老师审查。

实训 8　综合实训

1. 实训目的

1）培养学生自行设计实训方案、实训电路的能力。

2）培养学生独立完成实训和撰写实训报告的能力。

3）培养学生独立工作和综合运用所学知识的能力。

2. 实训要求说明

运用变频器、控制及拖动系统等相关的理论知识，设计一个变频恒压供水系统并完成以下各项（可参考主教材 10.3 节内容）：

1）设计变频恒压供水系统主电路。

2）设计控制电路。

3）绘制完整的系统控制电路图。

4）安装调试说明。

5）撰写实训报告。